机场建设管理丛书

浦东国际机场卫星厅及捷运系统工程

戴晓坚

—— 主编 ——

上海科学技术出版社

图书在版编目(CIP)数据

浦东国际机场卫星厅及捷运系统工程 / 戴晓坚主编.
—上海：上海科学技术出版社，2019.9
（机场建设管理丛书）
ISBN 978 - 7 - 5478 - 4537 - 0

Ⅰ.①浦… Ⅱ.①戴… Ⅲ.①国际机场—候机楼—建
筑设计—研究—浦东新区 ②国际机场—交通运输系统—系
统规划—研究—浦东新区 Ⅳ.①TU248.6

中国版本图书馆 CIP 数据核字(2019)第 167748 号

浦东国际机场卫星厅及捷运系统工程

戴晓坚　主编

上海世纪出版(集团)有限公司
上 海 科 学 技 术 出 版 社　出版、发行
（上海钦州南路 71 号　邮政编码 200235　www.sstp.cn）
苏州望电印刷有限公司印刷
开本 787×1092　1/16　印张 19
字数 380 千字
2019 年 9 月第 1 版　2019 年 9 月第 1 次印刷
ISBN 978 - 7 - 5478 - 4537 - 0/V · 22
定价：168.00 元

内容提要

　　全书共 11 章,分为卫星厅设计篇和捷运系统工程篇两大部分。卫星厅设计篇(第 1～5 章)内容包括浦东机场卫星厅现状及需求分析,卫星厅空间布局设计、室内设计、绿色设计以及卫星厅工程健康监测等;捷运系统工程篇(第 6～11 章)内容包括概述、捷运系统需求分析、捷运系统总体方案、捷运系统车站建筑、捷运系统机电工程和捷运系统车辆基地等。

　　本书作为机场建设管理丛书之分册,是上海机场三期扩建工程建设的经验提炼和总结传承。全书资料翔实、图表丰富,从工程应用角度论述了浦东机场卫星厅设计及捷运系统工程概述、需求分析和管理,以及远期预留工程、实施方案等。

　　本书主要读者对象为从事民航规划、管理、科研工作的企事业单位、高等院校、科研院所人员,以及从事机场建设设计、施工、管理、科研工作的相关人员。

丛书编委会

丛书编委办

编委办主任

徐　萍

常务副主任

李育红

副主任

王晓鸿

成员

按姓氏笔画排序

王　颖　　王燕鹏　　乐少斌　　冯达升　　李　旸

杨善端　　张晓军　　周　净　　黄　渝　　斯碧峰

本书编写人员

按姓氏笔画排序

王之峰	王粉线	王燕鹏	田　杰	史　锦	冯　云
冯　昕	冯建龙	刘正华	祁玉华	孙　禾	苏　骏
李永乐	李佳苗	杨　超	吴玉林	余　磊	余喜红
沈列丞	张　杰	张　烨	张　逸	张　斌	张振宇
陈　祥	陈　萌	陈　新	陈剑峰	陈睿颖	郑梁冲
房滋恩	胡建华	施　逯	施颖东	倪　尉	徐　舰
	郭建祥	章建庆	董　云	黎　岩	瞿　燕

序

　　我国经济发展已由高速增长阶段转向高质量发展阶段,大众出行对安全、便捷、品质等方面的关注不断增强,对成本、质量、效率和环境提出了更高要求。截至 2018 年,上海浦东机场和虹桥机场年旅客吞吐量达到 1.18 亿人次、年货邮吞吐量完成 418 万吨。推进上海航空枢纽建设,着力提升上海机场国际枢纽竞争力,是新时代民航强国战略的重要组成部分,也是上海建设国际航运中心的重要举措,对增强上海城市国际竞争力,更好地服务长三角、服务全国具有重要的战略意义。

　　上海机场集团坚持对标"最高标准、最好水平",加快推进上海两场基础设施改扩建。2014 年 12 月 20 日和 2015 年 12 月 29 日,虹桥机场东片区改造工程和浦东机场三期扩建工程相继全面开工建设。围绕浦东机场三期扩建工程和虹桥机场东片区改造工程,上海机场建设指挥部克服了点多面广、工期紧、施工作业交叉多等困难,在两场高位运行的情况下,圆满地完成了两大项目群的建设任务。在建设过程中,上海机场建设指挥部的干部员工和参建者一道,勇于担当、攻坚克难,积累了一批具有理论和实践意义的创新成果。

　　浦东机场卫星厅工程是世界上最大的单体卫星厅,上海机场首次在捷运系统采用了"钢轨钢轮"城市地铁制式,既节约了建设和运营成本,又为大型枢纽机场捷运系统建设开创了新的局面,打破了国外技术在机场捷运系统上的垄断,形成了《机场空侧旅客捷运系统工程项目建设指南》行业标准。在浦东机场飞行区下穿通道的建设过程中,上海机场建设指挥部坚持"以运营为导向",为把对运营影响降至最低,将工程划分为三个阶段进行,在机位上,按"占一至少还一"的原则,加强不停航施工管理、强化既有隧道和建筑物限制条件下的明挖施工管理,确保了工程质量安全全面受控。

在虹桥机场东片区1号航站楼改造工程中，按照时任上海市委书记韩正提出的"脱胎换骨"的总要求，上海机场建设指挥部坚持以打造"平安、绿色、智慧、人文""四型机场"为目标，充分考虑航空公司和机场运营管理需求，以旅客为本；保留虹桥机场不同时代的建筑风貌，传承文脉；始终贯彻绿色可持续发展理念，以最小资源和能耗为旅客提供最舒适体验，项目荣获"联合国全球绿色解决方案——既有建筑绿色改造解决方案金奖"；注重智能设备应用，打造"智慧"机场，成为国内首家全自助航站楼。

2019年9月16日，浦东机场即将迎来通航20周年，浦东机场卫星厅等工程也将以全新的面貌展现在世人的面前，接受社会大众的检验和考验。上海机场建设指挥部在原上海浦东机场建设丛书的基础上，组织编写了三期建设丛书。丛书重点介绍本期工程在管理和科技创新方面的成果，希望能与广大民航同行和其他工程建设者共享。

上海机场的建设得到了各级领导的关心和指导，也离不开设计、施工和监理等单位和广大建设者的积极参与和辛勤付出，在此一并表示感谢和敬意。

上海机场（集团）有限公司党委书记、董事长

2019年8月

目录

卫星厅设计篇

捷运系统工程篇

卫星厅设计篇

第1章
浦东机场卫星厅现状及需求分析

上海浦东国际机场(以下简称"浦东机场")是我国三大门户型枢纽机场之一,其最终竞争目标是世界级枢纽机场。

自2008年浦东机场二期扩建完成以来,机场业务量增长迅速,旅客量和航班架次持续增长。东航、吉祥、春秋等基地航空公司的规模也在不断增大,过夜机位停靠需求和停机位运行压力越来越大,日常机位运行保障日趋饱和。从运行单位的统计数据看,机场共有客机位135个;2012年停场过夜的飞机最高达到123架,其中客机95架。截至2012年年底,停场过夜飞机通常达到116架,客机位的占用率达到86%。2017年浦东机场年旅客吞吐量7 000.43万人次,2018年达到7 405.42万人次。

随着航空业务量的增长,在先后完成一期、二期工程后,浦东机场新一轮的扩建已迫在眉睫。本次扩建工程的核心是一座规模约62万 m² 的卫星厅(由S1和S2组成,S1、S2分别指1号、2号卫星厅;全书下同),可承担3 800万人次/年的候机和中转功能,使浦东机场能够实现8 000万的年旅客吞吐量。卫星厅的建成,将大大缓解机位需求的压力,提升航站楼设施功能,进一步实现航空业务量增长,为建设世界级枢纽机场打下坚实的基础,且有效地促进长三角地区综合交通一体化发展和区域经济联动。

1.1 主要枢纽机场（带卫星厅）案例分析

卫星厅规划构型主要包括一字型、十字型、T字型、工字型和X字型等;主要旅客流程包括国际式[如曼谷机场(代码BKK)、迪拜机场(代码DWC)]、国内式(如亚特兰大机场)和复合式(丹佛机场A楼)。卫星厅与主楼协同方式及运行方式分为强主楼弱卫星、均衡主楼卫星、弱主楼强卫星等。旅客通过捷运系统(APM)或摆渡车与其联系,货物通过行李系统与其联系。

1.1.1 案例分析

1) 美国亚特兰大国际机场(ATL)(图1-1)

2016年旅客量1.04亿人次,国际占比11%;全场中转比例达65%;达美航空(DL)使用所有的航站楼及卫星厅;目前各个航站楼及卫星厅之间的联络主要依赖APM,系统容量影响机场运行。

图1-1 美国亚特兰大国际机场平面图

2) 美国丹佛国际机场(DEN)(图1-2)

2016年旅客量5800万人次,国际占比3.9%;全场中转比例达40%;枢纽基地航空——美联合航空(UA),集中使用B卫星厅;始发终到旅客量的增长对APM提出更高容量需求,使机场面临挑战。

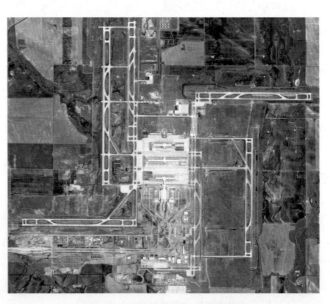

图1-2 美国丹佛国际机场平面图

3) 阿勒马克图姆国际机场(阿联酋迪拜世界中心机场)(DWC)(图 1-3)

机场中转比例高达 85%；在迪拜现有机场，各个卫星厅均设有相应的中转设施；卫星厅间可通过步行、大巴和 APM 的方式进行卫星厅间中转；新机场各卫星厅间将通过 APM 连接。

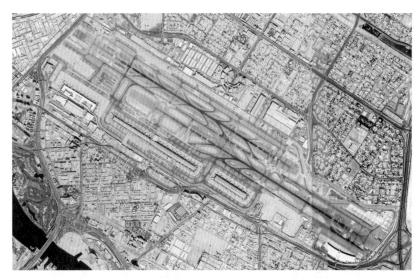

图 1-3　阿联酋迪拜世界中心机场平面图

4) 马来西亚吉隆坡国际机场(KUL)(图 1-4)

图 1-4　马来西亚吉隆坡国际机场平面图

吉隆坡国际机场与新加坡、曼谷机场并列为东南亚三大国际航空枢纽,是传统、低成本基地航空双枢纽。吉隆坡国际机场2018年吞吐量达到5 994.8万人次。

5) 韩国仁川国际机场(ICN)(图1-5)

仁川国际机场是大韩航空及韩亚航空的主要枢纽,2001年年初正式启用,是国际客运及货运的航空枢纽,设计容量为每年7 200万旅客量,2018年吞吐量达到6 825万人次。2018年12月仁川机场为第四期扩建项目举行奠定仪式,在2023年容量将增至1亿人次。

图1-5　韩国首尔仁川机场平面图

6) 泰国曼谷素万那普国际机场(BKK)(图1-6)

机场于2006年9月28日启用,2016年旅客吞吐量5 590万人次,国际占比82%;泰国国际航空公司(TG)是基地航空。近期新增一个卫星厅(S1)供国际航班使用,以APM与主楼连接。

1.1.2　案例分析归纳

(1) 国际上建设卫星厅的枢纽机场中,大多数卫星厅仅承担国内(申根)出发到达或国际(非申根)出发到达的单一功能和部分中转功能。

(2) 同时具备申根区(国内)和非申根区(国际)出发到达功能的卫星厅比较少,规模也较小,可视作复合功能卫星厅。

图1-6　泰国曼谷素万那普机场平面图

（3）多航站楼、多卫星厅模式下，复合功能的卫星厅是本次浦东机场扩建工程中非常值得进一步研究的内容，也是本次卫星厅设计面临的挑战之一。

事实上，通过调研可以发现，卫星厅旅客流程越多，旅客流程越复杂。因此，卫星厅设计需要尽可能有针对性地简化旅客流程：卫星厅功能最好定位于纯国际或者纯国内。在这样的情况下，卫星厅与捷运系统以及和主楼的空间联系都会更加方便，旅客流程更加高效简洁。

1.2　卫星厅总体构型与功能定位

1.2.1　总体构型

浦东机场的总体规划已经逐渐成型，需要建设呈"工"字形卫星厅，通过垂直联络道分为南北两块航站区。总体构型内容包括：

（1）卫星厅与主楼共同承担浦东机场8 000万人次/年的旅客吞吐量。

（2）新建卫星厅位于现有1号航站楼（以下简称"T1"）、2号航站楼（以下简称"T2"）南侧，一跑道与三跑道中间。

（3）卫星厅的功能是现有航站楼指廊功能的延伸。

（4）现有T1指廊的候机能力可以满足2 000万人次/年的需求，T2可以满

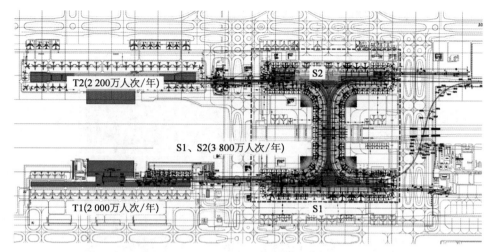

图 1-7 浦东机场旅客流量规划图

足 2 200 万人次 / 年的需求。

（5）S1 和 S2 两座卫星厅需要承担 3 800 万人次 / 年旅客候机和中转功能。

（6）卫星厅内的中转行李将在卫星厅处理。

浦东机场旅客流量规划图如图 1-7 所示。

1.2.2　功能构成

（1）整个浦东机场将形成两个相对独立的功能单元，即 T1 + S1 和 T2 + S2，形成"东西分开、南北一体"的规划格局。

（2）T1 + S1 以新东航及其合作伙伴使用为主，包括中国东方航空、上海航空、天合联盟成员、东方航空的合作伙伴等。

（3）T2 + S2 以星空联盟为主，包括中国南方航空、中国国际航空、星空联盟成员、春秋航空、吉祥航空及其他航空公司。

（4）T1 + S1、T2 + S2 两个系统东西运作相对独立，但 S1、S2 国内候机相互连通，国际预留连通可能。

浦东机场航站楼及卫星厅示意图如图 1-8 所示。

1.2.3　卫星厅与主楼的关系

在卫星厅的设计中，卫星厅与主楼的关系突出以下几点：

（1）始发终到旅客均在主楼完成手续。作为主楼功能的延伸，卫星厅主要功能是候机、到达及楼内中转。

（2）卫星厅通过捷运系统与主楼进行连接。捷运系统示意图如图 1-9 所示。

（3）卫星厅始发旅客在 T1、T2 主楼完成手续后，由空侧接运车站乘坐捷运前往卫星厅候机。

（4）卫星厅终到旅客到达后，由卫星空侧捷运车站乘车前往 T1、T2 主楼，提

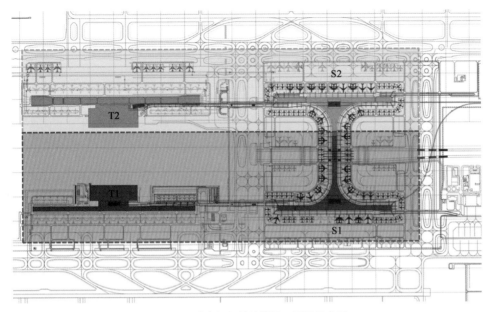

图1-8 浦东机场航站楼及卫星厅示意图

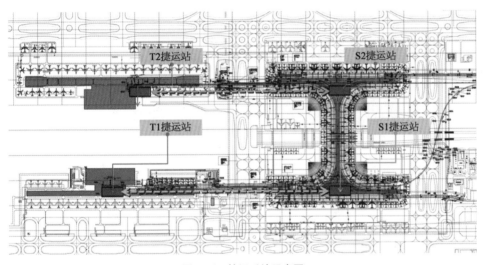

图1-9 捷运系统示意图

取行李离开。

　　(5)卫星厅始发行李在 T1、T2 主楼分拣后,由拖车送至飞机。

　　(6)卫星厅终到行李由拖车运至 T1、T2 主楼行李提取转盘。

1.3　站坪机位需求研究

　　目前浦东机场的机位特别是近机位比较紧缺,如何在现有条件下使站坪机位布置最优,为运行和未来发展争取更大的灵活性,是亟待解决的问题。本节通过研究近机位布局、国内国际机位分配以及可转换机位、组合机位方式,力争解决这一机场机位需求的难题。

1.3.1 卫星厅站坪机位需求与近机位布局

浦东机场卫星厅按照 100% 近机位设计。根据兰德龙-布朗咨询公司 2015 年 1 月 20 日提出的要求,即大机型组合中 C 类 33 个、E 类 46 个、F 类 5 个(总计 84 个),小机型组合中 C 类 117 个、E 类 8 个、F 类 0 个(总计 125 个),2015 年 7 月 6 日对上述数据进行了修正,见表 1-1。浦东机场卫星厅项目本期近机位示意图如图 1-10 所示。

表 1-1 浦东机场南卫星厅项目本期近机位情况　　　　　　　　(个)

机　型	L&B 20150706 版	
	大机型组合　机位	小机型组合　机位
C 类	37	69
E 类	44	32
F 类	5	0
总计	86	101

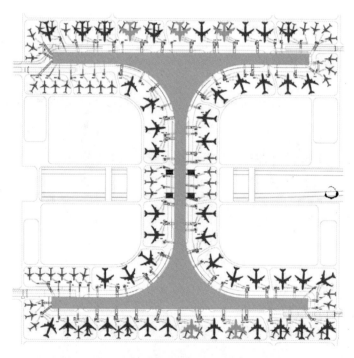

图 1-10 浦东机场卫星厅项目本期近机位示意图

1.3.2 国际国内机位分配与可转换机位

可转换机位有助于航空公司的飞机使用最大化。当客流量增加时,可转换运行会趋于下降。T1 现状没有可转换机位,航站楼与卫星厅的机位分配是基于枢纽策略;T2 现有 26 个可转换机位,考虑一些航空公司可能只在 S2 运行,最后研究确定全部国际机位都是可转换机位,从而增加了运营的灵活使用度。

1.3.3 组合机位

浦东机场卫星厅项目组合机位如图 1-11 所示。

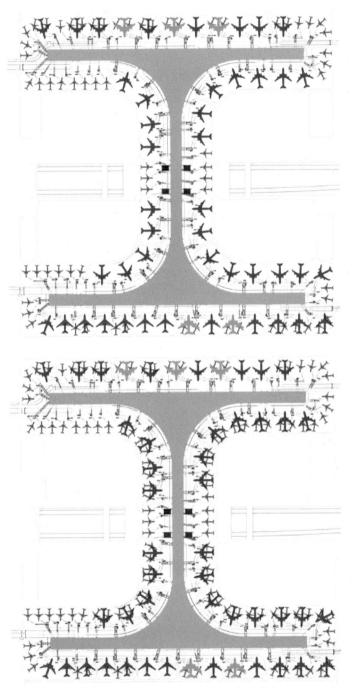

图 1-11 浦东机场卫星厅项目组合机位

第2章
卫星厅空间布局设计

总体布局上,浦东机场卫星厅与主楼成组运行,T1 与 S1、T2 与 S2 形成两个相对独立的功能单元,整体呈"东西分开、南北一体"的规划格局。其中,T1/S1 系统以东航、上航及天合联盟成员为主,T2/S2 系统以国航及星空联盟成员为主。两个系统东西运作相对独立,但 S1、S2 又相互连通,为今后运行的灵活性提供了条件。

2.1 设计理念

在浦东机场卫星厅的设计中,由于功能的制约,难以设计一个纯国内功能或者纯国际功能的卫星厅,卫星厅同时具备国内功能和国际功能,还有复杂的国际国内中转流程。因此,功能的简化或许可以指导其他国内机场卫星厅的设计,而在浦东机场的设计中,必须另辟蹊径。

卫星厅空间组织的特殊性在于,以捷运系统作为旅客往来的起点和终点,在此基础上使多样的流线在空间上更加紧凑。如何在有限的空间内合理安排流程,是本次设计面临的重要挑战之一。

卫星厅的设计需要解决复杂空间简洁化的问题,使多重功能空间高效、紧凑地组织于一体,同时保持空间简明易识别和运行流畅。

合理的剖面布局是楼内各种流程安排和空间需求、楼外机位布置、场地标高、运行维护等多种因素相互平衡的综合结果,是本次卫星厅设计的重中之重。

经过详细的分析研究和多方案比较,结合总体标高关系和站坪机位的安排,以及行李系统、机电系统等专项设计的要求,确定了国际旅客出发到达分层分流、国内旅客出发到达同层混流的基本流程,进而确定了卫星厅的基本剖面形式。

1) 功能布局

卫星厅通过捷运系统与主楼进行连接,其功能是现有航站楼指廊功能的延伸,主要负责旅客的始发候机、终到和中转。卫星厅的基本旅客流程为国内到发混流、国际分流,采用国际到达在下、国内混流居中、国际出发在上的基本剖面形式,最大限度地节省了空间,降低了空间高度和设备基础投入。

2) 形态设计

遵循功能优先、舒适实用、安全可靠、技术成熟的原则进行设计,采用中部高、周边低的整体造型,与功能布局紧密结合,通过建筑空间的穿插组合,形成明确的空间导向,使复杂的功能形成一个有机的整体,朴素大方,平易近人。摒弃了近年来较为普遍的追求高大形象的钢结构大屋面,而采用了简洁明快、成熟可靠的混凝土屋面。通过多层次、层层退进的变化,在形成独具特点建筑形式的同时,结合带形侧窗,与自然采光、自然通风等有针对性的节能措施紧密结合,确保了建筑的安全可靠、低碳运行。

3) 卫星厅主要楼层旅客流程设计(图 2-1)

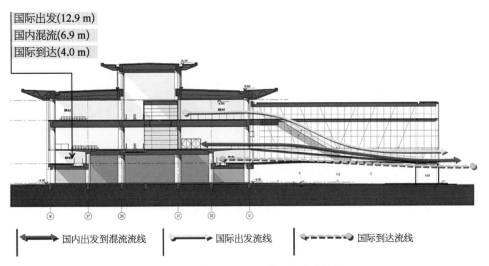

图 2-1　浦东机场卫星厅楼层旅客流线图

(1) 卫星厅主要楼层标高和功能如下:

0 m:站坪层。

4.0 m:国际到达层。

6.9 m:国内出发到达混流层。

12.9 m:国际出发层。

(2) 卫星厅基本旅客流程如下:

国际出发:12.9 m 出发,通过登机桥固定端内电扶梯连接端部活动桥登机出发。

国际到达:飞机停靠后通过活动桥连接登机桥固定端内的坡道,前往4.0 m 层到达。

国内出发到达:采用混流流程,通过登机桥固定端内的坡道连接 6.9 m 层和端部活动桥,实现出发、到达。

2.2 主要楼层功能布局

卫星厅的楼层布局为地下一层、地上六层(含夹层)。卫星厅功能模块示意图如图2-2所示。

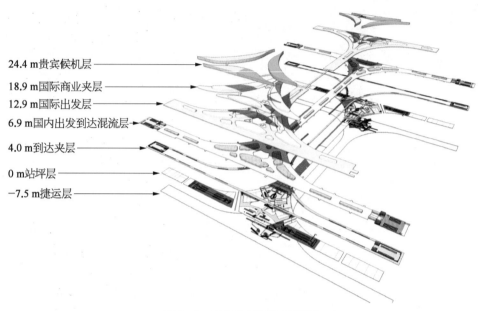

24.4 m贵宾候机层
18.9 m国际商业夹层
12.9 m国际出发层
6.9 m国内出发到达混流层
4.0 m到达夹层
0 m站坪层
-7.5 m捷运层

图2-2 卫星厅功能模块示意图

1)-7.5 m捷运层

标高为-7.5 m,为捷运站台层,所有出发和到达的旅客将通过站台层与主楼相互往来。此外,在卫星厅中部设有与现状下穿道路连通的陆侧货运、垃圾接口,局部设有下挖设备机房。-7.5 m捷运层功能模块示意图如图2-3所示。

2)站坪层

标高为0 m,主要功能为旅客中转中心、行李处理用房、国际国内远机位出发候机厅及卫星厅站坪工作用房、设备用房等。0 m站坪层功能模块示意图如图2-4所示。

3)地上二层(夹层)

标高为4.0 m,主要功能为国际到达通道及其相应服务设施,为环绕卫星厅的走廊(局部根据功能安排而断开);在卫星厅南北四个端部,还设有下夹层候机厅和到达通廊。4.0 m地上二层(夹层)功能模块示意图如图2-5所示。

4)地上三层

标高为6.9 m(南北四个端部局部为8.2 m),主要功能为国内出发候机/到达;此外还设有为国内旅客服务的商业设施,相应的卫生间、母婴室等旅客服务设施。6.9 m地上三层功能模块示意图如图2-6所示。

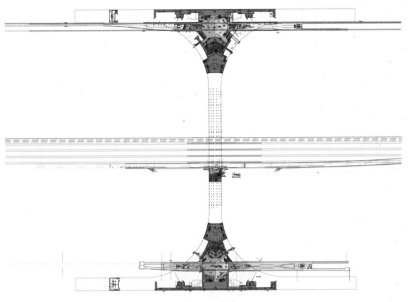

图 2-3 -7.5 m 捷运层功能模块示意图

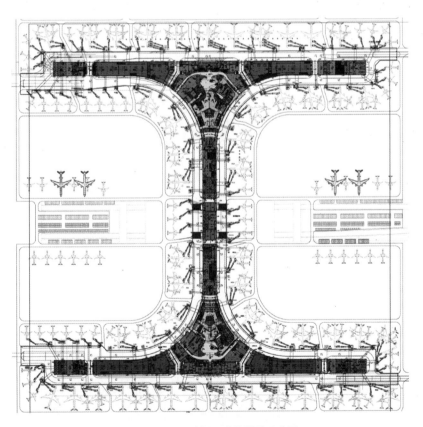

图 2-4 0 m 站坪层功能模块示意图

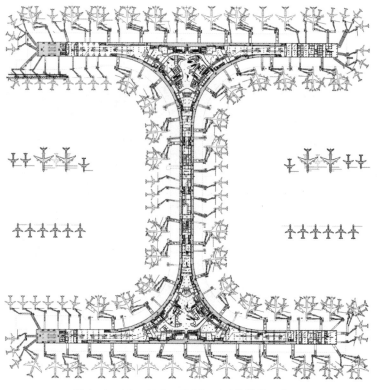

图 2-5 4.0 m 地上二层（夹层）功能模块示意图

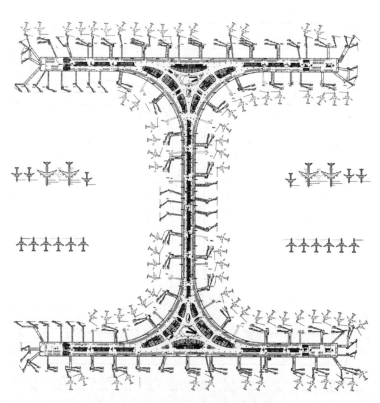

图 2-6 6.9 m 地上三层功能模块示意图

5）地上四层

标高为 12.9 m，主要功能为国际出发候机，为国际出发旅客提供候机服务；此外还设有为国内旅客服务的商业设施，相应的卫生间、母婴室等旅客服务设施；在中指廊处，设有航空公司等办公设施。12.9 m 地上四层功能模块示意图如图 2－7 所示。

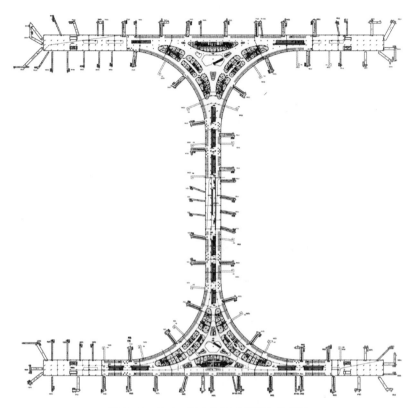

图 2－7　12.9 m 地上四层功能模块示意图

6）地上五层（夹层）

标高为 18.9 m，主要功能为国际商业、餐饮娱乐等。中指廊设有卫星厅运行管理中心（TOC），负责 S1 和 S2 的日常运作。18.9 m 地上五层（夹层）功能模块示意图如图 2－8 所示。

7）地上六层（夹层）

标高为 24.4 m，主要功能为国际、国内贵宾候机室，在卫星厅中部 TOC 上空，设有站坪指挥中心，负责中部港湾区域的机位运行调度。24.4 m 地上六层（夹层）功能模块示意图如图 2－9 所示。

2.3　直达旅客流程

1）国际出发

卫星厅国际出发旅客经由航站楼办理完成值机、行李托运、联检等手续后进

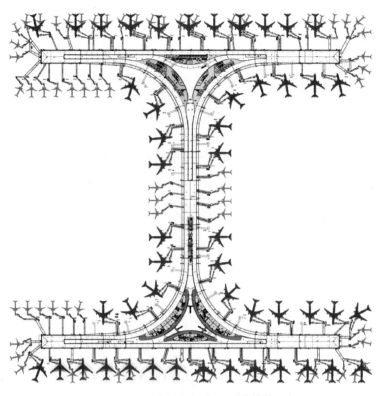

图 2-8　18.9 m 地上五层(夹层)功能模块示意图

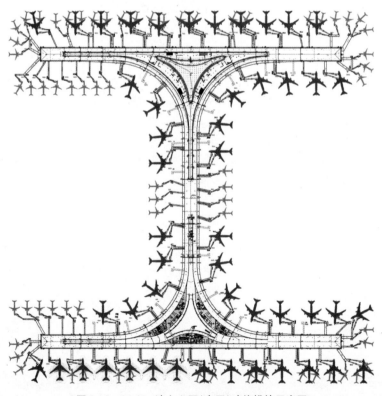

图 2-9　24.4 m 地上六层(夹层)功能模块示意图

入空侧区域,然后乘坐捷运列车来到位于卫星厅地下一层的国际出发捷运站台层,以垂直交通去往地上四层的国际出发层候机区及国际商业区。国际出发旅客动线如图 2-10 所示。

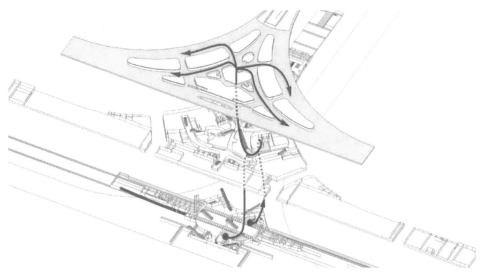

图 2-10　国际出发旅客动线

2) 国际到达

国际到达卫星厅国际到达旅客通过登机桥进入地上一层国际到达通道,于卫星厅中部下至位于地面首层的到达大厅,并通过垂直交通下至位于地下一层的国际到达捷运站台层,搭乘捷运列车前往主航站楼办理行李提取、查验、海关等手续,然后进入主楼迎客大厅。

3) 国内出发

卫星厅国内层采用出发和到达在同一层的混合方式。卫星厅国内出发旅客在对应的主楼办理完值机、托运、安检等手续后,乘坐捷运列车来到位于地下一层的国内出发捷运站台层(国内出发站台设置玻璃隔断与国际出发站台相隔离),旅客通过垂直交通上至地上三层国内层候机区及商业区。国内出发旅客动线如图2-11所示。

4) 国内到达

卫星厅国内到达旅客流程与国内出发旅客在同一层内完成。国内到达旅客通过固定登机桥进入位于地上三层的国内层,并通过垂直交通下至位于地下一层的国内到达捷运站台,乘坐捷运列车前往相对应的主航站楼办理行李提取、查验等手续。国内到达旅客动线如图2-12所示。

5) 远机位出发和到达

(1) 国际远机位出发。卫星厅国际远机位出发候机厅位于东西指廊中部地面首层,国际出发旅客可从位于国际出发层中部的垂直交通直达此处,候机厅通过服务车道,可便捷连接卫星厅两侧的远机位。

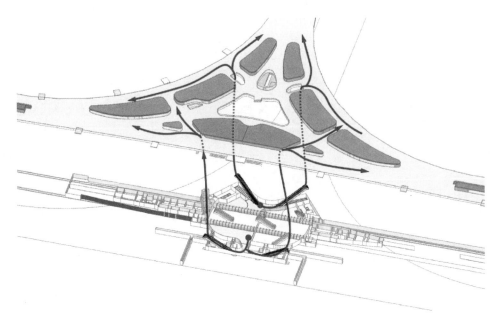

图 2-11　国内出发旅客动线

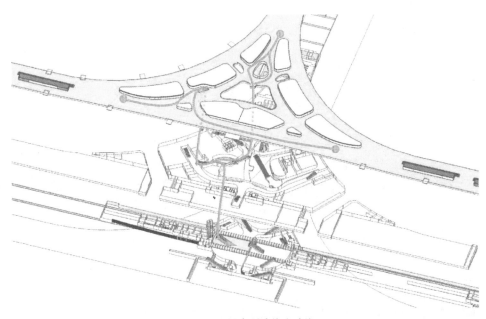

图 2-12　国内到达旅客动线

　　(2) 国内远机位出发。卫星厅国内远机位出发候机厅位于中指廊地面首层,国内出发旅客可从位于国内出发层中部的垂直交通直达此处,候机厅通过服务车道,可便捷连接卫星厅中部的远机位。

　　(3) 国际/国内远机位到达。卫星厅不设置远机位到达点,远机位到达旅客将乘坐转驳车前往主航站楼办理到达手续。

6) 航空公司要客出发

国际和国内 VIP/CIP 出发候机区位于最高处的夹层内,沿东西向轴线划分为南北两个区域,南侧为国际,北侧为国内。国际国内出发旅客可从捷运站台层出发站台通过专用的垂直交通前往。

从上述各主要旅客流程看出,捷运站中庭可以看作卫星厅活动的起点。

2.4 可转换桥和组合机位设计

2.4.1 空间可变设计

根据卫星厅的实际运行情况,提供变化的可能性(S1、S2 之间的分隔可根据航空公司的需求进行灵活调整,国际国内可以调整)。6.9 m 指廊区为国内出发、到达混流。出发旅客可以根据标志自由前往登机口,中指廊分界处设置隔离门及标志区分为 S1、S2(图 2 - 13),以免到达旅客走错。这一分隔位置可根据近远期的需求调整。

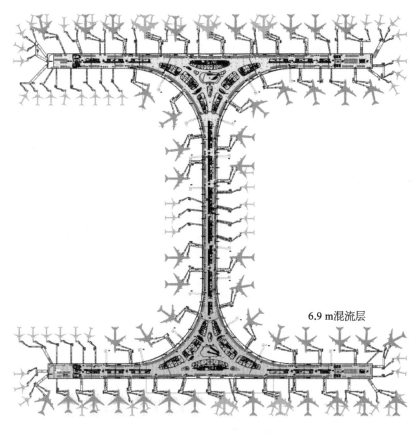

6.9 m混流层

图 2 - 13　S1/S2 分隔示意图

目前行李分拣基本都在 T1、T2 主楼进行,在卫星厅也预留了行李分拣的可能;当年旅客量增长到一定程度后,全部行李拉到卫星厅进行分拣。

2.4.2 组合机位设计

在实际运营中,卫星厅近期和远期需要的机型组合都可能会发生变化。最开始的时候可能多是小机位短航线的需求,国内主要是以 C 类机型为准的市场;当客流量增长的时候,大机型需求比例增加,如虹桥机场的京沪航线。这就要求卫星厅的机型设置比例不仅要满足国际国内功能的可调,还要满足大小机型的可调。大量设置的组合机位,使得其可以服务于一架宽体飞机或两架窄体飞机,也可以适应近期和远期的灵活性。图 2-14 所示为卫星厅登机桥规划示意图。

2.4.3 可转换桥设计

可转换机位要能够应对国际国内需求,应对基地航空公司的枢纽化运作。它具有以下三方面作用:

（1）在一个较长的时间内平衡国际和国内机位,当国内机位不足时可作国际机位,国际机位不足时可作国内机位,灵活应对机场在一段时间内国际国内航空业务量的变化。

（2）日常运行中解决机位的中转和经停。在调研中了解到,东航有大量的国际航班国内段或国内航班国际段,比如昆明—上海—日本,其中昆明—上海为其国内段,到达上海经停后同一机位再转换为国际段,飞至日本。这就要求同一机位在前一时段为国内机位,在后一机位切换为国际机位。

（3）针对机场国内国际航班波错峰的情况,机位可以在白天做国内机位,晚上切换为国际机位,有效地提高了航班利用率。

事实上,在浦东 T2 中,即设计了国内到发混流与国际到发分流立体结合的"三层式候机模式",42 个机位提供了多达 26 个"国内与国际可转换机位",这些机位既可以作为国际机位使用,也可以作为国内机位使用,充分利用了土地和空间资源,为未来浦东机场发展提供了巨大的灵活性。这种"三层式航站楼结构"能够更好地适应航空公司的中枢运作需要,更好地适应上海国际与国内之间中转旅客量比例较大的特点,更好地适应国际航班波与国内航班波在时间上错开的特点,最大限度地提高近机位的使用效率。S1、S2 同样采用了"三层式候机模式",将集约化的灵活布局策略用到极致。此外,设计充分挖掘和发展了"国际枢纽化"策略,即在 T2 设置了"中转中心",使多达 20 多种中转流程都在这里便捷完成,在航空公司枢纽运作的高效性与旅客中转的便捷性之间找到了最佳结合点,这对于浦东机场完成向"国际枢纽"的品质提升,具有举足轻重的作用。

为满足枢纽化运作,浦东机场 T2 设置了大量的可转换机位,如图 2-15 所示。

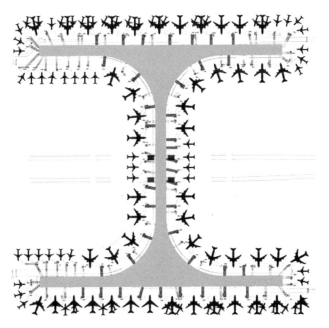

国内桥44个

国际桥4个

可转换桥35个(S1 19个, S2 16个)

共83个

近期桥位83个桥
根据L&B 20150706版机位

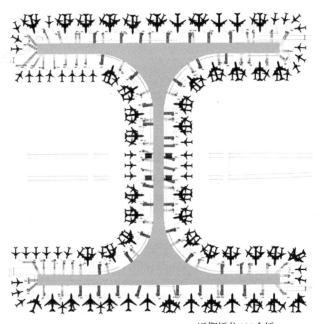

国内桥62个

国际桥4个

可转换桥35个(S1 19个, S2 16个)

共101个

近期桥位101个桥
根据L&B 20150526版机位

图2-14 卫星厅登机桥规划示意图

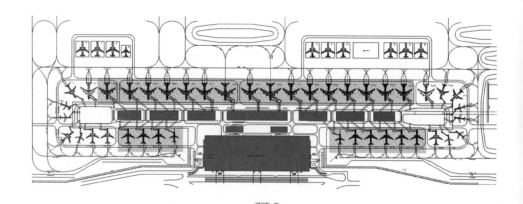

图 2-15　浦东机场 T2 可转换机位

　　卫星厅本期建设的固定登机桥共有 83 个,其中可转换桥 35 个。大比例的可转换机位设置从以下五个方面保证了卫星厅运营的灵活性:

　　(1) 国际国内机位可变,最大限度地适应基地航空公司枢纽化运作的需求;

　　(2) 可以大大提高站坪机位和楼内候机区的使用灵活性,从而极大地提升了卫星厅的运行效率和经济性;

　　(3) 符合卫星厅国际、国内并重的运行特点需要;

　　(4) 便于应对未来国际、国内旅客比例的变化;

　　(5) 为将来旅客吞吐量的变化提供了保障。

第3章
卫星厅室内设计

面对日益增加的航站楼室内空间需求以及客户体验要求,在空间细节中彰显社会关怀和人文情怀至关重要,商业、贵宾等服务设施是实现服务品质和机场收益双赢的重要手段。本章重点介绍卫星厅核心区、卫生间、母婴室和商业设施、贵宾设施的设计特点。

3.1 设计理念

航站楼室内设计是对建筑创作原则和理念的深化与延续。建筑师在进行建筑创作时,基于对枢纽功能的理解、流程的安排,在内部空间的营造上需要有深入的构思和明确的形态意向,如对重要空间节点要从比例、尺度、光线利用、界面处理等各方面进一步贯彻落实。因此,建筑师宜直接参与室内设计的创作过程,坚持建筑-室内一体化,这有利于建筑空间的营造与刻画。

与主楼相比,卫星厅更容易引起旅客焦虑感。因此,卫星厅的室内设计应在本质上增加空间可读性,唤起旅客对于主楼乃至所在城市的共鸣,舒缓旅客在行进过程中的焦虑感。

3.1.1 旅客流程

根据旅客流程和功能安排,按照不同空间的性格特征,动静结合地依次展开。旅客流程意向图如图 3-1 所示。旅客流线对应区域如图 3-2 所示。

基于卫星厅较为复杂的功能,在室内设计中须着重强化建筑整体空间的导向性。

(1) 核心区。即所有旅客的集散区,具有多个主次不同的流线方向。以弧形实体,结合墙面轮廓,形成内外两个主要的旅客通行区。通过中庭、三角形屋面吊顶,形成清晰的空间引导。

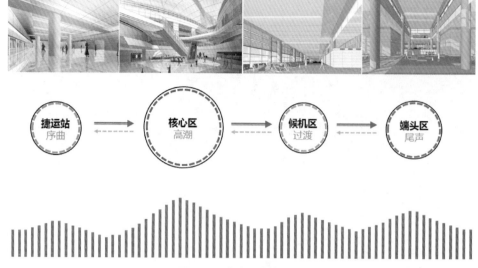

图 3-1　旅客流程意向图

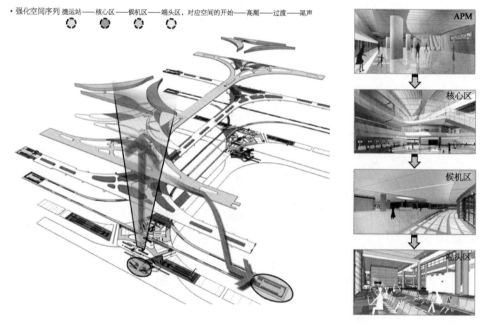

图 3-2　旅客流线对应区域

　　（2）候机区。以狭长线性空间为主，与旅客流线自然吻合。利用中部高侧窗和局部吊顶升高，形成明确的导向性。

　　增加制定内外对应的模数系统，使空间协调一致，体现交通建筑简洁高效的秩序感和逻辑性。在统一的模数系统下，对广告、标志、照明、门窗、设备设施点位等进行控制。有组织、由大到小、形成体系地进行细部设计，创造良好的旅客体验。

3.1.2 对于既有航站楼的继承与发展

1）对于卫星厅空间本质的把握

卫星厅空间本质在于捷运站厅的延伸，使得卫星厅内核心区围绕中庭进行组织，这为其室内设计提供了新的创作元素。

2）色彩系统的传承与延续

航站楼和卫星楼之间的功能延续性及其内在联系，通过色彩体系的一致性充分体现，并形成统一易读的空间感受。

鲜艳明快的吊顶，清新淡雅的中性灰色背景，素雅坚实的实体墙面，是现状航站楼的主要室内形象。浦东机场 T1/T2 室内色彩如图 3-3 所示，卫星厅与航站楼色系统一示意图如图 3-4 所示。

图 3-3　浦东机场 T1/T2 室内色彩

图 3-4　卫星厅与航站楼色系统一示意图

3）材料的传承与延续

航站楼的基本材料延续到卫星厅中，将为旅客提供良好的室内体验，同时解决现有航站楼遇到的问题。图3-5所示为卫星厅与航站楼装饰材料对应一致示意图。

捷运区
· 地面材料考虑以石材为主

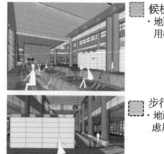
候机区
· 地面材料可考虑用橡胶地板(或地毯)

商业区
· 地面材料可考虑用橡胶地板(或石材)

步行区
· 地面材料可考虑用橡胶地板

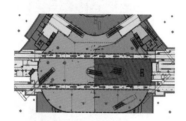

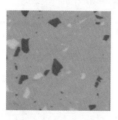

橡胶地板
· 色彩丰富多样，材料有一定柔性，能够提供较好的吸声效果，空间更为舒适，耐久性、可维护性均较好
· 需要采用高品质产品，同时对施工铺设有一定要求，需要严格标准进行施工控制，保证品质优良

石材
· 易于采购，维护性、耐久性好
· 品质参差不齐，整体一致性不易保持；存在一定辐射等环保问题；现场切割工作较多，铺设品质不易保证

地毯
· 柔软舒适安静，比较适合旅客候机等静区使用
· 耐久性、后期维护较上述材料复杂

图3-5 卫星厅与航站楼装饰材料对应一致示意图

4）结构理念的传承与延续

T1、T2采用钢结构，明露的白色构件清晰地反映了建筑的结构系统（图3－6a）。

卫星厅采用混凝土结构，以明露清水混凝土结构作为室内设计的重要语言，与主楼的构建逻辑相呼应（图3－6b）。

(a) T1、T2采用钢结构

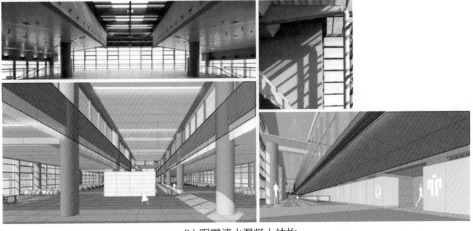

(b) 明露清水混凝土结构

图3－6　结构理念的传承与延续

3.1.3　对于地域文化的继承和呼应

1）简练现代的设计语言

从功能需求出发，通过材料、技术的精炼表达，体现空间的序列感和逻辑性（图3－7）。

2）典雅精致的设计细节

根据空间及功能需求的不同，有组织、有序列、成体系地进行细部设计，体现精巧细致的上海文化特点（图3－8）。

3）务实经济的设计手法

以投资可控、运营便利为导向，在设计中加以充分考虑（图3－9）。

图 3-7　机场的空间隐喻

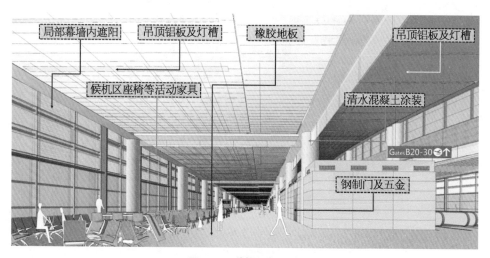

局部幕墙内遮阳　　吊顶铝板及灯槽　　橡胶地板　　吊顶铝板及灯槽

候机区座椅等活动家具　　清水混凝土涂装

Gates B20-30

钢制门及五金

图 3-8　装饰细部设计

图 3-9　铝合金扶手安装

3.2　旅客导向设计

在卫星厅空间中,旅客极易产生方向的迷失感,特别是经过地下捷运到达卫星厅,迷失感会更强。在卫星厅设计中,就需要通过建筑设计强化建筑导向性,打造旅客能够自己读懂空间的便捷卫星厅。

3.2.1　建筑造型引导

形态设计遵循功能优先、舒适实用、安全可靠、技术成熟的原则进行,采用中部高、周边低的整体造型,与功能布局紧密结合,通过建筑空间的穿插组合,形成明确的空间导向,使复杂的功能形成一个有机的整体,朴素大方,平易近人。摒弃近年来较为普遍的追求高大形象的钢结构大屋面,采用了简洁明快、成熟可靠的混凝土屋面。通过多层次、层层退进的变化,在形成独具特点建筑形式的同时,结合带形侧窗,与自然采光、自然通风等有针对性的节能措施紧密结合,确保了建筑的安全可靠、低碳运行。建筑造型设计和室内空间相结合,建筑也是流线组织的一部分,从而引导旅客自然而然地前往自己的目的地。

3.2.2　空间导向性设计

空间导向设计应渗透到建筑和室内设计中,强化空间引导,实现顺畅高效的旅客流程。通过空间的导向性设计,使得空间本身具有可读性,使得旅客能够自然地前往自己的目的地,提高旅客体验。

1) 天窗和光线的引导

在卫星厅的设计中,借助于天窗和光线的引入,使得旅客在行进过程中能够清晰地看到空侧飞机的起降,对于自己的行进路径也起到很好的提示作用(图3-10)。

图3-10　浦东机场卫星厅侧窗进光模拟图

2）吊顶、灯带、线条的提示

在卫星厅的设计中，巧妙地处理吊顶灯细节，强化通道空间的方向感和导向性，使空间导向与旅客流程相一致，增强空间可读性，使得旅客能够自然地感受到行进的路径（图3-11）。

图3-11　浦东机场卫星厅室内模型

3）商业区设计

商业布局应该与旅客流程相结合。浦东机场卫星厅通过商业的功能布局实现其空间导向，空间导向性明确，使得旅客在其中不易迷失方向。

3.2.3　标志系统设计

从分析现状航站楼标志系统出发，探讨卫星厅标志的设计策略，根据卫星厅的室内空间环境制定相应的导向体系。并结合卫星厅建设的新机遇，面对"互联网＋"的新环境，适度超前，提升导向系统的设计。

现状航站楼的标志系统在色彩上是统一的，在形式上有所区别。卫星厅标志系统在延续主楼色彩体系的基础上进行设计。设计要点如下：

（1）内部标志连续统一。标志系统也是空间导向性的重要组成部分，整个建筑内标志系统应该相对连续统一。

（2）交通信息优先，最重要的信息等于交通信息。在虹桥T1交通中心既要合理指引车行、人行流线，还要局部指引虹桥枢纽的交通工具。因此在交通信息、设施信息、商业信息、商务信息的诸多信息中，交通信息为最优先、最重要的信息。

（3）合理的布点配置。基于唯一性的原则，在满足使用需要进行有效引导的同时，尽可能地合理控制布点数量（30～50 m），创造合理有效的空间环境。

（4）统一标志系统。充分使用设计规格，减少不同设计尺寸的出现，不仅易于形成统一的标志体系,更可便于管理和日后的维修。

(5)文字的运营。应根据交通建筑的使用情况,采用中英文甚至其他语言的补充。

3.3 功能区室内设计

3.3.1 旅客核心区

1)围合广场

到达大厅由连续墙面围合,自然形成围合感,同时通过围合墙面的流动产生空间的引导性。

2)通高中庭

到达大厅通过贯通的中庭空间与上部各层产生丰富的空间联系,整个空间宽敞开阔(图3－12)。

图3－12 中庭空间

3)交通核心

作为卫星厅最重要的交通空间,国际到达大厅不仅在平面上串联起了出发、到达、中转等流程,还有多部到达和出发的扶梯穿梭其中,成为重要的空间元素。

3.3.2 人性化的卫生间

1)公共卫生间

在大型交通空间如机场航站楼里,公共卫生间作为一个重要的辅助设施,不仅影响旅客的使用情况,同时也是考量整个航站楼设计水平、提高机场总体评价的一个重要场所。卫星厅作为航站楼服务功能的延伸,与T1、T2航站楼流程相衔接,形成"航站楼＋卫星厅"一体化运营模式,承担了旅客出发候机、到达、中转的服务功能,在不同的功能空间中,旅客对卫生间的使用要求是不同的。

在候机区,旅客对卫生间的使用情况与对应航班起飞的数量、机型的大小、航班延误程度等有关。在到达区,旅客对卫生间的使用情况与航班降落数量的峰值、机型的大小、长短途航班量等有关。

卫星厅的卫生间主要是为国内、国际候机及到达乘客使用,其中也包括部分中转乘客。《2013 年首都机场旅客服务需求调查报告》显示,近年来乘客年龄呈年轻化趋势,机场人群更加平民化,女性乘客在商务、旅行上的数量也在增长。又据携程 2016 年第一季度《儿童旅客乘机报告》,携带儿童出行旅客的数量与日俱增,儿童旅客的年龄越来越小,呈现低龄化的趋势,带二孩出行也成新潮流。

图 3-13　卫生间、母婴室标志示意图

为此,需要创造更舒适、放松、人性化的公共卫生间空间,来满足不同层次旅客的使用需求。卫生间首先应设置在人流流线直接顺畅之处,而且男、女卫生间,母婴室和无障碍卫生间的标志应醒目鲜明(图 3-13)。

根据国内旅客使用习惯不同,在每个卫生间按 6:1 的比例设置坐便与蹲便器,每个隔间的门上都标有坐便与蹲便的标志。

无论是父亲带女儿去男卫生间,还是妈妈带儿子去女卫生间,都会给儿童本人或其他人带来一些不便和尴尬。同时,儿童如厕只能使用成人卫生间的设备,既不方便,也不安全。所以在局部卫生间,增加低位小便斗及儿童坐便器,既能方便儿童独立使用,也可避免异性家长必须陪伴的尴尬。同样,隔间的门上都标有儿童坐便的标志。

在每个卫生间都设有低位儿童用洗手盆,方便小朋友洗手,改变了原洗手台设置较高、只适合成年人使用(图 3-14)。

除了洁具外,卫生间的其他设施、设备、环境、卫生等,也是直接关乎旅客切身感受的实际问题。在每个隔断间内除了有一个挂钩,坐便器后面设有一个置物台,方便旅客放置随身物品。每个坐便器旁边,除放置手纸盒外,还安装了盖板消毒液器,方便有需要的乘客消毒使用。卫生间的洗手盆台面采用浅色人造石,每两个洗手盆中间在台面上开洞,安装嵌入式垃圾桶,方便旅客就近扔擦手纸。在有空间的女卫生间,为女性旅客设计了化妆台和化妆镜,化妆台和洗手盆台面是分开的,避免有人在洗手盆台面前化妆而造成洗手盆前排队(图 3-15)。

在男卫生间小便斗前的地面上铺设了防臭地砖,其具有抗菌、防污、防臭、防滑的功能,可消除异味达到空气净化效果(图 3-16)。

在每个卫生间吊顶下方的墙面上安装自动喷雾芳香器,它不仅能在 24 h 内自动定时地喷雾芳香剂,而且可以设定自动喷洒的时间间隔,为卫生间提供清净、新鲜的芳香空气。

图 3-14 卫生间效果图

图 3-15 女卫生间示意图

图 3-16 男卫生间小便斗示意图

每个卫生间还安装了全身镜,方便旅客整理衣装。在每个坐便器或小便斗上方设有排风口,并用加强的排风量用来满足所有卫生间通风换气要求。每个卫生间内的灯光光线以柔和为主,坐便器和小便斗上方增加局部照明,以便旅客在使用时有足够的光照。

卫生间人流量大、使用频繁,挑选耐磨防滑、抗污耐脏、吸水率低的玻化砖作为墙地面的主要装饰材料。玻化砖是吸水率较低的一种砖,表面经过打磨成镜面效果,其亲水性强,遇水更加防滑,抗污能力强,这样才能最大限度地保持公共卫生间空间内的干净整洁。

为了展现卫生间轻松活泼的空间氛围,增加美丽的视觉效果(图3-17),突出男女卫生间识别度,在男女卫生间的入口铺贴不同颜色的玻璃马赛克,并在卫生间内选择一个墙面作为背景墙,铺贴和入口处相同颜色的玻璃马赛克来呼应。马赛克色彩丰富,充满时尚与创意,防水性也很好,是传统工艺和现代艺术完美结合的装饰材料。

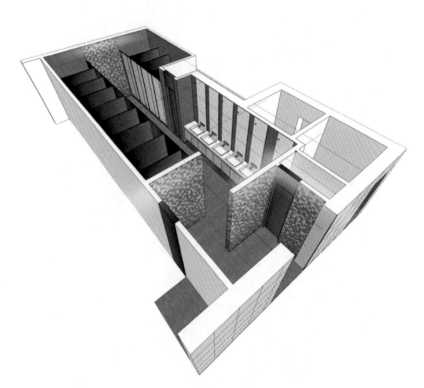

图3-17 卫生间效果图

2) 无障碍卫生间

关照弱势群体,是一个社会物质文明发展的必然要求,也是一个社会精神文明发达的必然要求。残疾人、老人或病人是社会的弱势群体,理应得到应有的保护与优待。卫星厅无障碍卫生间的设计遵循以下准则:

(1) 无障碍卫生间的门宽不低于800 mm,便于轮椅出入。

(2) 使用自动门装置,通过控制按钮自动开关门。

（3）无障碍卫生间内部空间大于 1.5 m×1.5 m，利于轮椅回旋。

（4）洁具配套采用专用无障碍洁具。男士采用低位小便斗，高度小于450 mm，坐便器采用隐藏水箱型的，高度 450 mm，台盆使用半柱盆，利于轮椅进入，高度 800 mm。

（5）配备安全扶手。坐便器扶手离地高 700 mm，间距宽度 700～800 mm，小便器扶手离地 1 180 mm，台盆扶手离地 850 mm。

（6）配备紧急呼叫系统。紧急呼叫系统安装在坐便器旁的墙面上，离地450 mm 高，为防水开关，并在门外配置与紧急呼叫系统相连的报警红灯。

（7）安装加强排风量的排风扇，用来满足室内通风换气要求。

无障碍卫生间的墙面采用浅色面砖，干净明亮，地面用颜色较深、不反光、质地强、弹性适中的防滑地砖，帮助残障人士、老人或病人消除因腿脚无力、重心不稳的紧张心理。

残疾人卫生间实景图如图 3-18 所示。

图 3-18　残疾人卫生间实景图

3.3.3　母婴室

2016 年初随着我国二胎政策的启动，将来有二孩的家庭会越来越多，孩子随父母外出的机会也越来越大。母婴室为携带婴儿出行的父母提供了便利，母亲和婴儿理应受到更多的尊重和呵护。在母婴室的布局上，卫星厅改变了传统的分散式布局方式，采取了集中+分散的混合式布局方式，使其与旅客需求结合得更紧密。此外，从色调、装饰等多个方面进行了考虑，使其成为一个小窝而不是功能的房间。

1）卫星厅母婴室分两类模式布置

（1）综合母婴室。面积 20 m²，宽敞舒适，设两个区域，一个为哺乳区，另一个为休息区。哺乳区有两个哺乳间,为保护乳母隐私设有可上锁的门;哺乳间配有一个沙发座、换尿布婴儿床、置物台(可放热奶设施)、电源插座、抽纸、垃圾桶等便利设施。

休息区为随行旅客和携带儿童的旅客提供暂时休息的区域。休息区域的地面铺设安全软垫,配有儿童玩具若干,方便孩子玩耍爬行。并配有舒适的沙发座(高度有适合大人的和小孩子的)、换尿布婴儿床、奶瓶消毒器、热奶设施、电源插座、饮水机、行李挂钩、置物架和洗手盆、镜子、洗手液、抽纸、垃圾桶等洗漱卫生设施。除配有空调外,还配有紫外线消毒灯,以保持室内空气新鲜、温度适宜,并用加强的排风量来满足母婴室通风换气要求。

母婴室内部装修示意图如图 3-19 所示。

图 3-19　综合母婴室内部装修示意图

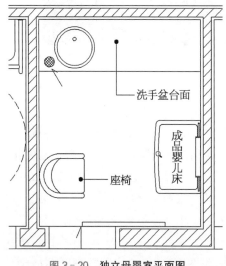

洗手盆台面

成品婴儿床

座椅

图 3-20　独立母婴室平面图

(2) 独立母婴室。面积 4.9 m²,进门为自动门,通过控制按钮自动开关门,可方便抱婴儿的旅客。室内配有一个沙发座、换尿布婴儿床、置物台(可放热奶设施)、储物柜、电源插座和洗手盆、镜子、洗手液、抽纸、垃圾桶等洗漱卫生设施,并配有紧急求助按钮,如果服务需要,可以呼叫工作人员前来帮助。

独立母婴室平面图和操作台示意图分别如图 3-20、图 3-21 所示。

2) 母婴室和无障碍卫生间合二为一

机场三期工程中,还尝试了把母婴室和无障碍卫生间合二为一,变成10 m²

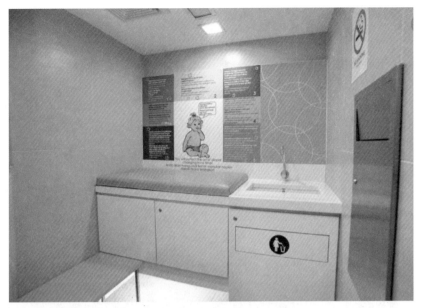

图 3 - 21　独立母婴室操作台示意图

的家庭卫生间(图 3 - 22)。这里设有独立母婴室里所有的设施,把无障碍卫生间里的小便斗改为儿童坐便器(图 3 - 23),哺乳和厕所之间用彩色玻璃分隔,再放置一个宝宝座椅,既方便母亲喂奶,又可以让母亲安心地上厕所,也可以让由异性家长旅客携带的儿童放心地来这里上厕所。

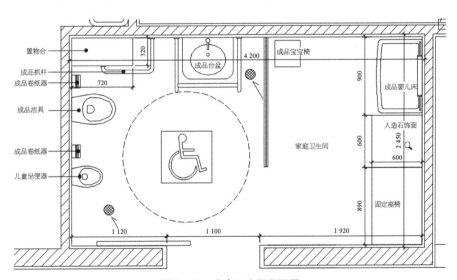

图 3 - 22　家庭卫生间平面图

母婴室室内装饰也是充满童趣和温馨的,墙上贴着活泼可爱的卡通壁纸,悬挂圆形的镜子;护墙板和储物柜用浅色的科技木制作;地面是仿木纹的地砖,既防滑又能营造出舒适的环境和自然的气氛。家庭卫生间内部示意图如图 3 - 24 所示。

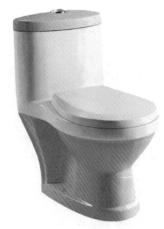

图 3-23 儿童坐便器的两种形式

图 3-24 家庭卫生间内部示意图

3.4 商业设施布局

3.4.1 商业设计原则
商业设施布局遵循如下原则：
（1）结合旅客流程流线清晰，又要避免干扰主流程；
（2）高可见度，高捕获率；
（3）点面结合，集中布置的免税店同分散的零售店相结合；
（4）餐饮、零售、精品店及综合业态等按旅客需求布置。

3.4.2 商业布局与流线
卫星厅拥有非常明确的核心——捷运中庭，相对一般的航站楼而言，面状的商业布局对商业更加有利。

40

浦东国际机场卫星厅及捷运系统工程

国内商业主要布置在6.9 m国内混流层的中央三角区,在此设置有大规模集中商业区。在长廊候机区,结合服务核心,设有为旅客就近服务的小规模点式商业,为旅客提供必需的服务。商业区的设置与旅客流线紧密结合,针对国内旅客停留时间较短的特点,旅客可以选择性进入商业区而非必须通过,具体布置如图3-25所示。

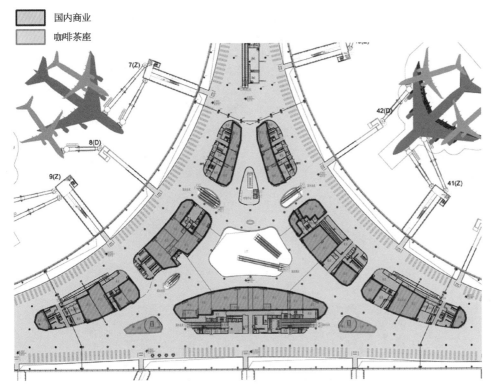

图3-25 S1区域国内商业布置图

国际商业分两层布置,主要设在12.9 m国际出发层中央三角区,旅客通过捷运到达航站楼后,一个两层通告的商业区展现在面前,同层的大规模集中商业区以零售为主,其上的夹层则以休闲餐饮为主。商业区的设置与旅客流线紧密结合,针对国际旅客停留时间较长的特点,旅客被引导到中央商业区附近,通过高捕获率实现较高的非航盈利收入,具体布置如图3-26所示。商铺效果如图3-27所示。

3.5 贵宾设施布局

根据卫星厅来看,其贵宾构成主要是两舱和卡类,及面向市场的政要和商务旅客。国际国内贵宾设在整个卫星厅顶部最高层,此处一侧可远眺机坪,一侧面向通高的中庭,视野开阔,环境优雅,为商务和贵宾旅客提供了优质的服务。贵宾

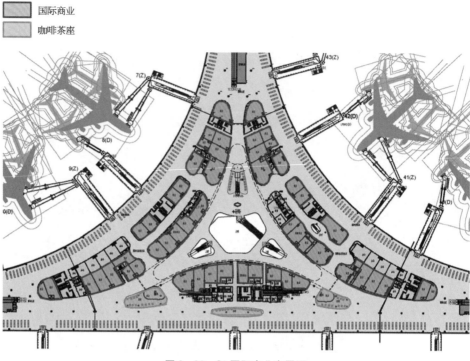

图 3‑26　S1 国际商业布置图

图 3‑27　商铺效果图

区沿东西向轴线左右分为国内和国际区,分别为不同的旅客服务。贵宾旅客可以从站台层搭乘专用电梯,直达贵宾区,也可与普通旅客行至国际国内候机区后,再上至贵宾层。

第4章
卫星厅绿色设计

面对巨大的能耗需求,卫星厅秉持以人为本的绿色设计,将主动式节能和被动式节能相结合,打造生态节能的"绿色"卫星厅。

4.1 绿色集成设计

立足于卫星厅项目特点进行可持续设计,在大面积、多朝向条件下,兼顾人体舒适、采光、通风、遮阳,对建筑本体进行被动式气候适应设计的反复研究,重点推敲建筑本体设计,以优化自然通风、采光、遮阳及围护结构等被动式设计,以较小的代价获得较高节能效果与环境空间品质;同时结合卫星厅特点与运营模式,优化机电设计,以最小能耗达到高效舒适,对机电设计进行优化,注重实效,最终实现绿色节能低成本运行。

4.1.1 自然通风

S1、S2 中部三角区结合垂直交通设计有中庭,贯通从地下一层直至六层的整个空间。该区域是夹层最多的区域,且为国际、国内中转及到达、出发交叉的重要位置,主要垂直交通空间设置于此,且人流量大,也有大量商业设置于此处,空间环境要求较高。此处恰恰也是建筑空间放大处,三角区的中心到任意一侧外围护界面的距离近 80 m,如何尽可能地利用自然通风改善室内环境品质,从而减少空调能耗,是本建筑通风设计的难点所在。此外,候机区指廊进深约为 42 m,而候机旅客停留时间较长,空间品质需求较高,也是自然通风重点优化部位。而且本项目各朝向均设停机位,受噪声影响不适宜大量设置可开启窗,自然通风的组织非常困难。设计考虑如下:

(1)根据建筑外表皮风压分布特点,合理确定通风可开启窗的位置,以使通风效果最大化。

（2）根据中庭六层通高的空间特点，对自然通风的改善重点侧重于优化中庭的拔风效果；通过建筑表面风压模拟，对顶部天窗的可开启位置与面积进行重点分析。

（3）对于候机区通风，虽受噪声干扰，但可结合候机区每日使用时间、空调季节性启停时间等运行方案，可制定夜间通风、过渡季通风的控制策略，对进行自然通风时间段内的建筑表面风压进行分析合理开窗，局部时间通风，仍可以大大节省新风能耗。

4.1.1.1 表面风压分析

建筑整体呈现中部隆起、两端低的流线型造型，有利于环境风的疏导。建筑转角处登机桥的布置有利于缓解高速来风。场地整体风环境良好，各季节环境最高风速均不超过 5 m/s；春季平均风速 3.3 m/s，秋季 3.6 m/s；过渡季通风条件良好，且冬季不会承受过大风压。卫星厅环境风速如图 4-1 所示。

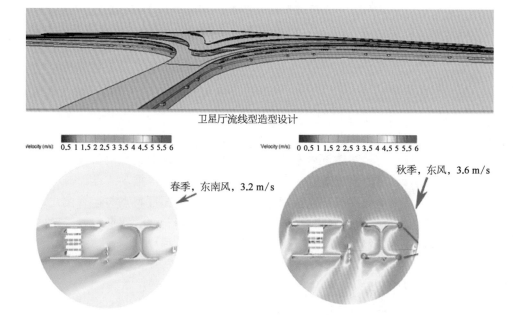

图 4-1　卫星厅环境风速

分析过渡季卫星厅建筑表面风压分布，确定各建筑立面及高侧天窗合适的自然通风风口的设置位置。

4.1.1.2 自然通风分析

1）指廊标准段自然通风分析

通过计算流体动力学（computational fluid dynamics，CFD）风压模拟分析，确定不利通风指廊（西北侧）并选择两端标准段，如图 4-2 所示。

（1）标准段 1 的室内通风效果如图 4-3 所示，具体描述如下：

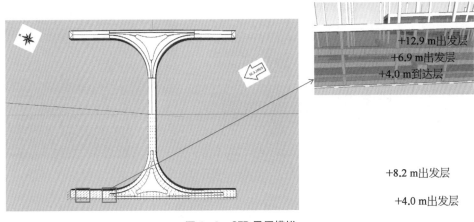

· 标准段1

+12.9 m出发层
+6.9 m出发层
+4.0 m到达层

+8.2 m出发层

+4.0 m出发层

图 4-2　CFD 风压模拟

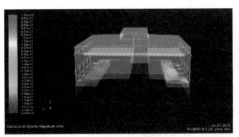
(a) +4.0 m到达层

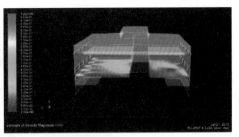
(b) +6.9 m出发层

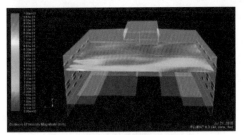
(c) +12.9 m出发层

图 4-3　卫星厅室内通风效果图

① +4.0 m 到达层区域单侧开窗,垂直方向与上层连通,无明显大面积静流区;平均风速为 0.1 m/s,较舒适;开窗面积可保证室内通风要求。

② +6.9 m 室内流场被中间空调机房隔断,但外窗开启面积较大,东侧进风明显,无明显大面积静流区;平均风速为 0.16 m/s,较舒适;开窗面积可保证室内通风要求。

③ +12.9 m 区域东侧外窗进风明显,无明显大面积静流区;平均风速为 0.12 m/s,较舒适;开窗面积可保证室内通风要求。

(2)指廊标准段开窗设置如图 4-4 所示,具体描述如下:

① +4.0 m 到达层。该层楼板垂直方向上第 2 单元设可开启窗,间隔一个单

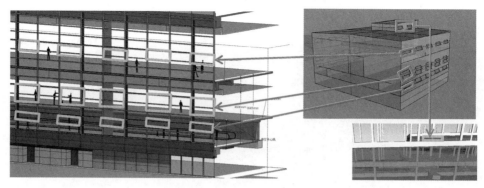

图4-4　指廊标准段开窗设置

元,开启一个单元。

② +6.9 m出发层。该层楼板垂直方向上第2、第3单元设可开启扇,间隔一个单元,开启一个单元。

③ 12.9 m出发层。该层楼板垂直方向上第3单元设可开启扇,间隔一个单元,开启一个单元。

④ 高侧窗。高侧窗每间隔一个单元设置一个可开启扇。

⑤ +8.2 m出发层。该层楼板垂直方向上第3、第4单元设可开启扇,间隔一个单元,开启一个单元。

⑥ 每个开窗单元。尺寸3.6 m×1.2 m,上悬外开30°。

2) S2中央三角形段自然通风分析(图4-5)

选取S2中央三角形段作为自然通风分析的对象,主要分析功能区域包括:

① 0 m标高。国际国内远机位候机厅、旅客中转中心。

② 4.0 m标高。国际到达通道。

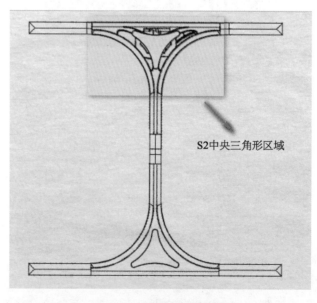

S2中央三角形区域

图4-5　S2中央三角形段

③ 6.9 m 标高。国际出发候机/到达。

④ 12.9 m 标高。国际出发候机。

⑤ 18.9 m 标高。国际、国内贵宾候机室、休息区。

详细分析如下：

（1）0 m 标高层自然通风效果。东部国际远机位候机厅平均风速 0.11 m/s，整体可达到 2 次/h 通风换气次数；但进深超过 10 m 后，风速较低，有静风区；旅客中转中心平均风速 0.23 m/s，到达通道自然通风效果较好；国际转国内通风效果较差。分析结果如图 4-6 所示。

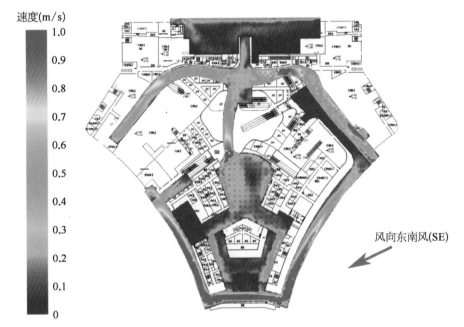

图 4-6　0 m 层自然通风效果图

（2）4.0 m 标高层自然通风效果。平均风速 0.61 m/s，通风效果良好，分析结果如图 4-7 所示。

（3）6.9 m 标高层自然通风效果。平均风速 0.49 m/s，通风效果良好，分析结果如图 4-8 所示。

（4）12.9 m 标高层通风效果。平均风速 0.36 m/s，通风效果良好，分析结果如图 4-9 所示。

（5）18.9 m 标高通风效果。平均风速 0.18 m/s，通风效果良好，分析结果如图 4-10 所示。

（6）出屋面高侧窗开窗策略及通风效果。出屋面天窗总排风量为 91.5 m³/s，24.4 m 层高侧窗排风量为 62.5 m³/s，占 68.3%，拔风效果明显，分析结果如图 4-11 所示。

（7）S2 中央三角形区域标准段分析与开窗设置。

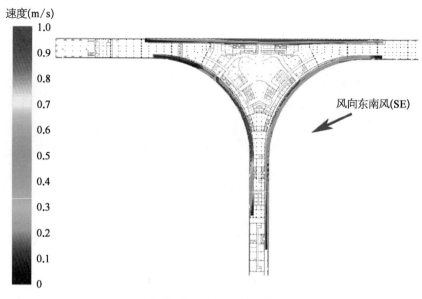

风向东南风(SE)

图 4-7 4 m 层自然通风效果图

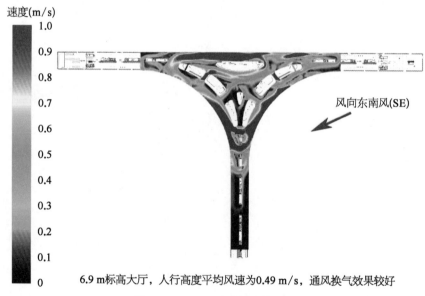

风向东南风(SE)

6.9 m 标高大厅，人行高度平均风速为0.49 m/s，通风换气效果较好

图 4-8 6.9 m 层自然通风效果图

① 在主导风向 SE(东南风)3.2 m/s 作用下。

② 整体而言,南立面作为主进风口,西立面作为主出风口,风路组织较为明显。

③ 室内平均风速分布在 0.1～0.6 m/s,主导风向下靠近窗口风速可达 1 m/s,室内舒适度较高。

④ 中心区域可开启幕墙外窗面积为 3 348 m²,窗地面积比为 2.21%。

⑤ S2 三角形核心区域总体量为885 919.44 m³,总进风量为519.3 m³/s,总体通风换气次数为 2.11 次/h,可满足一般自然通风 2 次/h 换气次数要求。

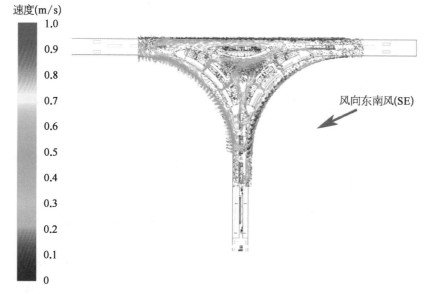

图 4 - 9　12.9 m自然通风效果图

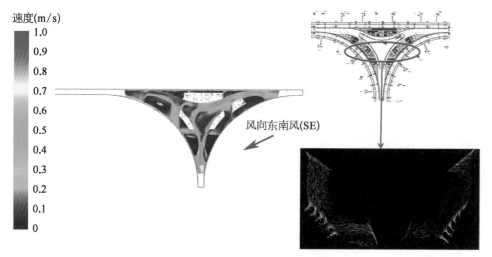

图 4 - 10　18.9 m自然通风效果图

⑥ S2 中央三角形区域优化布置开窗位置,结合热压和风压共同作用效果,可在 2.21％窗地面积比的条件下满足室内较为舒适的自然通风效果。

4.1.2　自然采光

4.1.2.1　光环境设计标准

评价自然采光效果的主要技术指标为采光系数、采光均匀度,特定情况下还须对眩光等进行分析。一般情况下,对于侧窗采光,需要考察室内最小采光系数;对于天窗采光,需要考察建筑的室内平均采光系数和采光均匀度。

参照《建筑采光设计标准》(GB/T 50033—2013)中交通建筑的采光系数指标

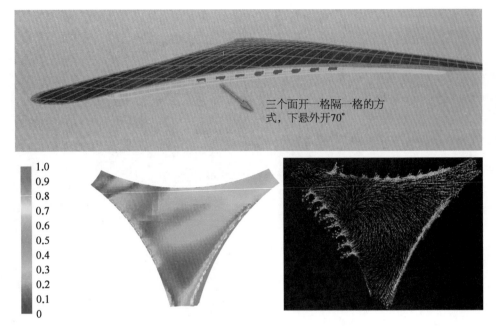

三个面开一格隔一格的方式，下悬外开70°

图4-11　出屋面高侧窗开窗策略及通风效果

作为评价依据（表4-1）。

表4-1　交通建筑的采光系数标准值

等级	房间名称	侧面采光		顶部采光	
		采光系数标准值（%）	室内天然光照度标准值（lx）	采光系数标准值（%）	室内天然光照度标准值（lx）
Ⅲ	进站厅、候机厅	3.0	450	2.0	300
Ⅳ	出站厅、连接通道、自动扶梯	2.0	300	1.0	150
Ⅴ	站台、楼梯间、卫生间	1.0	150	0.5	75

　　除一般采光强度外，还应关注光环境的舒适度，主要包括以下两点：

　　（1）存在采光天窗的部分区域与周边区域照度差过大，容易引起类似高速隧道中的"黑洞效应"或"白洞效应"，影响乘客的舒适度。主要通过韦伯-费昔勒定律来衡量合理的光差范围。通过推算得到的步行状态下光适应变化见表4-2。

表4-2　人步行状态下亮度降低值列表

离亮度最高点的距离（m）	0	1	2	3	4	5	6	7	8	9	10
最高亮度的比例（%）	41%	26%	18%	14%	11%	9%	8%	7%	6%	5%	5%

当某一区域存在最亮点时,其方圆半径 1 m 以内的亮度不能低于其 26%,2 m 以内的亮度不能低于其 18%,以此来衡量室内光线变化是否舒适。

(2) 合理地设置与协调人工照明与自然采光,使人员活动区域的光环境保持在合理的视觉亮度下。

视觉亮度是人眼对视场中物体发光强弱的一种心理刺激感觉量,它是人眼判断所视物体是否明亮和清晰的主要依据。以最佳办公视觉亮度 80~120 lx 为例,对应的环境亮度为 148~536 lx,因此有办公需求的空间照度应该保持在这一范围内。

根据卫星厅的功能布局,对各个功能空间的适宜视觉亮度要求分别见表 4-3、图 4-12。

表 4-3　适宜视觉亮度

功 能 空 间	适宜视觉亮度(lx)	适宜照度(lx)
问询、换票、行李托运、安检、海关、护照检查	100~120	301~536
行李认领、出发大厅、到达大厅	90~110	215~407
通道、扶梯、连接区、换乘厅	80~100	148~301

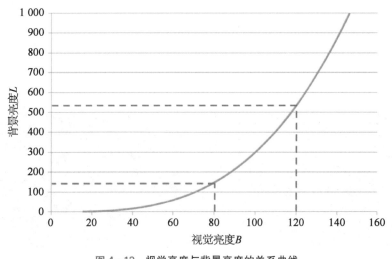

图 4-12　视觉亮度与背景亮度的关系曲线

4.1.2.2　采光设计

1) 空间布局

空间布局上尽可能将通过性通道设在中部,而将出发候机等功能沿周边玻璃幕墙设置,以争取较好的自然采光。

2) 指廊高侧窗设计

指廊进深近 45 m,除两侧设置玻璃幕墙外,也在顶部设置高侧窗(图 4-13),提高指廊中部的采光效果。

51

第 4 章　卫星厅绿色设计

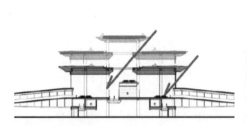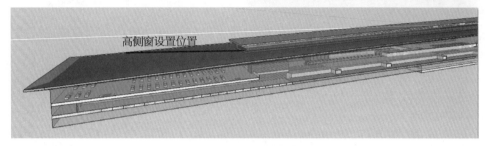

图 4 - 13　指廊高侧窗设计

　　同时,考虑靠近玻璃幕墙部分采光较强,可能存在眩光,因此幕墙设计减少了玻璃面积,增加了部分背衬岩棉的铝板幕墙,一方面减少建筑负荷,另一方面也可减少眩光,提高采光舒适性。

　　可以看到,在通过增加实墙面减少眩光的立面条件下,通过高侧窗改善内部空间,可满足 4.0 m 到达层、6.9 m 和 12.9 m 候机厅平均采光系数 3.3% 的要求(图 4 - 14、表 4 - 4)。

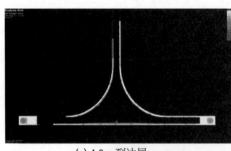

(a) 4.0 m 到达层

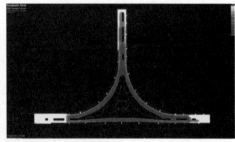

(b) 6.9 m 候机厅

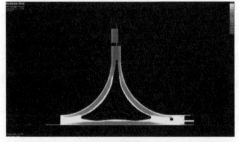

(c) 12.9 m 候机厅

图 4 - 14　4.0 m、6.9 m、12.9 m 标高采光系数分析图

表 4-4　区域采光系数

功能区域位置	区 域 类 型	平均采光系数(%)	标准要求值(%)
4.0 m 标高处	指廊处：国际到达	9	3.3
6.9 m 标高处	指廊处：国内、国际候机厅	4.38	3.3
12.9 m 标高处	指廊处：候机厅	7.01	3.3

3) S1、S2 区域中庭与高侧窗采光设计

S1 和 S2 中转区域进深大，且功能复杂、层数多，内部结合中转功能设置通高中庭，在顶部设置层叠的高侧窗，将自然光引入建筑中部(图 4-15)。

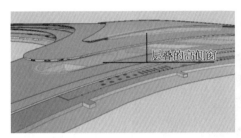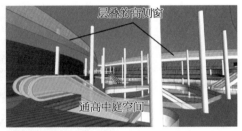

图 4-15　S1、S2 高侧窗采光设计

对比分析有无高侧窗的采光效果(图 4-16)，可以看到高侧窗的设置不仅改善了上部标高层，且使地下空间也从原来几乎无采光达到平均采光系数 0.5%；改善了室内光环境感受，减少人工照明能耗。

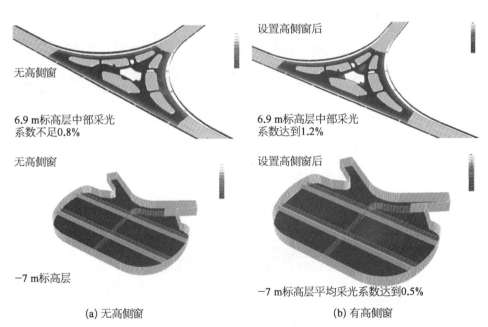

图 4-16　有无高侧窗的采光效果对比示意图

4) 天窗设计

对比分析了 S1、S2 中部天窗设置的效果，示意图如图 4-17～图 4-19 所示。

8.0%区域满足要求

(a) 无天窗

11.5%区域满足要求

(b) 20%天窗

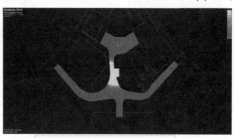

13.9%区域满足要求

(c) 50%天窗

图 4-17　0 m 标高采光效果分析

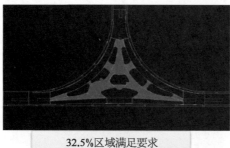

32.5%区域满足要求

(a) 无天窗

62.1%区域满足要求

(b) 20%天窗

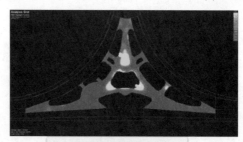

62.2%区域满足要求

(c) 50%天窗

图 4-18　6.9 m 标高采光效果分析

浦东国际机场卫星厅及捷运系统工程

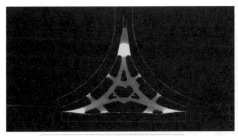

91.2%区域满足要求

(a) 无天窗

99.6%区域满足要求

(b) 20%天窗

99.8%区域满足要求

(c) 50%天窗

图4-19 12.9 m标高采光效果分析

可以看到,天窗的增设对0 m层采光改善效果不明显,对6.9 m层采光有一定改善,但对12.9 m层采光而言则有可能过亮,会产生不舒适。考虑到金属屋面天窗防水、防渗等技术难度与风险,因此屋面不设置天窗。

对于指廊尽头无高侧窗部分,由于是混凝土屋面设置天窗相对技术难度较小,且经分析对采光有较大改善,因此在指廊端头设置了天窗,同时分析了眩光问题,设置内遮阳以改善室内采光的舒适性(表4-5、图4-20)。

表4-5 采光效果对比

工 况	采光系数最小值	采光系数平均值	满足3.3%采光要求的面积比例
无天窗	1.5%	5.9%	61.6%
有天窗	2.1%	10.7%	91.8%
有天窗＋内遮阳	2.0%	8.6%	90.4%

4.1.2.3 遮阳设置

结合立面效果,分析比较挑檐和遮阳板对室内舒适度和冷负荷的影响(图4-21)。挑檐出挑约5.3 m,立面遮阳板宽度约600 mm,间距1 200 mm,沿窗框布置。从室内旅客舒适度角度,选择8月15日为分析日;从建筑负荷角度,选择夏至日及整个夏季(6月1日—9月30日)进行分析。

分别分析不同时段的太阳高度角与方位角,如图4-22所示。

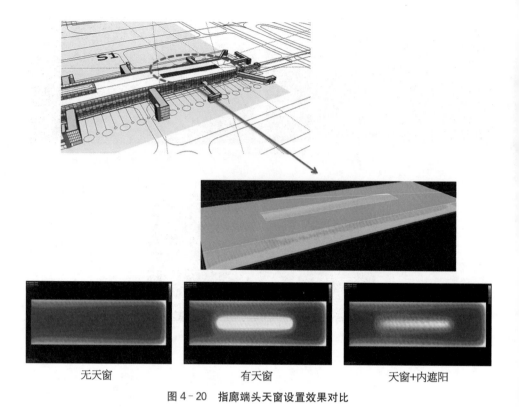

图 4-20 指廊端头天窗设置效果对比

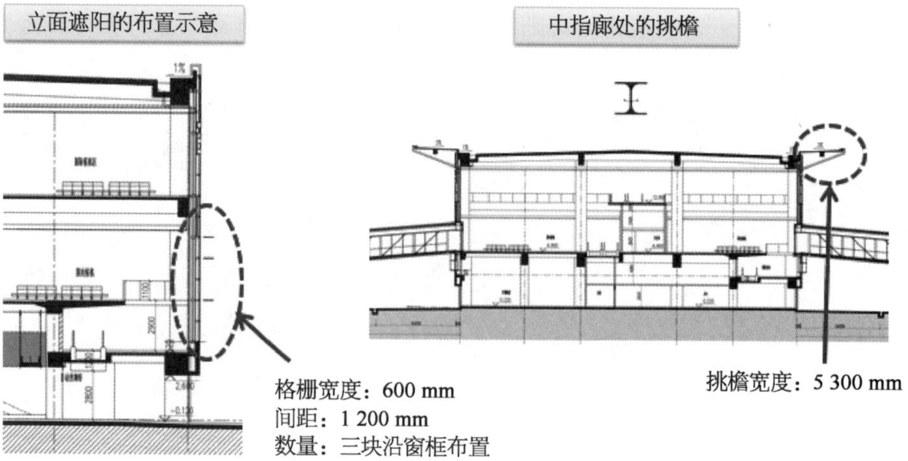

无天窗   有天窗   天窗+内遮阳

立面遮阳的布置示意   中指廊处的挑檐

格栅宽度：600 mm
间距：1 200 mm
数量：三块沿窗框布置

挑檐宽度：5 300 mm

图 4-21 立面阳光辐射分析

1）西立面遮阳分析

以西立面 14:00—17:00 为例，分析太阳入射角度对室内舒适性与负荷的影响（图 4-23）。考虑旅客舒适性，应尽量避免阳光直射到旅客休息区，而水平遮阳板不能很好地满足这一需求，特别是在下午 2 时以后，西立面西晒影响严重。

从负荷角度，进入室内的太阳辐射也在增加，特别是下午 3 时后西立面受太

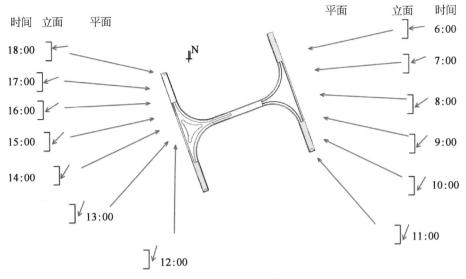

图 4 - 22　以 8 月 15 日为例的太阳高度角与方位角

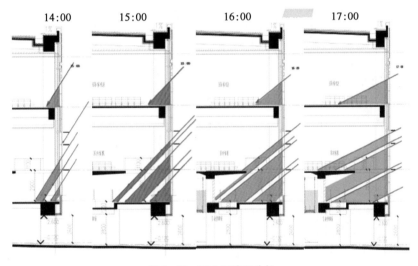

图 4 - 23　西立面遮阳分析

阳辐射量增加,但水平遮阳对这一时段的辐射热遮挡不足。对应时刻辐射值见表 4 - 6。

表 4 - 6　对应时刻辐射值

时　刻	辐射值(W/m²)	时　刻	辐射值(W/m²)
12:00	219.3	16:00	583.5
13:00	369	17:00	519.3
14:00	455	18:00	181.6
15:00	636.3		

2）南立面遮阳分析

从南立面分析可以看到（图 4-24），南立面挑檐可遮挡 11—13 时的太阳辐射，而过早时（7—9 时）水平遮阳板效果有限，阳光还是会照进室内，造成一定眩光。

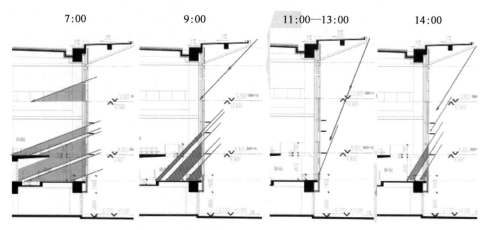

图 4-24　南立面遮阳分析

3）舒适度角度分析

旅客舒适度角度（即阳光直射到旅客活动区域）主要受日照影响时间见表 4-7。

表 4-7　舒适度角度与日照时间

8月15日	时　间	6	7	8	9	10	11	12	13	14	15	16	17	18
南向	4.0 m 标高													
	6.9 m 标高													
	12.9 m 标高													
西向	4.0 m 标高													
	6.9 m 标高													
	12.9 m 标高													
东向	4.0 m 标高													
	6.9 m 标高													
	12.9 m 标高													

注：南向有挑檐（5 300 mm 宽）立面在 4.0、6.9 m 标高层共设 3 块遮阳板（600 mm 宽）。

若要满足其舒适性、无眩光要求，其所需水平遮阳板宽度见表 4-8。

可以看到，在早上和傍晚时刻，各朝向立面遮阳构件的设置不能有效地阻挡太阳光直射人行区域，即影响旅客舒适度；要遮挡太阳辐射强度较高的 9:00、

表4-8 水平遮阳板宽度

时刻	所需要的遮阳板宽度(mm)	时刻	所需要的遮阳板宽度(mm)
7:00	2 573	13:00	351
8:00	1 558	14:00	652
9:00	993	15:00	1 054
10:00	606	16:00	1 658
11:00	315	17:00	2 773
12:00	169		

15:00时刻,须设置宽度为1 000 mm遮阳板才能阻挡直射太阳光进入室内;在早上6:00—8:00和傍晚16:00—18:00这两个太阳辐射较弱的时间段内,若依靠外遮阳格栅防止眩光和减少太阳的热量,则需要的格栅宽度过宽,须达到2 700 mm。

因此,从旅客舒适性角度讨论,要提升水平遮阳板效果需要设计很宽大的水平遮阳板,增量成本很高且对立面影响很大,而其遮阳效果有限。

4) 夏季冷负荷角度分析

分析卫星厅各个立面受太阳辐射影响的时间及遮阳构件起作用的时间,如图4-25所示。

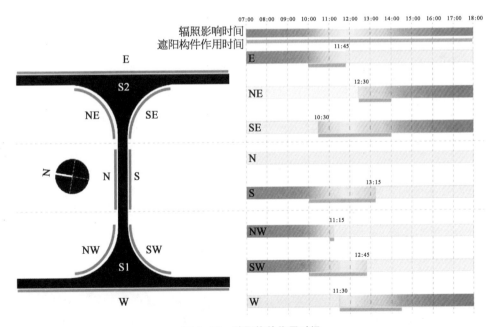

图4-25 遮阳构件作用时间

从室内负荷角度(阳光直射到室内),主要受日照影响时间见表4-9。

表 4-9　室内负荷角度与日照

8月15日	时　间	6	7	8	9	10	11	12	13	14	15	16	17	18
南向	4.0、6.9 m 标高													
	12.9 m 标高													
西向	4.0、6.9 m 标高													
	12.9 m 标高													
东向	4.0、6.9 m 标高													
	12.9 m 标高													

注：南向有挑檐(5 300 mm 宽)立面在 4.0、6.9 m 标高层共设 3 块遮阳板(600 mm 宽)。

各个朝向立面的入射辐照及空调能耗影响分析结果见表 4-10。

表 4-10　入射辐照及空调能耗影响分析

构件形式	立面朝向	方位角	单位面积夏季太阳直射辐射累计值（Wh/m²）		直射辐射衰减百分比(%)	单位面积外窗室内太阳得热负荷衰减量（MJ/m²）	空调系统节约用电量估算（kW·h）
			无遮阳	有遮阳			
横向遮阳	南向	南偏东 20°	196 998.14	54 480.55	72.34%	129.99	25 379
	东向	北偏东 70°	111 456.97	49 563.81	55.53%	56.45	38 711
	西向	南偏西 70°	153 675.09	71 164.01	53.69%	75.26	51 606
	S1 南侧圆弧区	东南向	146 288.39	64 566.62	55.86%	74.54	12 068
	S1 北侧圆弧区	东北向	63 731.24	26 081.94	59.08%	34.34	5 559
	S2 南侧圆弧区	西南向	204 341.73	70 737.09	65.38%	121.86	19 730
	S2 北侧圆弧区	西北向	118 864.55	54 689.04	53.99%	58.54	9 477
挑檐	南向	南偏东 20°	196 998.14	33 828.08	82.83%	148.83	51 818

可以看到，采用水平外遮阳板后，虽然可以使立面的太阳直射辐射减少，但南向和 S2 南侧圆弧区的减幅最为显著。而对于南向遮阳，挑檐的效果要明显于遮阳板。

5）遮阳设置小结

综合上述分析，建筑屋顶出挑约 5 m，对下部玻璃幕墙形成自遮阳；对不同立面受辐射情况测算，南立面已不需要再增加遮阳措施。

对于遮阳板，在早上和傍晚时刻，各朝向立面遮阳构件的设置不能有效地阻挡太阳光直射人行区域，对提高旅客舒适度无益，对整体辐射热减少有帮助，特别是南向，但效果不如挑檐。考虑立面效果与遮阳板造价，未设置遮阳板，而在东西向增加岩棉板衬墙、减少玻璃面积比例，以减少所受辐射。挑檐设置示意图如图 4-26 所示。

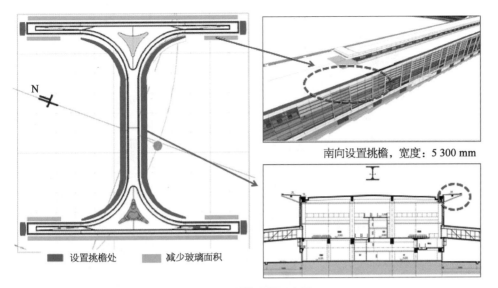

南向设置挑檐, 宽度: 5 300 mm

■ 设置挑檐处　■ 减少玻璃面积

图 4-26　挑檐设置示意图

4.2　暖通节能设计

能源中心设置于卫星厅的南侧,为卫星厅提供空调冷热源。冷源采用水蓄冷系统。其原理是:利用夜间谷段电价,制冷机开启,以水为媒介,将冷量蓄存至水罐中;在白天峰段电价时,从水罐中释放冷量。对于用户而言,减少了电价高峰段的用电需求,降低了运行费用,稳定了制冷机的供冷能力;对于电网而言,起到稳定电力需求、削峰填谷的作用。

具体设计方案如下:

浦东 T2:设计采用 2 个 11 600 m³ 蓄冷水罐,蓄冷率为 17%,后改造新增 2 个 11 600 m³ 蓄冷水罐。

虹桥 T2:设计采用 2 个 22 000 m³ 蓄冷水罐,蓄冷率为 30%。

卫星厅:设计采用 2 个 31 250 m³ 蓄冷水罐(直径 35 m,高 36 m),蓄冷率为 34%。

能源中心供应侧节能卫星厅内设置了 3 个热力交换站(图 4-27),总体管线输送距离相对合理。

能源中心至最远热力交换站的距离,浦东 T1 为 2 750 m,浦东 T2 为 2 200 m,虹桥 T2 为 1 500 m,卫星厅为 1 350 m。

冷水一级泵组与冷却水泵组采用变频措施,利用蒸发器和冷凝器的额定压降控制泵组运行频率、确定经过冷机的流量,省去定流量阀,降低了管路阻力损失。

对于热力交换站后的用户侧冷水系统采用直供方式,避免使用常规板交系统存在阻力损失与换热损失,降低水泵输送能耗可达 7.5%。

针对 S1、S2 核心区内区商业冬季与过渡季供冷的需求,设置了独立于大空调

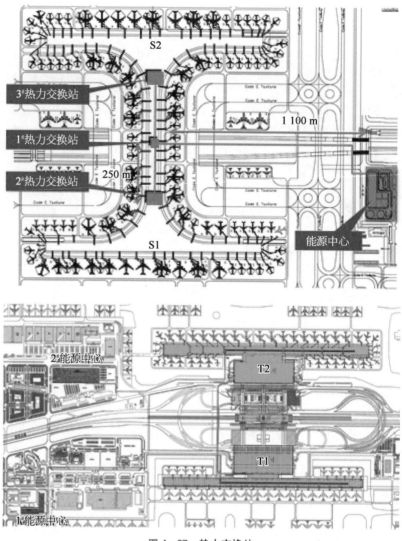

图 4 - 27　热力交换站

系统的风冷冷水系统,避免了过渡季极低负荷率下由能源中心供冷的情况。

内区商业过渡季、冬季有供冷需求,与能源中心供冷供热安排存在时间上差异,采用独立风冷冷水机组,与主空调水系统在总管处并接。具体模式如下:

(1)夏季模式。主空调水系统→供冷或风冷冷水机组→供冷。

(2)过渡季或初冬模式。风冷冷水机组→供冷。

(3)深冬模式。主空调水系统→供热。

空调系统如图 4 - 28 所示。

单台风量大于等于 30 000 m³/h 的空调箱,设置变频调速装置。对于用户侧空调冷水泵及热水泵采用变频技术,以最不利环路压差为控制信号以及泵组的"水"-"电"最优效率控制程序对水泵进行变频调节,从而降低水系统的输送能耗。每组泵组设置一台低负荷运行水泵,保证极低负荷下水系统输送的节能性。空调冷水输送采用大温差设计,供回水输送温差为 7.8℃。空

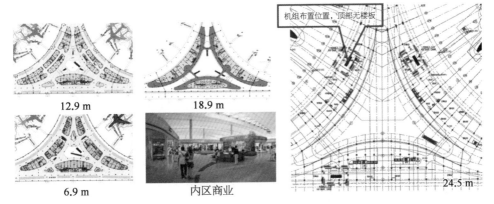

12.9 m　　　18.9 m

6.9 m　　　内区商业　　　24.5 m

机组布置位置,顶部无楼板

图 4-28　空调系统

调箱回水管上设置动态平衡电动调节阀、风机盘管设置动态平衡电动二通阀,以解决因系统水力失调而引起的能量损失。对于有 24 h 空调需求的空间采用独立于大系统的多联机系统或分体空调,以减少大系统在低负荷率下运行。

部分空调箱设有热管型全热回收装置,回收排风的冷(热)量用于预冷(热)新风。

在人员密度大且人流变化大的候机区、中转区、到达通道,采用 CO_2 新风控制。

全空气系统可实现过渡季可变新风比,最大实现 50% 的系统新风比。部分内区办公、商业可实现过渡季加大新风量运行。

空调系统的划分实现区域控制,空调系统温度设定、启停控制与航班信息联动,从而设置不同的系统工作模式,实现以需求为导向的控制目的。

站厅层空调设计考虑列车屏幕门的漏风量,使负荷设计更为合理(图 4-29)。

① 国内-a
② 国际-a
③ 国内-b
④ 国际-b
⑤ 国内-c
⑥ 国际-c

站厅平均风速 0.23 m/s,屏蔽门平均速度为 0.26 m/s

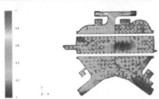

区　域	平均风速 (m/s)	每秒漏风量 (m³/s)	漏风量 m³ (开门 120 s)
国内-a	0.331	15.391	1 846.92
国际-a	0.192	7.896	947.52
国内-b	0.266	23.692	2 843.04
国际-b	0.293	27.308	3 276.96
国内-c	0.204	8.887	1 066.44
国际-c	0.194	8.752	1 050.24
总　计	91.926		11 031.12

图 4-29　站厅层漏风量

4.3 给排水节能设计

4.3.1 可再生能源利用——太阳能热水系统

图 4-30 太阳能热水系统

S1、S2 顶层局部贵宾区卫生间及 6.90 m、12.90 m 旅客用淋浴间采用太阳能生活热水系统(图 4-30),产水量均为 10 m³/d,辅助热源为电热水器。太阳能集热器分别设置在 S1、S2 侧三角区屋面上。

采用真空管集热器,集热效率高,减少集热器面积;太阳能集热器水平安装,不影响建筑立面效果;集热器表面亚光处理,避免反光影响飞行安全。

4.3.2 可再生能源利用——节水设施

采用节水器具并符合行业标准《节水型生活用水器具》(CJ 164—2002)及《节水型产品技术条件与管理通则》(GB/T 18870—2016)的规定。卫生器具用水效率等级达到 2 级(表 4-11)。

表 4-11 卫生器具用水效率等级

节 水 器 具	节水器具参数及特点	用水效率等级
水嘴	流量 0.125 L/s	2 级
坐便器、蹲便器	单挡、用水量 5 L/次	2 级
小便器	冲洗水量 3 L/次	2 级
淋浴器	流量 0.12 L/s	2 级
大便器冲洗阀	冲洗水量 5 L/次	2 级
小便器冲洗阀	冲洗水量 3 L/次	2 级

给水泵的效率不低于《清水离心泵能效限定值及节能评价值》(GB 19762—2007)规定的节能评价值。

4.4 电气节能设计

4.4.1 建筑设备自动化管理系统

以集中可靠为目标,加强骨干传输网络综合利用、集中控制。卫星厅设备自动化管理系统有如下特点:

(1) BA 控制室位于中指廊。

(2) 分布式结构,实现集中管理,分散控制,提高系统的可靠性。

（3）现场 DDC 控制箱主要位于机房及热力交换站。

① 弱电间。单个弱电间集中监控,弱电间周边 80～90 m 范围内所有空调机房内的设备,通过风管温湿度及现场温湿度调节 AHU、PAU 及各类送风、排风机。

② 热力交换站。三个热力交换站内各自的 DDC 箱通过采集二次侧温度、流量,比例调节二次侧变频水泵和一次侧比例调节阀。

建筑设备自动化管理系统如图 4-31 所示。

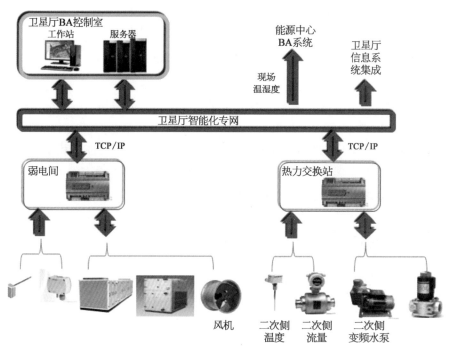

图 4-31　建筑设备自动化管理系统

4.4.2　智能照明控制系统

全数字、模块化、分布式系统结构,控制线将系统中各种控制功能模块及部件连接成网络。可作为 BA 系统子系统;接入 BA 系统,也能作为独立系统单独运行。智能照明控制系统主机设在 BA 总控室,采用航班联动控制。

4.4.3　变电站电力监控系统

对变电站的运行状态及参数进行监测,以对用电负荷进行有效的控制和调配。每个变电所值班室内设置一套主机。分别在 S1、S2 区的供电值班室内设置分控中心,区域内的变电所数据上传至该分控中心。S1、S2 分控中心之间的数据可互传。变电站电力监控系统如图 4-32 所示。

4.4.4　电气设备节能系统

在变压器低压侧设置成套动态电容器自动补偿装置,装置内采取加设电抗器

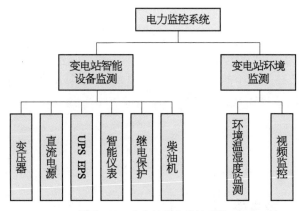

图 4-32　变电站电力监控系统

抑制三、五次及以上谐波措施。在需要的部位设置无源或有源滤波装置,降低谐波造成的电能损耗。

对照明插座等单相设备设计时,在三相之间均匀分布,保证三相负荷平衡。变电所 10 kV 变压器选用 13 型及以上节能环保、低损耗和低噪声的干式变压器。大部分区域采用 LED 等新型节能光源。

4.5　捷运节能设计

地下捷运车辆在轨道内行驶时,由于车辆前后端存在压差,卷吸大量空气,会形成活塞风。无屏蔽门系统时,所卷吸的空气会瞬时涌入捷运站台空间,对站台区域热环境控制产生较大的影响;有屏蔽门系统时,车辆进站停靠,屏蔽门打开时,由于轨道排风以及活塞风惯性作用,通过屏蔽门仍然会发生较大量的漏风,不仅给站厅带来较大的空调负荷扰动,而且影响站厅的空调气流组织和室内参数。

分析对象为 S2 地下捷运站。S2 捷运站位于卫星厅的中部地下一层,车站总长 834.6 m,标准段宽度为 70.7 m;采用一岛两侧式站台形式,公共区两侧布置设备用房。在车站左右两端均设有两座活塞/机械通风亭和一座排风亭;新风由航站楼从室外抽取后送通过新风道接入。

对以下几方面进行了重点分析:

(1) 列车进站停靠,屏蔽门打开时,通过屏蔽门的漏风量。

(2) 隧道内热环境(进行模拟分析)。

(3) 捷运站内空调气流组织。

捷运节能设计总效果图如图 4-33 所示。

项目采用封闭式屏蔽门,主要的渗漏风量出现在屏蔽门开启时段内(图 4-34)。采用 CFD 模拟的方法计算屏蔽门漏风量,即将整个系统里面涉及通风的部件,包括屏蔽门、轨道排热系统、活塞风井、站厅出入口等,建立阻抗模型,通过平衡计算,得到屏蔽门漏风量。

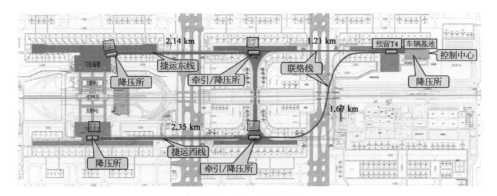

图 4-33 总效果图

图 4-34 屏蔽门

分析假设：列车进站及屏蔽门密闭性的影响相对列车稳定屏蔽门开启的影响几乎可以忽略。分析中设定模拟状态为：列车停稳后，屏蔽门完全开启，空调、通风保持额定工作状态。

4.5.1 边界条件设置

站厅内被两趟列车分为三个空间，其中又分为国内与国际两大区域，故共有六个空间；每个空间设置一个空调处理机组，布置 23～35 个不同数量的送风口，每个送风口尺寸为 300 mm × 300 mm，风量为 920～1 350 m³/h；送回风量为 20 000～28 000 m³/h；夏季设置送风温度为 18℃。送回风设置如图 4-35 所示。

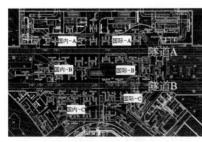

(a) 送回风平面布置

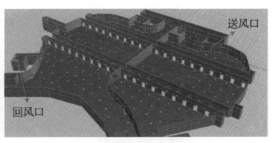

(b) 送回风风口设置

图 4-35 送回风设置

隧道内设置有隧道排风,分别设置在列车顶部与列车下部。列车顶部设置矩形风口,风口尺寸 1 000 mm×500 mm,每列轨道布置其风口 50 个。地下排风为土建风道,风口布置在轨道侧面,风口高度 25 mm。两侧分别设置两个隧道排风机,排风量每个均为 40 m³/s。

隧道内设置补风井,且存在长距离大空间,其四周对隧道排风的补充是影响屏蔽门漏风的重要因素,在建模过程中,随着站厅将隧道延长 60 m 左右,同时设置边界连通室外,确保隧道空气可以由隧道自行进行补充,保证模型的合理性(图4-36)。

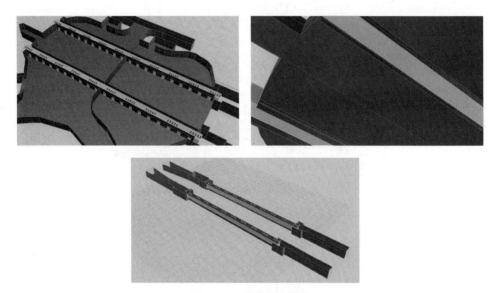

图 4-36　隧道排风模型

每个车厢顶部设置 16 个冷凝器(图 4-37),每个冷凝器的排热量为 29 kW。冷凝器排风温度设置为 40℃。根据相关文献研究数据,考虑轨底发热对隧道内温度的影响,取热流密度为 135 W/m²。

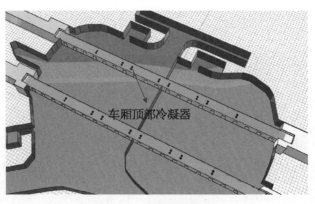

图 4-37　车厢顶部冷凝器

4.5.2 站厅气流组织分析

站厅的平均风速为 0.18 m/s。整体上风速合理，人员不存在不舒适感。行人高度温度基本控制在 23～26℃，人体感觉基本舒适，符合《民用建筑供暖通风与空气调节设计规范》(GB 50736—2012)的要求。站流气流分析如图 4 - 38 所示。各区平均温度和风速统计见表 4 - 12。

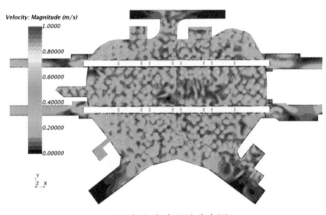

(a) 行人高度风速分布图

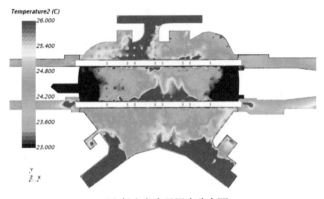

(b) 行人高度风温度分布图

图 4 - 38　站厅气流

表 4 - 12　各区平均温度和风速统计

区　　域	平均温度(℃)	平均风速(m/s)
国内-A	25.2	0.15
国际-A	24.8	0.17
国内-B	23.2	0.18
国际-B	23.6	0.21
国内-C	24.7	0.17
国际-C	24.5	0.20

4.5.3 屏蔽门漏风量分析

列车进站后,开启屏蔽门,所有空间存在明显的由站厅流向隧道空间的漏风现象。B区为双趟地铁同时停靠,漏风量接近A区和C区的2倍。隧道两台排风机总排风量为 80 m³/s,屏蔽门开启时的漏风量约占隧道排风机排风量的 59.17%。各区风速和漏风量统计见表 4-13。

表 4-13　各区风速和漏风量统计

区　　域	平均风速(m/s)	每秒漏风量(m³/s)	漏风量(m³)(开门 120 s)
国内-A	0.269	6.01	721.74
国际-A	0.270	6.17	740.03
国内-B	0.362	10.79	1 294.44
国际-B	0.369	10.76	1 290.89
国内-C	0.337	6.96	834.65
国际-C	0.375	6.65	798.53
总计	47.34		5 680.29
隧道排风量	80		
漏风量占隧道排风比	59.17%		

4.5.4 冷凝器排热分析

在考虑冷凝器大量排热的工况下,排风机按照设计工况运行,隧道A内最高温度为40.3℃。符合隧道温度不超过45℃的要求。冷凝器排出的热量很快被上部的排风口带走,不会造成局部的热堆积现象。地铁上部冷凝器排风温度分布如图 4-39 所示,地铁上部冷凝器和排风口的风速分布矢量图如图 4-40 所示。

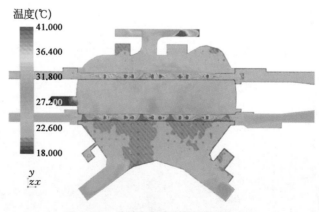

图4-39　地铁上部冷凝器排风温度分布

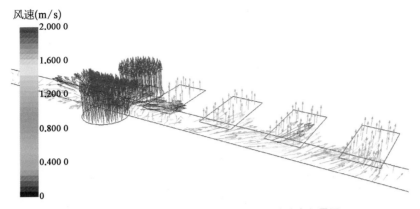

图 4 - 40　地铁上部冷凝器和排风口的风速分布矢量图

4.6　登机桥节能设计

卫星厅登机桥本期 83 座,数量大,总体量大,能耗影响较大(表4－14)。其中主立面朝西 22 座(12 大 10 小),朝南 61 座(23 大 38 小)。

表 4 - 14　登机桥能耗

项　　目	立面面积(m²)	体积(m³)	体形系数
航站楼	93 000	约 3 240 000	0.19
单　桥	30 291	约 52 000	0.58
可转换桥	55 000	约 187 500	0.29

南、西向全玻璃幕墙设计会引起过量太阳辐射进入室内,造成空调能耗的上升及使用人员的不舒适。因此考虑在南、西立面设置双层金属饰面＋岩棉 100 mm,减少玻璃面积,同时对太阳辐射形成遮挡。登机桥设计示意图如图4－41所示。

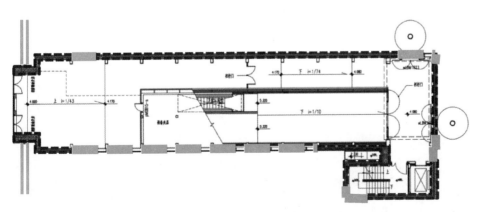

图 4 - 41　登机桥设计示意图

4.6.1 太阳辐射分析

如图 4 - 42 所示,可以看到用金属幕墙代替玻璃幕墙后,太阳辐射大幅降低,可至少节约空调用电 4 300 kW·h 左右。

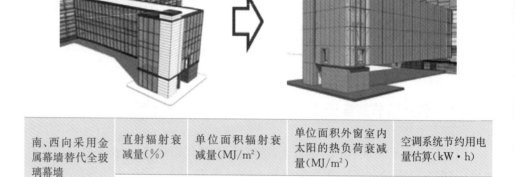

全玻璃幕墙　　　　　　　　　　　铝板幕墙

南、西向采用金属幕墙替代全玻璃幕墙	直射辐射衰减量(%)	单位面积辐射衰减量(MJ/m²)	单位面积外窗室内太阳的热负荷衰减量(MJ/m²)	空调系统节约用电量估算(kW·h)
	86.86	469.12	118.858 5	4 344.277

图 4 - 42　登机桥幕墙辐射分析

4.6.2 自然采光分析

对采用金属幕墙后的采光效果进行分析(图 4 - 43),可以看到,基本上主要功能空间采光均能满足要求。

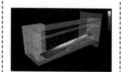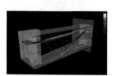

4 m 标高区域,98%的面积满足采光要求　　6.9 m 标高区域(包括斜坡走道),100%的面积满足采光要求　　12.9 m 标高区域(包括扶梯),89%的面积满足采光要求

图 4 - 43　金属幕墙采光效果

4.6.3 综合分析

登机桥南、西向设大面积铝板幕墙,可大大降低能耗(表 4 - 15),同时对内部采光虽有一定影响,但大部分区域都满足自然采光要求。

表 4 - 15　登机桥幕墙能耗

金属幕墙 + 岩棉 100 mm	全年能耗(kW·h)
长边金属面西向	18 899
长边金属面南向	18 863

第5章
卫星厅工程健康监测

卫星厅的健康监测主要是指结构监测和室内空气质量监测。结构监测是指针对工程结构的损伤识别及其特征化的策略和过程,空气监测是指室内空气质量、温湿度等涉及环境健康指标的监测。面对人们对于结构施工和室内环境质量的重点关注,健康监测必不可少。

5.1 结构监测

5.1.1 结构监测概况

卫星厅的整个建筑平面形状为"工"字形。指廊结构采用钢筋混凝土框架结构,屋面共有两层,为坡屋面,屋面檐口标高 15.745～19.200 m,由端指廊两端及中指廊中部逐渐向中央大厅抬高。中央大厅结构采用钢支撑-混凝土框架结构,屋面共有三层,第一、二层为钢筋混凝土坡屋面,最上层三角形屋面为钢屋面,总高度约 43.3 m。

卫星厅分块示意图如图 5-1 所示。卫星厅 A5 和 B5 分块为中央大厅,最上层的三角形屋面为钢结构屋盖,呈现空间自由曲面的造型,屋盖采用点式支撑的空间桁架结构体系。钢屋盖的支撑柱为圆钢管柱,沿屋盖周边布置,柱距为 9.0～10.8 m。钢管柱下端伸入下层混凝土结构,上端与钢屋盖通过抗震球形铰支座连接。中央大厅钢结构屋盖示意图如图 5-2 所示。

根据结构传力路线和建筑屋面划格布置空间桁架的杆件,杆件采用热轧圆钢管,杆件间相贯焊接。主桁架沿三角形对边方向布置,平面投影呈凸向中心的曲线,主桁架最大跨度约为 60 m,两端挑檐长度为 5～10 m;主桁架立面呈拱形,从跨中向两端的桁架高度逐渐减小,三角形屋盖端部的桁架跨度减小,桁架高度也随之逐渐减小。为增强空间桁架的整体性,在上弦面和下弦面均布置刚性系杆和屋面水平支撑;在三角形屋盖的最端部,跨度减小,局部采用了钢梁的结构形式。

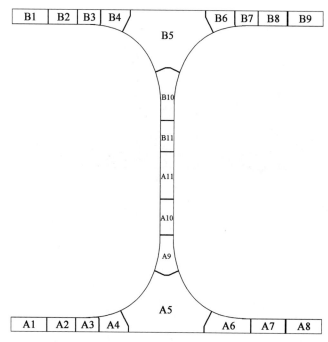

图 5-1 卫星厅分块示意图

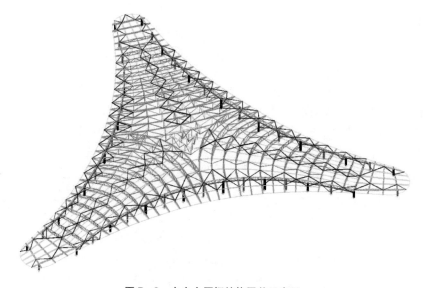

图 5-2 中央大厅钢结构屋盖示意图

该屋盖钢结构跨度达到 60 m,按照《建筑与桥梁结构监测技术规范》(GB 50982—2014)中相关规定,需要进行施工阶段至运营阶段的结构健康监测。

5.1.2 施工阶段监测内容
施工阶段监测内容包括关键构件应力监测和结构关键部位变形监测。

5.1.2.1 应力测点布置

1) 桁架上应力测点布置

在 A5 和 B5 屋盖钢结构上进行应变传感器布设,每个屋盖分别选取 4 榀主桁架、1 榀次桁架。每榀主桁架中部选 1 根上弦杆、1 根下弦杆,支座处选 1 根上弦杆、1 根下弦杆和 1 根腹杆;次桁架 1 处选 1 根上弦杆和 1 根下弦杆,另 1 处选 1 根上弦杆、1 根下弦杆和 1 根腹杆。每根杆件上、下表面各布置 1 个应变计,桁架上应变计共 108 个。钢屋盖应变传感器布置桁架平面示意图如图 5-3 所示。主桁架、次桁架上应变测点布置示意图分别如图 5-4、图 5-5 所示(以 S2 区 B5 钢屋盖为例,S1 区钢屋盖 A5 布置同 B5)。

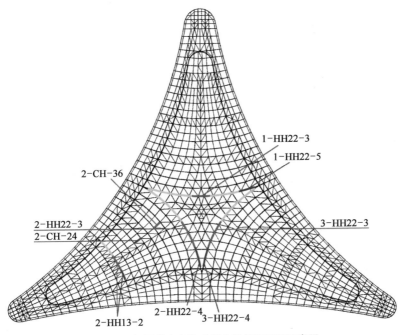

图 5-3 钢屋盖应变传感器布置桁架平面示意图

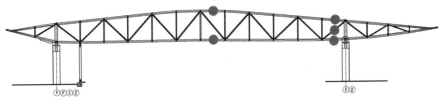

图 5-4 主桁架上应变测点示意图

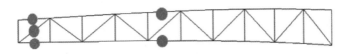

图 5-5 次桁架上应变测点示意图

2) 钢管支撑柱上应力测点布置

在 S1 区和 S2 区各选 4 根钢管支撑柱,在每根柱主要受力方向的两侧面分别布置 1 个应变计,柱上共布置 16 个应变计。应变计布置及应力测点布置图分别见图 5-6、图 5-7(以 S2 区为例,S1 区布置同 S2)。

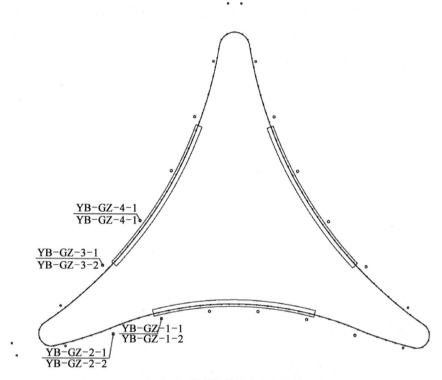

图 5-6　钢管支撑柱上应变计布置图

5.1.2.2　变形测点布置

在 A5 和 B5 屋面钢结构上面分别选取 15 个点位(共 30 个测点,测点布置在桁架的下弦中部)作为全站仪观测点(图 5-8)。变形测点布置图(以 B5 为例,A5 布置同 B5)如图 5-9、图 5-10 所示,为结合钢结构深化设计图纸布置的测点详图(含变形测点编号)。

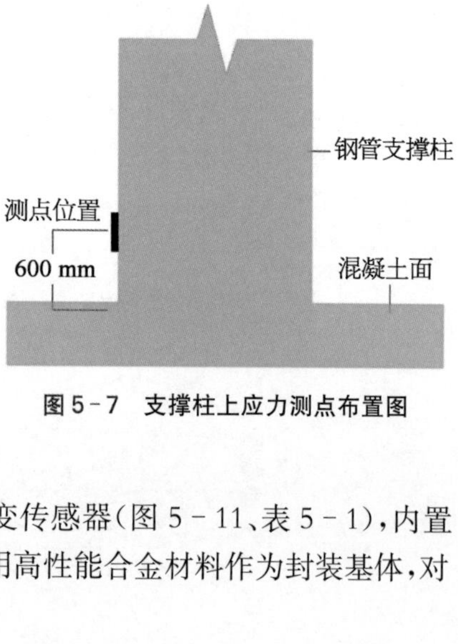

—钢管支撑柱

测点位置

600 mm

混凝土面

图 5-7　支撑柱上应力测点布置图

5.1.3　监测设备

1) 应力监测设备

结构应力应变监测采用振弦式表面式应变传感器(图 5-11、表 5-1),内置的温度传感器可同时监测环境温度。产品采用高性能合金材料作为封装基体,对

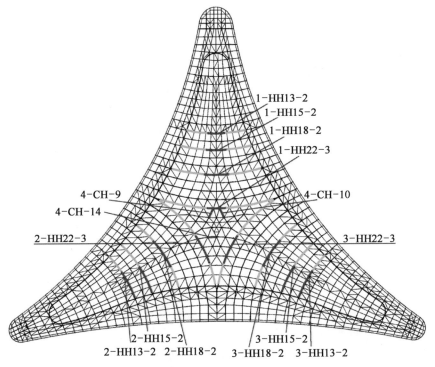

图5-8 屋盖上变形测点布置桁架平面示意图

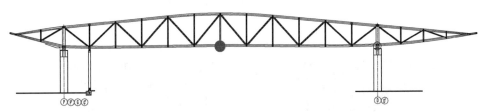

图5-9 主桁架上变形测点布置图

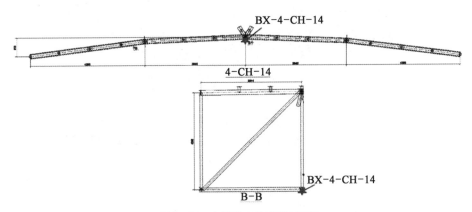

图5-10 主桁架上变形测点编号

图 5‑11　AIOT‑A01BM103 振弦式应变计

表 5‑1　振弦式应变传感器技术参数

项　目	技 术 参 数
标准量程	3 000 $\mu\varepsilon$
非线性度	≤1%FS
多项式	≤0.1%FS
灵敏度	1 $\mu\varepsilon$
温度范围	−20～+80℃
标距	150 mm
安装方式	表面安装(焊接或黏胶)

传感器进行防水处理,以适应复杂环境的结构表面监测。现场应变计安装图片如图 5‑12 所示。

图 5‑12　现场应变计安装图片

2) 变形监测设备

测点处安装棱镜,采用徕卡全站仪对监测点进行变形监测(图 5‑13、表5‑2)。

图 5-13 徕卡全站仪现场棱镜安装图片

表 5-2 全站仪技术参数指标

项　　目	技 术 参 数
角度测量	标准偏差：1
红外视距	使用圆棱镜 GPR1 时的测程：3 500 m 使用反射贴片时的射程：250 m 标准偏差：$1\ mm + 1.5 \times 10^{-6}\ mm$
无棱镜视距	测距：1 000 m 20 m 处激光斑的大小：7 mm×14 mm 100 m 处激光斑的大小：12 mm×40 mm
望远镜	放大倍率：30× 视场角：1.5° 最小视距：1.7 m 物镜孔径：40 mm
通信接口	RS232
补偿器	设置精度：$4'$
激光对中器	精度：仪器高为 1.5 m 时，精度为 1.5 mm
工作环境	操作温度：$-20\sim50℃$ 防水、防尘：IP54 操作湿度：95%，无冷凝

5.1.4　监测数据

2017 年 8 月进行施工阶段监测设备的安装。桁架在地面拼装好、吊装前，将应变计安装在相应的构件上（同时安装位于钢管支撑柱上的应变计），桁架吊装后安装棱镜，并将测的读数作为初始数据。S1 区屋盖支撑在 10 月 6 日拆除，S2 区屋盖支撑在 10 月 22 日拆除，塔架支撑拆除前后及过程密切跟踪监测。

共完成所有应变计（124 个）和棱镜（30 个）的安装。

1）应力监测数据

S1 区桁架构件和钢管支撑柱应力监测数据分别见表 5-3、表 5-4，S2 区桁架构件和钢管支撑柱应力监测数据分别见表 5-5、表 5-6。

表 5-3　S1 区桁架构件应力监测数据　　　　　　（MPa）

应变计编号	桁架吊装后	联系杆焊接	支撑拆前	支撑拆后
S1-YB-2-HH13-2-ZS-1	-2.12	-3.45	-3.65	-3.69
S1-YB-2-HH13-2-ZS-2	3.42	5.12	5.32	6.95
S1-YB-2-HH13-2-ZF-1	-3.52	-4.32	-6.35	-5.69
S1-YB-2-HH13-2-ZF-2	1.54	-6.31	-9.64	-8.34
S1-YB-2-HH13-2-ZX-1	-10.64	-12.36	-14.23	-16.22
S1-YB-2-HH13-2-ZX-2	-9.58	-11.65	-10.25	-11.82
S1-YB-2-HH13-2-KS-1	-7.36	-8.61	-7.69	/
S1-YB-2-HH13-2-KS-2	-4.31	-5.62	-5.63	-6.76
S1-YB-2-HH13-2-KX-1	-1.23	1.65	1.69	2.67
S1-YB-2-HH13-2-KX-2	2.34	4.65	4.98	7.10
S1-YB-2-CH-24-S-1	-3.69	-5.87	-7.96	-10.63
S1-YB-2-CH-24-S-2	1.35	1.03	-0.52	-0.83
S1-YB-2-CH-24-F-1	-1.32	-2.01	-2.13	-2.95
S1-YB-2-CH-24-F-2	5.36	6.35	6.12	11.23
S1-YB-2-CH-24-X-1	12.32	15.69	16.52	27.43
S1-YB-2-CH-24-X-2	-12.36	-15.24	-12.65	-20.73
S1-YB-2-CH-36-S-1	3.65	-1.56	-3.24	-6.77
S1-YB-2-CH-36-S-2	1.23	1.65	1.34	2.53
S1-YB-2-CH-36-S-3	-9.65	-8.75	-8.12	-11.08
S1-YB-2-CH-36-S-4	8.63	9.21	9.13	13.57
S1-YB-2-CH-36-X-1	-7.12	-6.98	-8.61	-12.39
S1-YB-2-CH-36-X-2	2.65	4.12	3.21	5.70
S1-YB-2-CH-36-X-3	-3.65	-7.51	-7.69	-10.39
S1-YB-2-CH-36-X-4	-3.21	-5.21	-4.32	-7.82
S1-YB-1-HH22-3-KS-1	-16.54	-18.10	-20.13	-26.12
S1-YB-1-HH22-3-KS-2	2.31	2.54	-1.02	-1.84
S1-YB-1-HH22-3-KX-1	8.56	8.24	6.98	15.59
S1-YB-1-HH22-3-KX-2	-3.21	0.12	1.23	0.13
S1-YB-1-HH22-5-ZS-1	-9.68	-10.23	-11.21	-16.63
S1-YB-1-HH22-5-ZS-2	10.23	15.63	14.68	25.77
S1-YB-1-HH22-5-ZF-1	-5.64	-8.10	-9.65	-13.14

应 变 计 编 号	桁架吊装后	联系杆焊接	支撑拆前	支撑拆后
S1 - YB - 1 - HH22 - 5 - ZF - 2	1.23	− 1.02	− 1.32	− 2.32
S1 - YB - 1 - HH22 - 5 - ZX - 1	− 5.63	− 6.31	− 6.98	− 9.63
S1 - YB - 1 - HH22 - 5 - ZX - 2	15.36	16.28	19.54	33.85
S1 - YB - 2 - HH22 - 3 - KS - 1	− 4.32	− 4.39	− 5.21	− 8.99
S1 - YB - 2 - HH22 - 3 - KS - 2	− 5.54	− 6.31	− 6.54	− 10.10
S1 - YB - 2 - HH22 - 3 - KX - 1	10.58	12.67	15.98	28.24
S1 - YB - 2 - HH22 - 3 - KX - 2	14.21	16.52	16.89	27.02
S1 - YB - 2 - HH22 - 4 - ZS - 1	6.21	7.45	7.98	12.07
S1 - YB - 2 - HH22 - 4 - ZS - 2	6.54	9.23	9.65	16.31
S1 - YB - 2 - HH22 - 4 - ZF - 1	6.95	7.23	7.41	15.50
S1 - YB - 2 - HH22 - 4 - ZF - 2	7.14	7.65	8.21	18.11
S1 - YB - 2 - HH22 - 4 - ZX - 1	− 4.21	1.53	1.64	3.06
S1 - YB - 2 - HH22 - 4 - ZX - 2	− 12.12	− 13.65	− 13.98	− 21.39
S1 - YB - 3 - HH22 - 3 - KS - 1	− 9.61	− 9.98	− 10.23	− 16.96
S1 - YB - 3 - HH22 - 3 - KS - 2	− 13.62	− 14.21	− 14.65	− 27.46
S1 - YB - 3 - HH22 - 3 - KX - 1	6.54	7.59	8.12	14.81
S1 - YB - 3 - HH22 - 3 - KX - 2	10.56	11.52	11.98	20.05
S1 - YB - 3 - HH22 - 4 - ZS - 1	− 12.65	− 15.62	− 17.24	− 32.06
S1 - YB - 3 - HH22 - 4 - ZS - 2	2.52	2.63	3.12	7.42
S1 - YB - 3 - HH22 - 4 - ZF - 1	6.87	9.65	10.23	23.60
S1 - YB - 3 - HH22 - 4 - ZF - 2	6.52	6.21	7.14	13.70
S1 - YB - 3 - HH22 - 4 - ZX - 1	3.25	3.65	4.12	9.04
S1 - YB - 3 - HH22 - 4 - ZX - 2	− 9.05	− 9.12	− 10.23	− 19.98

注：表中"/"表示仪器故障。

表 5 - 4　S1 区钢管支撑柱应力监测数据　　　　　　　　　　（MPa）

应 变 计 编 号	桁架吊装后	联系杆焊接	支撑拆前	支撑拆后
S1 - YB - GZ - 1 - 1	2.35	1.63	− 1.45	− 2.44
S1 - YB - GZ - 1 - 2	4.63	4.21	4.89	8.06
S1 - YB - GZ - 2 - 1	1.23	1.31	1.99	4.66
S1 - YB - GZ - 2 - 2	9.68	10.85	11.12	18.49
S1 - YB - GZ - 3 - 1	6.54	6.85	7.01	11.82
S1 - YB - GZ - 3 - 2	− 3.15	− 3.65	− 3.87	− 6.59
S1 - YB - GZ - 4 - 1	4.56	6.52	6.35	11.96
S1 - YB - GZ - 4 - 2	− 1.23	− 2.01	− 2.35	− 4.28

表 5 - 5　S2 区桁架构件应力监测数据　　　　（MPa）

应 变 计 编 号	桁架吊装后	联系杆焊接	支撑拆前	支撑拆后
S2 - YB - 2 - HH13 - 2 - ZS - 1	5.03	5.96	6.32	9.30
S2 - YB - 2 - HH13 - 2 - ZS - 2	- 6.12	- 6.78	- 7.15	- 8.48
S2 - YB - 2 - HH13 - 2 - ZF - 1	4.53	4.65	4.81	8.75
S2 - YB - 2 - HH13 - 2 - ZF - 2	- 4.31	- 4.65	- 5.12	- 7.28
S2 - YB - 2 - HH13 - 2 - ZX - 1	- 5.46	- 6.10	- 6.23	- 10.12
S2 - YB - 2 - HH13 - 2 - ZX - 2	3.12	3.25	3.16	5.55
S2 - YB - 2 - HH13 - 2 - KS - 1	5.21	6.13	6.45	11.73
S2 - YB - 2 - HH13 - 2 - KS - 2	- 10.39	- 11.02	- 12.13	- 17.39
S2 - YB - 2 - HH13 - 2 - KX - 1	- 6.85	- 7.41	- 8.56	- 12.59
S2 - YB - 2 - HH13 - 2 - KX - 2	5.32	5.64	6.11	9.77
S2 - YB - 2 - CH - 24 - S - 1	- 9.85	- 9.26	- 10.25	- 15.40
S2 - YB - 2 - CH - 24 - S - 2	6.85	6.93	7.14	13.25
S2 - YB - 2 - CH - 24 - F - 1	9.65	10.23	11.12	21.01
S2 - YB - 2 - CH - 24 - F - 2	5.54	5.98	6.51	13.62
S2 - YB - 2 - CH - 24 - X - 1	8.56	10.23	11.54	20.16
S2 - YB - 2 - CH - 24 - X - 2	- 9.30	- 10.23	- 11.32	- 15.36
S2 - YB - 2 - CH - 36 - S - 1	- 9.87	- 10.23	- 10.65	- 17.15
S2 - YB - 2 - CH - 36 - S - 2	- 12.36	- 13.21	- 16.95	- 25.82
S2 - YB - 2 - CH - 36 - S - 3	9.58	10.65	13.21	19.78
S2 - YB - 2 - CH - 36 - S - 4	- 4.58	- 5.98	- 6.54	- 9.30
S2 - YB - 2 - CH - 36 - X - 1	5.21	6.30	6.41	10.04
S2 - YB - 2 - CH - 36 - X - 2	- 4.65	- 5.21	- 6.52	- 9.08
S2 - YB - 2 - CH - 24 - X - 3	- 9.87	- 10.23	- 11.65	- 20.96
S2 - YB - 2 - CH - 24 - X - 4	6.58	7.85	10.62	13.83
S2 - YB - 1 - HH22 - 3 - KS - 1	6.58	6.95	7.45	10.23
S2 - YB - 1 - HH22 - 3 - KS - 2	8.51	9.68	10.12	14.31
S2 - YB - 1 - HH22 - 3 - KX - 1	8.02	9.12	12.54	20.36
S2 - YB - 1 - HH22 - 3 - KX - 2	8.51	8.46	10.21	19.51
S2 - YB - 1 - HH22 - 5 - ZS - 1	8.23	9.64	10.11	16.54
S2 - YB - 1 - HH22 - 5 - ZS - 2	3.54	4.01	4.23	9.24
S2 - YB - 1 - HH22 - 5 - ZF - 1	10.25	12.36	13.21	35.12
S2 - YB - 1 - HH22 - 5 - ZF - 2	10.25	11.26	12.31	25.31
S2 - YB - 1 - HH22 - 5 - ZX - 1	- 5.53	- 6.12	- 6.35	- 12.30

应 变 计 编 号	桁架吊装后	联系杆焊接	支撑拆前	支撑拆后
S2 - YB - 1 - HH22 - 5 - ZX - 2	- 2.01	- 2.36	- 2.98	- 6.78
S2 - YB - 2 - HH22 - 3 - KS - 1	- 10.21	- 12.32	- 13.54	- 29.36
S2 - YB - 2 - HH22 - 3 - KS - 2	- 12.03	- 13.25	- 16.58	- 34.52
S2 - YB - 2 - HH22 - 3 - KX - 1	8.65	9.12	9.61	16.35
S2 - YB - 2 - HH22 - 3 - KX - 2	3.21	3.65	4.01	6.33
S2 - YB - 2 - HH22 - 4 - ZS - 1	9.23	10.12	11.32	19.51
S2 - YB - 2 - HH22 - 4 - ZS - 2	5.64	6.11	7.62	12.54
S2 - YB - 2 - HH22 - 4 - ZF - 1	- 10.32	- 12.54	- 12.36	- 30.12
S2 - YB - 2 - HH22 - 4 - ZF - 2	- 7.62	- 8.31	- 8.97	- 12.30
S2 - YB - 2 - HH22 - 4 - ZX - 1	10.12	11.32	11.54	19.63
S2 - YB - 2 - HH22 - 4 - ZX - 2	9.65	11.35	12.65	23.10
S2 - YB - 3 - HH22 - 3 - KS - 1	- 7.68	- 8.98	- 10.23	- 15.41
S2 - YB - 3 - HH22 - 3 - KS - 2	- 6.58	- 8.12	- 8.15	- 13.12
S2 - YB - 3 - HH22 - 3 - KX - 1	6.53	7.42	7.69	13.21
S2 - YB - 3 - HH22 - 3 - KX - 2	5.82	5.98	7.86	12.36
S2 - YB - 3 - HH22 - 4 - ZS - 1	- 5.41	- 6.23	- 7.14	- 10.23
S2 - YB - 3 - HH22 - 4 - ZS - 2	- 7.15	- 6.98	- 8.21	- 12.31
S2 - YB - 3 - HH22 - 4 - ZF - 1	10.25	11.65	12.58	21.35
S2 - YB - 3 - HH22 - 4 - ZF - 2	6.98	10.25	11.32	16.53
S2 - YB - 3 - HH22 - 4 - ZX - 1	- 5.26	- 7.87	- 8.15	- 15.24
S2 - YB - 3 - HH22 - 4 - ZX - 2	7.52	8.01	8.65	13.10

表 5 - 6　S2 区钢管支撑柱应力监测数据　　　　　　　　　　（MPa）

应 变 计 编 号	桁架吊装后	联系杆焊接	支撑拆前	支撑拆后
S2 - YB - GZ - 1 - 1	- 3.54	1.13	2.35	3.26
S2 - YB - GZ - 1 - 2	1.23	- 0.02	- 1.13	- 2.69
S2 - YB - GZ - 2 - 1	12.31	13.52	16.58	26.14
S2 - YB - GZ - 2 - 2	- 15.21	- 16.23	- 17.42	- 31.45
S2 - YB - GZ - 3 - 1	1.02	1.32	1.45	2.36
S2 - YB - GZ - 3 - 2	5.23	5.35	5.64	10.71
S2 - YB - GZ - 4 - 1	4.65	5.69	6.12	10.52
S2 - YB - GZ - 4 - 2	- 1.03	- 2.15	- 2.31	- 4.80

2）变形监测数据

S1区和S2区桁架水平向基本无变形。竖向变形监测数据分别见表5-7、表5-8。

表5-7　S1区竖向变形监测数据　　　　　　　　　　　　（mm）

变形测点编号	联系杆焊接	支撑拆除前	支撑拆除后
S1-BX-1-HH13-2	-1	-2	-4
S1-BX-2-HH13-2	-1	-3	-4
S1-BX-3-HH13-2	-3	-4	-7
S1-BX-1-HH15-2	-2	-3	-6
S1-BX-2-HH15-2	-1	-1	-1
S1-BX-3-HH15-2	-1	-2	-3
S1-BX-1-HH18-2	-5	-6	-13
S1-BX-2-HH18-2	-2	-3	-5
S1-BX-3-HH18-2	-4	-5	-7
S1-BX-1-HH22-3	-6	-8	-16
S1-BX-2-HH22-3	-3	-5	-10
S1-BX-3-HH22-3	-4	-6	-12
S1-BX-4-CH-9	-3	-4	-8
S1-BX-4-CH-10	-2	-4	-6
S1-BX-4-CH-14	-1	-3	-6

注：表中负值表示桁架向下变形。

表5-8　S2区竖向变形监测数据　　　　　　　　　　　　（mm）

变形测点编号	联系杆焊接	支撑拆除前	支撑拆除后
S2-BX-1-HH13-2	0	0	0
S2-BX-2-HH13-2	-1	2	-2
S2-BX-3-HH13-2	0	0	0
S2-BX-1-HH15-2	0	0	0
S2-BX-2-HH15-2	0	0	0
S2-BX-3-HH15-2	0	0	0
S2-BX-1-HH18-2	0	0	0
S2-BX-2-HH18-2	-3	-5	-8

变形测点编号	联系杆焊接	支撑拆除前	支撑拆除后
S2 - BX - 3 - HH18 - 2	- 5	- 8	- 12
S2 - BX - 1 - HH22 - 3	- 6	- 8	- 14
S2 - BX - 2 - HH22 - 3	- 5	- 9	- 16
S2 - BX - 3 - HH22 - 3	- 4	- 7	- 14
S2 - BX - 4 - CH - 9	- 3	- 6	- 11
S2 - BX - 4 - CH - 10	- 4	- 6	- 13
S2 - BX - 4 - CH - 14	- 10	- 15	- 24

注：表中负值表示桁架向下变形。

5.1.5　监测结论

1）卫星厅桁架应力监测数据分析

施工开始至塔架支撑拆除过程中，S1 区桁架构件应力最大值和最小值均在支撑拆除后测得。应力最大值为 33.85 MPa，应变计编号为 S1 - YB - 1 - HH22 - 5 - ZX - 2；应力最小值为 - 32.06 MPa，应变计编号为 S1 - YB - 3 - HH22 - 4 - ZS - 1。位置示意图如图 5 - 14 所示。

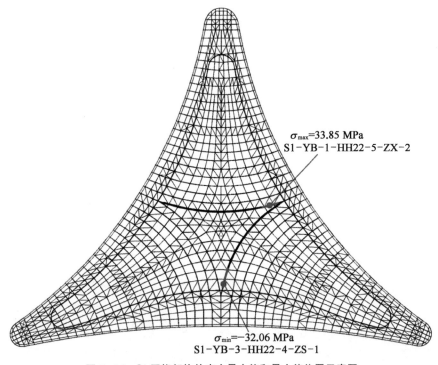

σ_{max}=33.85 MPa
S1-YB-1-HH22-5-ZX-2

σ_{min}=-32.06 MPa
S1-YB-3-HH22-4-ZS-1

图 5 - 14　S1 区桁架构件应力最大值和最小值位置示意图

S2 区桁架构件应力最大值和最小值均在支撑拆除后测得。应力最大值为 35.12 MPa,应变计编号为 S2 - YB - 1 - HH22 - 5 - ZF - 1;应力最小值为 - 34.52 MPa,应变计编号为 S2 - YB - 2 - HH22 - 3 - KS - 2。位置示意图如图 5 - 15 所示。

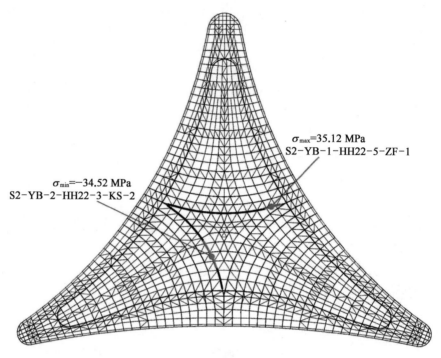

图 5-15 S2 区桁架构件应力最大值和最小值位置示意图

2) 卫星厅钢管支撑柱应力监测数据分析

S1 区钢管支撑柱应力增量最大值为 18.49 MPa,应变计编号为 S1 - YB - GZ - 2 - 2;应力增量最小值为 - 6.59 MPa,应变计编号为 S1 - YB - GZ - 3 - 2。

S2 区钢管支撑柱应力增量最大值为 26.14 MPa,应变计编号为 S1 - YB - GZ - 2 - 1;应力增量最小值为 - 31.45 MPa,应变计编号为 S1 - YB - GZ - 2 - 2。

3) 卫星厅变形监测数据分析

S1 区桁架竖向变形最大值为 - 16 mm,测点编号为 S1 - BX - 1 - HH22 - 3;竖向变形最小值为 - 1 mm,测点编号为 S1 - BX - 2 - HH15 - 2。位置示意图如图 5 - 16 所示。

S2 区桁架竖向变形最大值为 - 24 mm,测点编号分别为 S2 - BX - 4 - CH - 14;竖向变形最小值为 0 mm,测点编号分别为 S2 - BX - 1 - HH13 - 2、S2 - BX - 3 - HH13 - 2、S2 - BX - 1 - HH15 - 2、S2 - BX - 2 - HH15 - 2、S2 - BX - 3 - HH15 - 2 和 S2 - BX - 1 - HH18 - 2。位置示意图如图 5 - 17 所示。

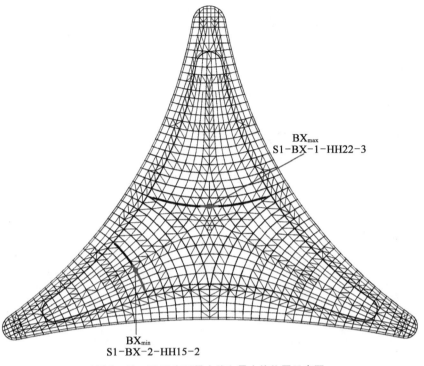

图 5-16　S1 区变形最大值和最小值位置示意图

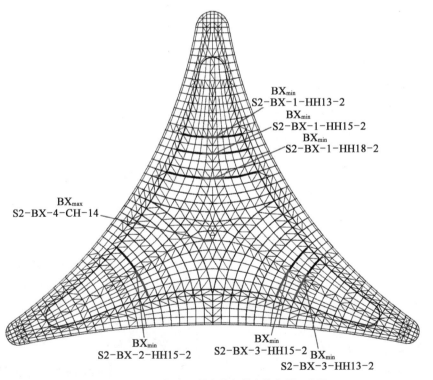

图 5-17　S2 区变形最大值和最小值位置示意图

4）卫星厅施工阶段安全性评估

卫星厅钢结构施工过程中无应力变化较大和变形较大情况发生，结构整体受力稳定，可认为施工开始至塔架支撑拆除结构处于稳定状态。

5.2　室内空气质量监测

5.2.1　监测指标研究

室内空气质量监测常规指标见表5-9。

表5-9　室内空气质量监测指标

类　　别	指　标	监　测　位　置
细颗粒物指标	PM2.5	办票、安检、候机、行李提取
	PM10	办票、安检、候机、行李提取
气体污染物指标	CO_2	办票、安检、候机、行李提取
	CO	车库
	甲醛	办票、安检、候机、行李提取
	TVOC*	办票、安检、候机、行李提取
热环境指标	温度	所有功能空间
	湿度	所有功能空间
	黑球温度	玻璃幕墙区域

＊：室内有机气态物质。

5.2.2　监测系统研究

用专用环境传感器对各个监控场所关键点的温湿度、二氧化碳、气体质量和其他需要监控有害气体的含量进行数据比对，将所有信息集中传输至计算机，实现对室内空气质量的采集，数据存储，实时报警，历史数据的分析、统计、处理和调节控制等功能，以保障场所良好的空气质量。

采用专用监控软件，在监控中心对环境监控的数据信息进行采集和报警处理；该软件扩展灵活，兼容性强，具有广泛的数据获取和强大的数据处理功能。支持 Microsoft 开发数据库（ODBC）互连接口，具有强大的数据链接功能。不同用户级别设定不同使用权限；支持 TCP／IP 网络体系构。Web 页实时浏览监控信息，实现管理集成化。具有丰富的报警类型和灵活多样的报警处理函数，用户可自由设置报警参数；提供报警信息实时显示、打印、数据存储与应管功能。界面美观友好，使用方便，支持二次开发。

5.2.3　发布系统研究

室内空气表观指数为定量描述室内空气质量状况的无量纲指数。室内空气质量分指数及其对应的浓度限值见表5-10。其参数及计算方式分列如下。

表 5-10 室内空气质量分指数及其对应的浓度限值

室内空气质量分指数	污染项目浓度值		
	PM2.5(24 h 平均)($\mu g/m^3$)	PM10(24 h 平均)($\mu g/m^3$)	CO_2(1 h 平均)(mg/m^3)
0	0	0	786(约 0.04%)
50	35	75	1 571(约 0.08%)
100	75	150	1 964(约 0.10%)

1) 室内空气质量分指数计算方法

污染物指标 P 的室内空气质量分指数按式(5-1)计算:

$$IIAQI_p = \frac{IIAQI_{Hi} - IIAQI_{Lo}}{BP_{Hi} - BP_{Lo}}(C_p - BP_{Lo}) + IIAQI_{Lo} \qquad (5-1)$$

式中 $IIAQI_p$ ——污染物指标 P 的室内空气质量分指数;

C_p ——污染物指标 P 的质量浓度值;

BP_{Hi} ——表 5-10 中与 C_p 相近污染物浓度限值的高位值;

BP_{Lo} ——表 5-10 中与 C_p 相近污染物浓度限值的低位值;

$IIAQI_{Hi}$ ——表 5-10 中与 BP_{Hi} 对应的室内空气质量分指数;

$IIAQI_{Lo}$ ——表 5-10 中与 BP_{Lo} 对应的室内空气质量分指数。

2) 室内空气质量表观指数计算方法

按式(5-2)计算:

$$IAQI = \max(IIAQI_1, IIAQI_2, IIAQI_3) \qquad (5-2)$$

式中 $IAQI$ ——室内空气质量表观指数。

3) 室内空气质量表观指数

按表 5-11 进行划分。

表 5-11 室内空气质量表观指数及相关信息

表观指数	表观指数级别	表观指数类别和表示颜色	
0~50	一级	优	绿色
51~100	二级	良	黄色
>100	三级	污染	红色

捷运系统工程篇

第6章
概　述

上海浦东国际机场旅客捷运系统工程（以下简称"捷运系统"）是浦东机场空侧的一条旅客运输系统，服务航站楼与卫星厅之间的旅客。旅客捷运系统的建设有着旅客吞吐量需求的必然性，在机场二期建设时就已经预留捷运车站，涵盖了大量土建、机电、轨交等专业工程。

6.1　工程的地位和作用

浦东机场是一个与上海国际大都市相匹配的大型现代化国际机场，机场位于东海之滨，地处 20 世纪 90 年代我国改革开放前沿的上海浦东新区。

浦东机场建设遵循"一次规划、分期建设、滚动发展"的原则实施。浦东机场规划有 1 号航站楼（以下称 T1）、2 号航站楼（以下称 T2）、1 号卫星厅（以下称 S1）、2 号卫星厅（以下称 S2）、3 号航站楼（以下称 T3）及 5 条跑道、2 处东西向垂直联络道。

浦东机场一期工程建成于 1999 年，一期工程年客流量已接近 3 000 万人；二期工程建成于 2005 年，年客流量达到 4 320 万人；随着上海国际都市的快速发展，特别是迪士尼的建成，将吸引更多的客流，因此，三期扩建卫星厅工程建成后年旅客吞吐量可达到 8 000 万人。

由于机场航站楼和卫星厅之间空间跨度大，前后纵向距离约 1.86 km，给旅客在机场内部的通行带来许多不便。为解决航站楼与卫星厅之间的旅客交通问题，决定在航站楼与卫星厅之间建设机场旅客捷运系统。

6.2　工程研究过程

在浦东机场规划建设期间，机场捷运系统随机场的建设进程陆续做了土建预留。

在浦东机场一期 T1 建设时，考虑了捷运系统的线路走向方案空间预留，但捷运系统土建并未实施。

2005 年完成了《上海浦东国际机场旅客捷运系统规划研究》。

浦东机场二期建设时，在 T2 下预留了捷运系统的车站建筑空间，同时预留了 T2 指廊范围内的区间结构，结构内净空为 4.5 m(高)×8.6 m(宽)。

预留区间结构范围从 T2 主楼至机场北滑行道北侧，长约 620 m。紧邻旅客捷运通道的西侧还预留了行李通道的区间结构，预留范围与旅客捷运通道基本相同，如图 6-1、图 6-2 所示。

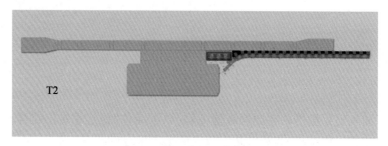

图 6-1 T2 预留的捷运通道平面位置

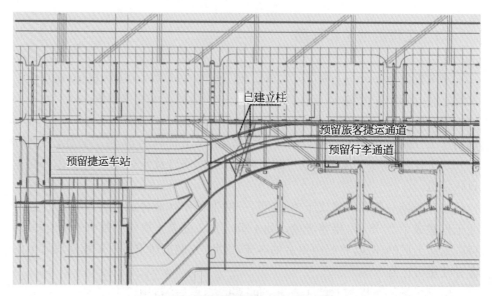

图 6-2 T2 预留的捷运车站平面位置

2013 年，结合 T1 的改造，对捷运系统的土建进行了预留，如图 6-3、图 6-4 所示。

2015 年 12 月，浦东机场三期扩建工程开建。旅客捷运系统作为三期扩建工程的关键工程，也将在三期工程中建成投入使用。三期捷运系统总图如图 6-5 所示。

浦东国际机场卫星厅及捷运系统工程

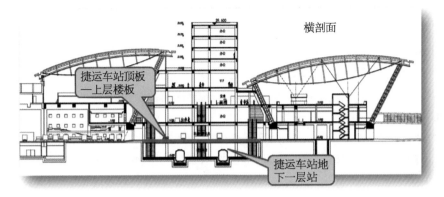

图 6-3 T1 预留的捷运通道断面位置

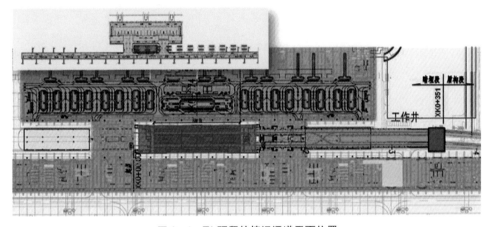

图 6-4 T1 预留的捷运通道平面位置

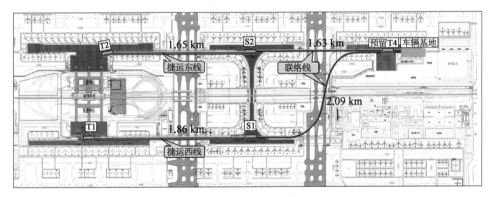

图 6-5 三期捷运系统总图

6.3 工程规模

本工程的土建及机电系统按东线、西线两条线分别双轨穿梭运行。东线正线设双线连接 T2 和 S2,设 T2 和 S2 两座车站,正线长 2.14 km;东线联络线设单线连接 S2 与车辆基地,进出车辆基地,联络线长 1.21 km。西线正线设双线连接 T1 和 S1,设 T1 和 S1 两座车站,正线长 2.35 km;西线联络线设单线连接 S1 与车辆基地,进出车辆基地,联络线长 1.67 km。在东线联络线与西线联络线汇合处,预留 4 号航站楼(T4)站,南侧设车辆基地。另配置与捷运系统相匹配的配套设施及机电系统。

四座运营车站,高峰小时列车开行对数为 15 对/h,24 h 不间断运营,列车编组按 4 辆编组 A 型车等参数进行设计。车辆基地按 7 列配属车进行设置。

第7章
捷运系统需求分析

7.1 客流分析

7.1.1 航站区客流分配及分类

根据需求预测及浦东机场规划目标,到 2020 年,浦东机场范围全场年旅客量将达到 8 000 万,其中处理国内旅客量 4 640 万人次、国际旅客量 3 360 万人次,分配到各航站楼与卫星厅,情况如下:

(1) T1,空侧能力为每年 1 495 万人次客流量;

(2) S1(服务于 T1),空侧能力为每年 1 925 万人次客流量;

(3) T2,空侧能力为每年 2 950 万人次客流量;

(4) S2(服务于 T2),空侧能力为每年 1 630 万人次客流量。

根据规划,航站楼兼有办理登机手续、等候和登机的功能,卫星厅则仅设等候和登机功能,旅客只有在航站楼办理完登机手续后方可在卫星厅等候和登机。

7.1.1.1 卫星厅功能布局

卫星厅为地下一层、地上六层(含夹层)。每个卫星厅与相邻航站楼主楼通过空侧捷运系统连接。

卫星厅各层分配如下:

(1) 地下一层:捷运系统站台层,所有出发和到达的旅客将通过站台层与主楼相互往来。

(2) 地面一层:设备层、行李用房及中转中心。

(3) 地上二层:国际到达层。

(4) 地上三层:国内出发/到达混流层。

(5) 地上四层:国际出发层。

(6) 地上五层—夹层:商业层。

（7）地上六层—夹层：商业及贵宾候机层。

7.1.1.2 卫星厅流程设置

卫星厅旅客包含直达旅客、国际远机位出发和到达旅客、国内远机位出发和到达旅客以及中转旅客，各类旅客流程设置如下。

1）直达旅客流程

直达旅客包括国际出发、国际到达、国内出发、国内到达。

（1）国际出发流程：航站楼办理完成值机、行李托运、联检等手续→空侧区域→捷运列车→卫星厅地下一层的国际出发捷运站台层→通过垂直交通→地上四层的国际出发层候机区及国际商业区。

（2）国际到达流程：旅客下飞机→地上一层国际到达层→通过垂直交通→地下一层的国际到达捷运站台层→捷运列车→航站楼办理行李提取、查验、海关等手续→进入主楼迎客大厅。

（3）国内出发流程：卫星厅国内层采用出发和到达在同一层的混合方式。具体流程为：主楼办理完值机、托运、安检等手续→捷运列车→到达位于地下一层的国内出发捷运站台层→通过垂直交通→地上三层国内层候机区及商业区。

（4）国内到达流程：旅客下飞机→地上三层的国内到达层→通过垂直交通→地下一层的国内到达捷运站台→捷运列车→航站楼办理行李提取、查验。

2）国际远机位出发和到达旅客流程

国际远机位出发旅客流程同直达国际出发流程。

卫星厅不设置远机位到达点，远机位到达旅客乘坐转驳车前往主航站楼办理到达手续。

3）国内远机位出发和到达旅客流程

国内远机位出发旅客流程同直达国内出发流程。

卫星厅不设置远机位到达点，远机位到达旅客乘坐转驳车前往主航站楼办理到达手续。

4）中转旅客流程

（1）卫星厅间的中转旅客。旅客下飞机→卫星厅中转旅客到达大厅→办理中转手续→至相应的卫星出发层。

（2）卫星厅与航站楼间的中转旅客。旅客下飞机→相应到达层→通过垂直交通→地下一层的到达捷运站台层→捷运列车→航站楼办理中转手续→至相应的航站楼出发层。

（3）航站楼与卫星厅间的中转旅客。旅客下飞机→航站楼办理中转手续→到达位于地下一层的捷运站台层→捷运列车→通过垂直交通→至相应的卫星厅出发层。

7.1.2 捷运系统旅客种类分析

根据浦东机场规划方案，T1 与规划的 S1、T2 与规划的 S2 均运作国内航线和国际、地区航线，即要求它们同时具有处理国内、国际旅客到发、中转的功能。

通过对卫星厅旅客流程中直达旅客流程和中转旅客流程分析,捷运系统客流种类见表 7-1。

表 7-1 捷运系统客流种类

西 线		东 线	
S1	国内始发 国内终到 国际始发 国际终到	S2	国内始发 国内终到 国际始发 国际终到
T1→S1	国内转国内 国内转国际 国际转国际 国际转国内	T2→S2	国内转国内 国内转国际 国际转国际 国际转国内
S1→T1	国内转国内 国内转国际 国际转国际 国际转国内	S2→T2	国内转国内 国内转国际 国际转国际 国际转国内

7.2 捷运系统功能策划

根据客流分析,捷运系统功能需求如下:

1) 行车能力满足机场客流需求

捷运系统服务 T1 与 S1、T2 与 S2 之间的空侧旅客,西线服务 T1 与 S1,东线服务 T2 与 S2,捷运系统的行车能力需要满足机场的客流需求。

2) 满足浦东机场 24 h 不间断运营需求

浦东机场作为世界性的枢纽机场,需要与全世界各大型枢纽机场 24 h 联运,捷运系统作为空侧的主要交通方式,系统设置需要后备系统,实现 24 h 不间断运营。

捷运系统东线、西线均设置双线,每条线独立运营,维护期间一条线运营、另一条线维护。捷运系统运营配线图如图 7-1 所示。

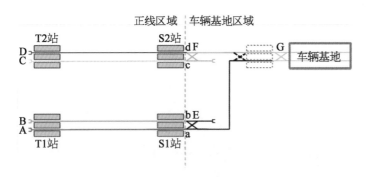

图 7-1 捷运系统运营配线图

3) 区分各种不同流程客流

浦东机场客流有国际旅客和国内旅客,其中国际出发旅客与国际到达旅客、国内旅客与国际出发旅客、国内旅客与国际到达旅客这几类旅客间不能混流。捷运系统设置一岛两侧式站台物理分隔出发与到达旅客,另外在车站、车辆中间设置物理分隔,区分国际与国内旅客,如图 7-2 所示。

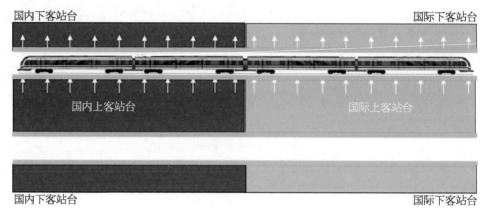

图 7-2　捷运站台配置图

4) 按高标准服务

机场旅客以高端商务旅客为主,对时间和舒适性标准要求高。时间上,捷运系统的发车间隔小于 5 min;舒适性上,站立标准按 3 人/m²。

第8章
捷运系统总体方案

8.1 线路设计

捷运系统主要考虑服务航站楼与卫星厅,分东线和西线独立运营,西线连接 T1 和 S1,东线连接 T2 和 S2,西线、东线通过联络线(远期正线)接预留 T4 站和车辆基地。捷运东西线、联络线均为地下线,车辆基地为地面停车场。三期捷运系统总图如图 8-1 所示。

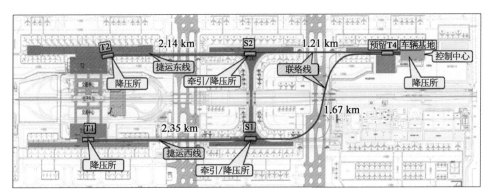

图 8-1 三期捷运系统总图

8.1.1 控制因素

1)捷运西线及西线联络线

在捷运线设计阶段,T1 已经建成运营,北滑行道已经投入使用,S1 正在设计中,沿线主要控制因素有:

(1)T1 改造工程预留的长约 351 m 的旅客捷运通道,如图 8-2 所示。

(2)T1 南指廊段的飞机登机桥桩基、高杆灯桩基,如图 8-2 所示。

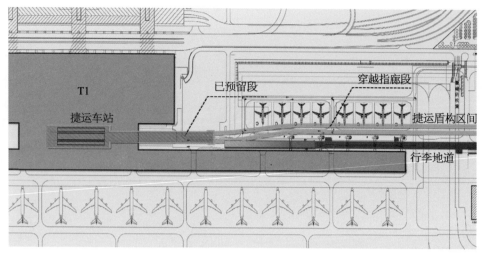

图8-2　捷运西线穿越T1段控制条件平面位置示意图

（3）西线连接 T1 与 S1，须穿越北滑行道，且此段与规划行李车通道线位基本平行，如图 8-3 所示。

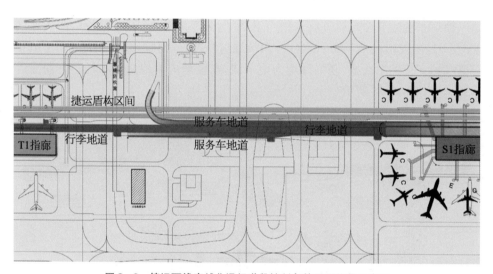

图8-3　捷运西线穿越北滑行道段控制条件平面位置示意图

（4）线路穿越 S1 北指廊段，与规划行李地道、服务车地道并行。

（5）西线联络线从 S1 站出来后，须穿越新机坪、排水沟、新建综合管廊、南进场路后连接车辆基地。

2）捷运东线及东线联络线

在捷运线设计阶段，T2 已经建成运营，并有预留的捷运车站建筑空间和指廊范围内的区间结构，北滑行道已经投入使用，S2 正在建设中，沿线主要控制因素有：

（1）T2 航站楼预留设计。浦东机场二期建设时，在已经运营的 T2 下预留了捷运系统的车站建筑空间,同时预留了 T2 指廊范围内的区间结构,结构内净空为 4.5 m(高)×8.6 m(宽)。

预留区间结构范围从 T2 主楼至机场北滑行道北侧,长约 620 m。紧邻旅客捷运通道的西侧还预留了行李通道的区间结构,预留范围与旅客捷运通道基本相同。

(2) 东线连接 T2 与 S2,须穿越北滑行道,且此段与规划行李通道线位基本平行,如图 8-4 所示。

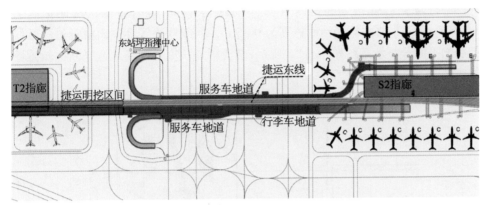

图 8-4　捷运东线与规划行李地道并行穿越北滑行道段平面示意图

8.1.2　设计重点及难点

1) 预留工程的衔接

早期机场 T1、T2 建设时预留了捷运系统空间,但未按钢轮钢轨交通车辆通行条件预留,此次三期工程经过制式比选,最终推荐了接触轨式 A 型车。因技术标准的不同,线路设计充分利用预留土建空间,对不满足的空间提出调整方案,尽量减小对已预留结构的影响,减少工程建设和投资成本。

2) 盾构穿越既有登机桥、高杆灯、石油管等其他管线

T1 已投入运营,其南指廊段分布多处登机桥及高杆灯,捷运西线连接 T1 与 S1,需盾构穿越飞机登机桥桩基及高杆灯桩基,并须处理好与沿线航油管等管线的关系。

3) 与规划飞行区、航站区相关工程的结合

(1) 捷运西线 T1—S1 的区间线路在空管地块上正穿在建的空管终端大楼,与大楼桩基冲突。

(2) 捷运西线 T1—S1 的区间线路与规划行李地道并行穿越北滑行道段。

(3) 捷运东线 T2—S2 的区间线路与规划行李地道并行穿越北滑行道段。

(4) 浦东机场远期规划 T4,须考虑捷运线 T4 车站预留问题。

4) 不同工序下与同期规划管线的相互关系协调

浦东机场内管线错综复杂,现状供油、排水等已投入使用,结合浦东机场规划同期还在进行三期扩建供油工程规划设计工作,并规划有综合管廊、排水管

等相关管线。捷运系统线路设计过程中须根据不同工序协调与各类管线的相互关系。

5）盾构下穿既有南北进场路地道及预留规划管廊、规划轨道交通线

西线联络线从 S1 站出来后,须穿越新机坪、排水沟、新建综合管廊、南进场路。

南进场路采用地下方式下穿南滑行道,遮光段采用 $\phi 800@2.2$ m 钻孔灌注抗拔桩,桩底标高 -25 m,暗埋段采用桩长为 13 m 的 $\phi 650$ 三头水泥土搅拌桩地基加固处理,桩底标高 -19 m。

南进场路西侧规划有综合管廊、雨水排水箱涵,综合管廊结构底标高为 -6.035 m,雨水排水箱涵沟底标高为 0.85 m。西线联络线穿越南滑行道段沿线控制物平面分布示意图如图 8-5 所示,南滑行道段南进场路地道纵断面示意图如图 8-6 所示。

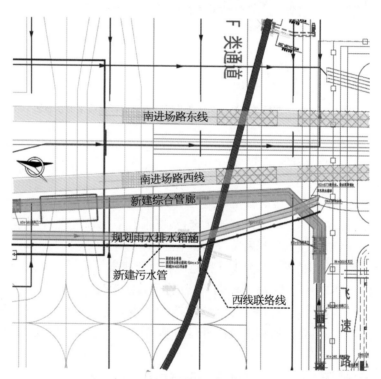

图 8-5　西线联络线穿越南滑行道段沿线控制物平面分布示意图

8.1.3　方案研究

8.1.3.1　预留工程的衔接

在本次工程实施前对预留结构进行实测,根据实测数据进行精准设计。

1）捷运西线

根据预留段及工作井的实测数据进行精准设计,考虑 A 型车结构净空要求及预留工作井条件,最大空间留给将来运营预留条件,将航站楼处 30‰的纵坡优

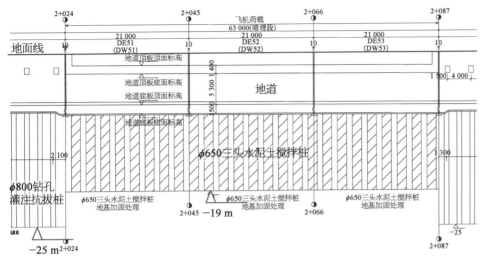

图 8-6　南滑行道段南进场路地道纵断面示意图

化为 29‰。

2）捷运东线

T2 建设期间为捷运系统预留车站建筑空间有限,周边建设条件复杂,主要受控因素如下:

（1）在 T2 和指廊之间预留的捷运车站空间,以及 T2 和指廊的柱网;

（2）捷运通道中既有的三根立柱（图 8-7）。

图 8-7　捷运通道中既有的三根立柱现场图片

（3）捷运通道西侧的预留行李通道（图 8-8）。

考虑以上控制因素,捷运车站与 T2 指廊呈一定角度,左线采用 R-1 000 m 曲线进站台、右线出站后采用 R-800 m 曲线接预留捷运通道,如图 8-9 所示。

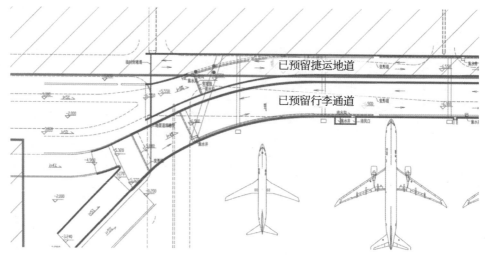

图 8-8 预留捷运通道与行李通道示意图

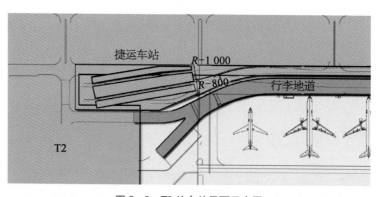

图 8-9 T2 站车站平面示意图

同时,受 T2 车站方案的影响,需要对 T2 站南侧已预留捷运区间段约 120 m 范围进行改造。

8.1.3.2 T1 既有登机桥、高杆灯、石油管等其他管线

本段线路以盾构方式在飞机登机桥桩基、高杆灯桩基与指廊剪力墙桩基东侧穿越,距离桩基净距大于 0.6 m。同时与航油管的竖向净距满足相关规范要求。

8.1.3.3 与规划飞行区、航站区相关工程的结合

(1)捷运西线 T1—S1 的区间线路在空管地块上正穿在建的空管终端大楼,多方沟通确认后,空管终端大楼移位给捷运系统让出空间。

(2)捷运西线 T1—S1 的区间线路与规划行李地道并行穿越北滑行道段采用盾构方式穿越,距离行李通道 5.9 m。

(3)捷运东线 T2—S2 的区间线路与规划行李地道并行穿越北滑行道段采用明挖,此段捷运系统工程与行李地道合建。

(4) 捷运 T4 车站位于远期规划 T4 下方,由于车站上部 T4 方案暂不明确,车站近期仅做土建预留及北端区间通风机房的预留,以满足区间隧道通风的功能需求。具体实施范围为北端区间通风机房及相应设备的安装以及正线之间的土建结构,侧式站台结构暂不实施。

8.1.3.4　盾构下穿既有南北进场路地道及预留规划管廊、规划轨道交通线

1) 平面设计

考虑进场路段桩基分布,西线联络线在此段为单线盾构,从暗埋段穿越。其平面位置如图 8-5 所示。

2) 纵断面设计

S1 车站段线路为平坡,出站后采用 −25‰、−3.5‰ 下坡下穿综合管廊、南进场路桩基,后采用 27‰ 上坡快速抬升标高,在道岔前变坡采用 2‰ 上坡接 T4 站。捷运系统穿越南进场路段纵断面设计图如图 8-10 所示。

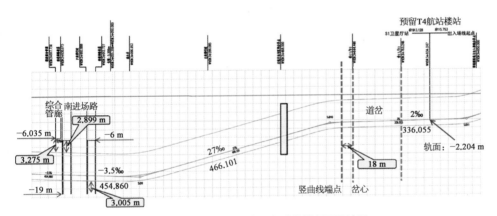

图 8-10　捷运系统穿越南进场路段纵断面设计图

8.1.4　具体线路设计

1) 线路平面

(1) 捷运西线及西线联络线。西线 T1 站按预留工程线间距为 15.15 m,S1 站线间距采用 23 m,区间 T1—S1 为双线盾构,线间距采用 12 m,最小曲线半径为 R-550 m。西线联络线为单线盾构,最小曲线半径为 R-350 m。

(2) 捷运东线及东线联络线。东线 T2 站线间距为 15 m,与航站楼指廊呈一定角度,左线采用 R-1 000 m 曲线进站台、右线出站后采用 R-800 m 曲线接预留捷运通道,S2 站线间距采用 23 m,区间 T2—S2 双线明挖,线间距采用 4.6 m,最小曲线半径为 R-800 m。东线联络线为单线明挖区间,最小曲线半径为 R-1 200 m。

线路平面设计如图 8-11 所示。

2) 线路纵断面

(1) 捷运西线及西线联络线。西线工程均为地下线形式,T1—S1 区间隧道设置一处泵房和两处联络通道,S1—T4 区间隧道设置一处泵房和两处疏散楼梯。

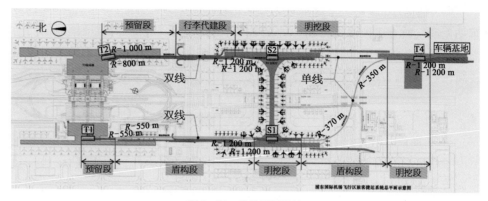

图 8-11　线路平面设计

三座车站均为地下一层车站。线路纵断面按 T1 站、S1 站、T4 站及其道岔区采用明挖浅埋,区间采用盾构结构形式设计。正线最大线路纵坡采用 29‰,适应 T1 站预留空间条件;最小线路纵坡 0.0‰(车站段),该段结构底板可根据排水需要设置排水纵坡。

(2) 捷运东线及东线联络线。东线工程也均为地下线形式,S2—T4 区间隧道设置一处泵房和两处疏散楼梯。两座车站均为地下一层车站。线路纵断面按 T2 站、S2 站、T4 站及区间全部采用明挖浅埋,区间最大线路纵坡采用 -6.5‰,最小线路纵坡 0‰(车站段)。

预留 T4 站以南至车辆基地段为出入段线,最大线路纵坡采用 33‰。

3) 车站分布

全线共设车站 4 座,远期预留 1 座车站,全为地下一层车站。

表 8-1　捷运西线车站

线　路	站　名	站间距(m)	车站形式	备　注
捷运西线	T1 站	\	地下一层,一岛两侧	起点站
	S1 站	1 860.825		站后设交叉渡线
	T4 站(预留)	1 913.128		站前设交叉渡线
		\		
捷运东线	T2 站	\	地下一层,一岛两侧	起点站
	S2 站	1 649.770		站后设交叉渡线
	T4 站(预留)	1 447.895		站前设交叉渡线
		\		

4) 辅助线

S1、S2 站南端各设一组交叉渡线;在预留 T4 站北端设置一组交叉渡线,用于线路故障时组织临时交路,以便工程车的折返,增加运行灵活性;T4 站南端靠近车辆基地段设置交叉渡线。具体配线如图 8-12 所示。

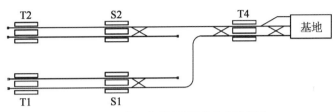

图 8-12　捷运车站及辅助线分布示意图

8.2　客流预测及行车组织

8.2.1　捷运系统客流特性

8.2.1.1　客流预测结果

客流预测以高峰时段需求为设计基础,从年度流量→日流量→高峰小时流量,拆分每种流程,得到航站楼与卫星厅之间的流量。

分析航站楼与卫星厅之间的高峰小时流量,并考虑以下因素。

(1)远机位灵活使用、预测不确定性(航班取消等引起客流突增等因素)。

(2)其他人员:

① 工作人员;

② 走错人员及其返程;

③ 候机旅客商业吸引及其返程。

考虑上述因素后,捷运系统高峰小时客流预测结果见图 8-13、表 8-2。

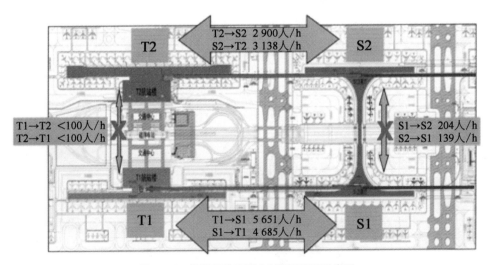

图 8-13　捷运系统高峰小时断面客流示意图

表8-2　捷运系统高峰小时断面客流分类

	T1→S1(人/h)	S1→T1(人/h)	T2→S2(人/h)	S2→T2(人/h)
国内	2 622	2 775	2 019	2 014
国际	3 029	1 910	881	1 124
合计	5 651	4 685	2 900	3 138

8.2.1.2　客流特性

1) 24 h 均有客流

捷运系统是机场空侧航站楼至卫星厅之间的客流主通道,提供卫星厅到发旅客的运输服务;浦东机场作为国际大型机场,在全世界大型机场中 24 小时联运,因此,捷运系统 24 h 均有客流运输需求。

2) 多种客流不能混流

捷运系统运送国际与国内旅客。根据机场旅客组织流程设置,国际到达与国际出发旅客不能混流;国内出发与国内到达、国际出发与国际到达旅客均不能混流。

3) 客流以高端商务客流为主

捷运系统服务空侧旅客,出发、中转乘客须准时到达登机口。机场的客流对时间和服务水平的要求比较高:一方面,时间上要求服务频率高;另一方面,舒适性上要求服务水平高。

8.2.2　行车组织与运营管理

8.2.2.1　设计考虑因素

浦东机场捷运系统是连接航站楼与卫星厅的旅客运输通道,行车组织设计在满足客流预测基础上,还须考虑下列因素,以更好地服务航空旅客。

1) 客流量分布不均衡

旅客出发客流是由分散到密集的过程,而到达客流则是由密集到分散的过程,且与航空公司航班计划息息相关,捷运系统客流高峰主要受到达客流影响。根据航班计划,到达客流量存在不均衡的特征(图 8-14),主要分为三个方面:

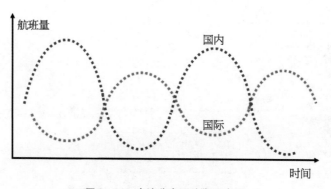

图8-14　客流分布不均衡示意图

（1）国内旅客到达存在高峰、平谷；

（2）国际旅客到达存在高峰、平谷；

（3）国际、国内旅客到达高峰错开。

2）满足捷运系统旅客等候时间标准要求

《民用运输机场服务质量》(MH/T 5104—2013)规定,捷运系统95%的旅客等候时间不应超过5 min,即捷运系统的发车间隔须<5 min。

3）系统高可靠性

捷运系统连接航站楼与卫星厅,其运输效能应满足机场航班起降计划,为旅客提供高可靠性的运输服务。

8.2.2.2 列车运行交路

根据浦东机场总体规划及捷运系统的功能定位,捷运通道的规划线路走向基本确定为:一条通道连接 T2—S2,另一条通道连接 T1—S1。远期考虑连通 T3（位于 S2 南侧）的可能性。车辆基地选址于 T3 站后。

设计采用轨道交通 A 型车,四辆编组,定员 150 人/车。

推荐列车运行交路示意图如图 8-15 所示。

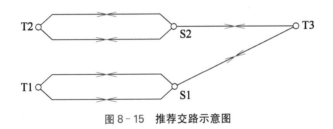

图 8-15　推荐交路示意图

经测算,采用该运行交路,航站楼和卫星厅间高峰小时最大开行 15 对/h（双线）。

根据捷运系统客流预测,高峰小时最大断面客流为 5 651 人;经测算采用 3 辆编组列车,高峰小时开行 15 对的运能为 6 750 人,可以满足浦东机场捷运系统客运需求。

为满足高峰运营及其他特殊工况下国际国内灵活编组,东、西线在条件允许、造价增加不多的情况下适当延长站台长度至四辆编组,以增加客流的适应性以及回流旅客工况的需要。即列车分隔为两部分,国际、国内旅客各两节车厢,并在端部国际车厢处设反开门回流区。

8.2.2.3 全日运营计划

捷运系统是机场空侧航站楼至卫星厅之间的客流主通道,提供卫星厅到发旅客的运输服务,运营时间应与航班起降相协调,暂定全天 24 h 运营。

全日运营计划见表 8-3。

表 8-3　捷运系统全日开行计划

项目	开行对数	行车间隔	运行方式	时间范围
高峰	15	4	双线穿梭	6:00—24:00
平峰	12	5		6:00—24:00
低谷	6	10	单线穿梭	24:00—6:00

注：① 高峰、平峰时间结合航班具体确定；
　　② 低谷时间停运单侧线路，进行相关检修。

8.2.2.4　配线及车站客流组织

根据列车运行交路及浦东机场 T1、T2 车站预留条件限制，全线配线设置如图 8-16 所示。

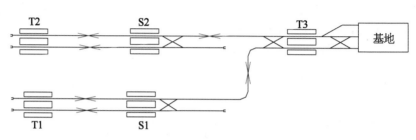

图 8-16　全线配线示意图

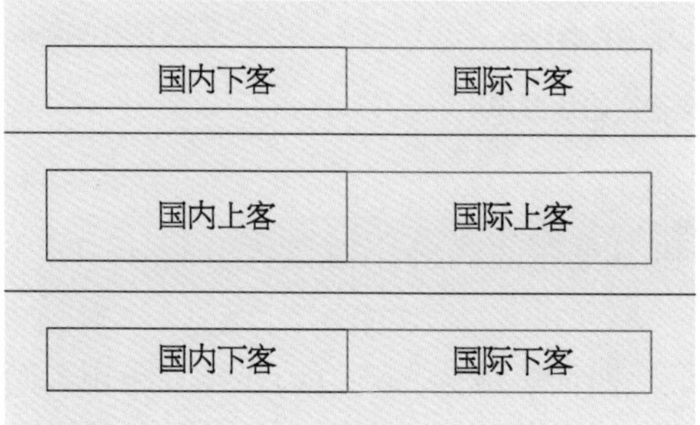

将列车分隔为国际车厢和国内车厢，同时采用"一岛两侧"式站台布置形式，并在站台面划分不同区域，满足捷运系统旅客国际到达与国际出发相分离、国际与国内旅客相分离的要求。

站台分配示意图如图 8-17 所示。

图 8-17　站台分配示意图

8.2.2.5　灵活运行工况分析

1）高峰故障

捷运系统采用双线穿梭运行模式，满足全天 24 h 运行；如果一条线出现故障，另一条线可正常运营；高峰时段通过提高旅客单位面积站立标准，单线穿梭运行即可保证旅客正常出行需求。

2）旅客走错或工作人员通行

针对旅客走错要原路返回及工作人员通行需要，考虑在正常编组列车基础上增加一节编组，在列车两端各分设返流区域，该区域反开门，供走错旅客和工作人员通行至相应站台。

3）非正常运营

（1）S1(S2)个别航班取消。避开高峰时段，在非高峰时段利用捷运列车运送至 T1(T2)。

（2）S1(S2)航班大面积取消。调整捷运列车运营计划，利用捷运列车运送至 T1(T2)，列车反开门至原出发站台。

4）航班机位调整

主要指航班由 S1(S2)出发，调整为 T1(T2)出发：捷运列车开行机位调整旅客专列至 T1(T2)，列车反开门至原出发站台。

5）突发性大运量飞机到达

主要指 S1(S2)突发性大运量飞机集中到达：捷运列车开专列至 T1(T2)，站台工作人员引导旅客快速疏散。

8.3 车辆

8.3.1 捷运系统车辆特性

本工程采用的 4 辆编组接触轨式 A 型车，虽然为常规性轨道交通车辆，但同时须适应机场捷运系统的运营特点。体现在车辆上的主要特点为：

（1）通过车内的隔离设施，分为国内、国际、其他三个乘客区，与机场对国内、国际客流和其他客流的旅客流程分开管理制度相匹配。

（2）客室门为 1.8 m 宽，客室内不设置纵向座位，仅在车厢端部设置少量座位，其余均为站立空间，满足机场内携带行李的乘客上下车迅速便捷。

（3）车辆内部装饰、空调及照明等与机场的航站楼、候机厅等空间环境相协调，使得车厢成为从航站楼到卫星厅在地下联络的延续空间。

（4）车辆采用多重降噪设计，为静音型车辆，比一般地铁车辆低 5～7 dB，满足机场乘客的高品质环境要求。

（5）为满足 24 h 不间断运营，车辆的可靠性指标提升 50%，平均无故障时间（MTBF）从 200 h 提高到 300 h，创国内最高水平。

8.3.2 车辆设计

8.3.2.1 车辆主要技术参数

1）列车编组及车辆形式

四节车列车编组　　$-Tmc * Mp * Mp * Tmc-$

式中　Tmc——拖车（带司机室，一个带受电靴的动力转向架）；

　　　Mp——动车（带受电弓，两个带受电靴的动力转向架）；

　　　－——全自动车钩；

　　　*——半永久车钩。

2）车辆自重及载客量

车辆自重：$T \leqslant 34$ t，$M \leqslant 38$ t。

3）轴重

最大轴重：16 t。

4）受电方式及电压等级

(1) 供电方式。第三轨下部接触/架空接触网。

(2) 供电电压。DC1 500 V（波动范围：DC1 000～1 800 V）。

5）车辆主要结构尺寸

列车总长度：四节编组，94 400 m；

带车钩车辆总长：动车（M 车），22 800 mm；

拖车（T 车）：24 400 mm；

车辆最大宽度：3 000 mm；

车辆最大高度：3 800 mm；

固定轴距：2 500 mm；

车辆定距：15 700 mm；

地板面距轨面高度：1 130 mm（新轮）；

车钩水平中心线距轨面高度：720 mm；

车轮直径：840 mm（新轮）；

客室净高：2 100 mm；

客室侧门：每侧 4 对；

侧门开度：1 860 mm×1 800 mm（高×宽）。

6）主要运行技术参数

最高运行速度：80 km/h。

列车启动加速度：

平均启动加速度（0～36 km/h）$\geqslant$1 m/s²；

平均加速度（0～80 km/h）$\geqslant$0.6 m/s²；

常用制动平均减速度（80 km/h～0）：1.0 m/s²；

紧急制动平均减速度（80 km/h～0）：1.3 m/s²。

8.3.2.2 车辆主要系统

1）车体及车内设备

车体为铝合金挤压型材和板材拼焊而成的无中梁低架整体承载式结构。使用寿命不低于 35 年，能承受静载荷、动载荷以及冲击载荷。车体内部采用高阻燃型、隔热隔声、低烟及无毒材料。车门采用内藏式电动门，中空安全玻璃窗。布置的座椅为高阻燃型的玻璃钢材料，车辆与车辆之间采用贯通道连接，贯通道处设可开启关闭的隔断门。每个司机室前端设置一个紧急疏散安全门。

2）转向架

采用无摇枕二系弹簧悬挂的二轴普通转向架。采用 H 型低合金钢焊接的构架，一系悬挂装置设在轴箱与转向架侧梁之间，二系悬挂设在转向架与车体之间。构架的中部设有中央牵引装置，实现低位牵引。电机采用全悬挂方式，电机与齿轮箱之间采用非橡胶弹性联轴节连接。空气制动单元悬挂在转向架构架上。

3) 牵引控制系统

电气传动系统具有牵引、再生制动和电阻制动功能。采用绝缘栅双极型晶体管(IGBT)元件或智能功率模块(IPM)作为牵引调控系统的主逆变器,实现VVVF 交流变频,控制鼠笼式三相感应电机驱动。

4) 辅助系统

辅助电源包括逆变器(DC/AC)、直流变换器(DC/DC)及蓄电池组。

(1) 辅助逆变器。采用 IGBT 元件或 IPM,将交流电机的输出电流进行逆变,从而向车辆提供 AC380 V、50 Hz 电源和 DC110 V 电源。

(2) 蓄电池。两组符合环保要求的电池,作为 DC110 V 的备用电源,容量应满足 45 min 列车紧急负载的需要。

5) 制动系统

采用模拟式电控制动系统。制动系统和轮对滑动保护系统由微处理器控制。制动系统优先采用再生制动与电阻制动、摩擦制动三种合理结合外,还附设了借助弹簧作用的停车制动。微处理器控制的模拟式制动机,使摩擦制动实现无级制动。空转和滑行保护系统,能最佳利用轮轨之间的黏着力。

6) 空调及通风

司机室和客室均设冷热通风空调系统。每节车厢内有两套车顶单元式空调机组和通风系统,风道贯通于整个车厢。

额定载客情况下,在室外温度为 35℃、相对湿度为 70％时,客室内温度为27℃、相对湿度为 63％,新风量 $\geqslant 10$ m³/(h·人)。客室的紧急通风量不小于4 000 m³/h。

7) 列车故障诊断系统

列车控制系统采用总线控制方式,包括列车控制和子系统控制,执行列车的控制,对列车状态、过程数据及故障信息进行收集,对故障进行诊断和储存,并显示。主要包括对辅助供电、车门、牵引制动控制、空调、照明、公共广播、高压设备、受电弓的检测、故障诊断、故障显示和故障储存功能。

8) ATC

车辆提供必要的预留位置,将来如有列车自动控制(ATC)设备供应商后再行设计,配置 ATC 车载设备。

9) 乘客信息系统

乘客信息系统的主要部件和基本功能有以下几个方面:

(1) 有线广播。司机通过车载广播系统向乘客进行广播,两个司机室之间或两个操纵台之间通过广播对话。

(2) 无线通信。控制中心行车调度员通过专用无线通信系统,利用车载广播系统对乘客进行广播。

(3) 视频信息系统。每节车厢内设置 8 个 LCD 显示屏,播放高质量的视频图像,实现光盘信息播放的功能,并留有通过车载无线设备实现即时插入文本的播放接口。

(4) 紧急通话。紧急情况时,乘客与司机或乘务员通话。

（5）列车通信系统。具有首尾车司机室间通话功能、司机室向客室进行人工及自动广播及报站功能以及乘客与司机紧急通话功能。

8.4　限界设计

限界是指为了确保机车车辆在铁路线路上运行的安全，防止机车车辆撞击邻近线路的建筑物和设备，而对机车车辆和接近线路的建筑物、设备所规定的不允许超越的轮廓尺寸线。限界设计是保证捷运车辆安全运营的必要条件。

8.4.1　设计原则

（1）限界应根据车辆的轮廓尺寸和性能、线路特征、设备安装及施工方法等因素，经技术经济比较综合确定。

（2）限界应保证列车高速、安全、正常运行。确定限界尺寸应经济合理，能满足各种设备和管线安装的需要。

（3）建筑限界中不包括测量误差、施工误差、结构沉降、位移变形等因素。

（4）限界一般是先按直线线路状态定制；曲线地段及道岔区限界在此基础上，经过计算予以加宽和加高。

（5）建筑限界以内、设备限界以外的空间，用来安装各种设备及管线。任何设备及管线均不得侵入设备限界，以保证列车按最高设计速度安全正常地运行。

（6）限界按列车最高行车速度 80 km/h 设计。

（7）本工程为机场内运输系统工程，在 T1/T2 建设时已经进行了部分土建的预留。限界设计，须考虑既有建成条件限制因素。

8.4.2　车辆轮廓线、车辆限界和设备限界

1）车辆轮廓线

车辆轮廓线是指计算车辆停在直线上，车辆中心线与线路中心线重合时，计算车辆横断面上最外点的连线。

2）车辆限界

车辆限界是指计算车辆在正常运行状态下的最大动态包络线。直线地段车辆限界应根据车辆轮廓线和车辆有关技术参数，在最高行车速度条件下，在静态和动态情况下的横向和竖向偏移量及偏转角度，结合轨道有关参数和接触网相关条件，按规定的计算方法确定。

3）设备限界

设备限界是车辆限界外用以限制设备安装侵入的界线。构筑物及固定设备的任何部分包括它们的刚性和柔性运动在内，均不得侵入此限界。

8.4.3　建筑限界

1）区间直线段双线矩形隧道建筑限界

最小线间距为 4 600 mm，线路中心线至边墙内侧距离 2 000 mm，线路中心线

至中墙侧距离 2 200 mm。其中疏散平台设置在线路中间,中隔墙厚度 d 及施工误差最大为 200 mm。建筑限界总宽度:2 000×2 + 2 200×2 + 200 = 8 600(mm)。其中已建既有段内最小轨道结构高度为 360 mm,建筑限界高度轨面以上最小为 4 090 mm。

主要应用于 T2 站至 S2 站区间,为双线矩形隧道区间。其中除两段接车站处为曲线,其余均为直线段(直线段区间为已建预留工程)。

2)区间直线段单线矩形隧道建筑限界

线路中心线至内边墙内侧距离 2 400 mm,线路中心线至外边墙内侧距离 2 100 mm。建筑限界总宽度为 4 500 mm。建筑限界高度轨面以上 4 200 mm。主要应用于 S2 站至 T4 预留站区间,为单线矩形隧道区间。

3)区间直线段单圆隧道建筑限界

单圆隧道建筑限界圆直径 5 600 mm。主要应用于 T1 站至 S1 站及 S1 站至 T4 预留站区间,均为单圆隧道区间。

4)直线段地下岛侧式车站建筑限界

为减小乘客上下车站台与车辆地板面的间隙和高差,站台至轨面高度 1 100 mm,线路中心线至站台边缘距离 1 560 mm,线路中心线至屏蔽门边缘距离 1 630 mm。建筑限界高度为轨面以上 4 200 mm + 排热风道外结构尺寸。

主要应用于 T1 站、S1 站、T2 站及 S2 站四个车站,均为地下岛侧式车站。

8.5 轨道

捷运系统为钢轮钢轨制式。由于捷运系统与航站楼结合设置,给轨道系统的设计和施工提出了挑战。

8.5.1 控制因素和设计重难点

1)T2 既有段长距离薄型轨道结构设计

浦东机场二期工程实施过程中,在 T2 下预留了捷运系统的车站建筑空间,同时预留了 T2 指廊范围内的区间结构,结构内净空为 4.5 m(高)×8.6 m(宽)。留给轨道结构的建筑高度最小处仅为 360 mm,小于常规地铁设计的轨道建筑高度,且涉及长度约 620 m,区段较长。

预留段轨道结构高度不足问题,涉及轨道结构本身的强度、稳定性、耐久性等问题,还涉及道床排水、杂散电流防护等相关问题。

2)T1 既有段薄型钢弹簧浮置板道床设计

浦东机场 T1 改造的同时,已预留实施一段长约 351 m 的地下旅客捷运通道(图 8-18)。既有隧道内轨道结构高度预留空间最小仅 560 mm 高,考虑到车站范围是环境敏感地段,拟采用钢弹簧浮置板减振道床,一般钢弹簧浮置板减振道床结构需要的轨道结构高度为 800 mm。

目前国内浮置板道床按 560 mm 高度设计的,上海地铁 5 号线南延伸段有工程实例,但其为 C 型车、高架线,本工程为 A 型车、荷载大,因此仍需要对该段浮

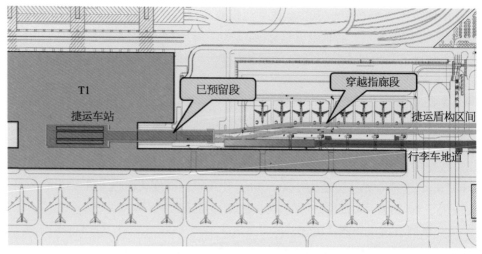

图 8-18　T1 捷运预留段示意图

置板道床进行特殊设计。

3）超大线间距道岔区钢弹簧浮置板设计

由于航站楼旅客管理特殊流程需求，捷运车站为一岛两侧站型，S1、S2 站捷运线间距达 23 m，由于交叉渡线紧邻站台设计，道岔区线间距仍维持在 23 m，同时考虑卫星厅的环境敏感性要求，设置为钢弹簧浮置板形式。

目前国内地铁 60 kg/m 钢轨 9 号交叉渡线常用的线间距为 5 m，道岔为标准图，近 10 年仅上海地铁 11 号线运用过 13.2 m 的交叉渡线，尚无 23 m 线间距交叉渡线且为浮置板道床的工程实例，同时道岔区的排水也需要精细化组织。这对轨道专业的设计、施工又提出了巨大的挑战。

4）特殊组合道岔设计

为满足浦东机场四期规划、建设相关需求，灵活衔接近、远期工程，在预留 T4 的道岔区，设置了特殊组合交叉渡线道岔区。而目前通用的标准图中，只有 13.2 m 的交叉渡线、4.6 m 的交叉渡线和 4.2 m 的单渡线，本工程的特殊组合道岔区，无法直接套用标准图，则须在标准图的基础上，进行重新组合、布置、调整。

特别是该道岔区位于远期预留航站楼的范围内，设置了钢弹簧浮置板道床进行减振降噪，须根据特殊组合道岔的总布置图进行量身定制，浮置板的板块划分、隔振器布置、排水组织都须进行针对性的设计和施工。常规道岔设计和生产周期长达数月，在工期紧、施工质量要求高、道岔拼装复杂、浮置板施工工作量巨大的情况下，对设计、施工是一个重大的难题。

5）高减振降噪要求的空侧捷运轨道结构设计

本工程为机场内部的旅客捷运系统，线路较多地段处于航站楼、卫星厅、指廊建筑下方或紧邻建筑物。考虑到航站楼、卫星厅对减振降噪的要求较高，设计采用轨道结构的各种减振降噪工程措施。

6）有限空间的大能力车挡设计

T1、T2 预留土建结构内，留给车挡的安装和工作空间十分有限，需要在

6.5 m 的轨道占用长度内,满足 A 型车 4 辆编组(重载工况 256 t)、允许撞击速度 15 km/h 的条件要求。目前申通地铁标准化产品中,用于常规正线的同类车挡,其轨道占用长度最小是 8 m,本工程的空间条件十分有限,需要在安全验算和产品设计上进行针对性深化设计。

7)系统化的轨道排水设计

常规地铁的轨道排水,仅进行标准断面的绘制。本工程存在轨道结构类型多、既有结构限制多、T2 既有段超薄道床排水难、大线间距浮置板需针对性设计、泵房接口类型繁杂等情况,对轨道排水设计提出了新的要求。需要运用系统化的设计思维,加以节点精细化的设计理念,与排水、建筑、管线等专业进行全方位的协调和考虑。排水沟的坡度、坡长随着各种工况而设置不同值,对轨道施工也提出了较高的要求。

8.5.2　轨道设计方案及研究

8.5.2.1　T2 既有段长距离薄型轨道结构设计

1)轨道结构方案专题设计

在设计阶段,针对最小轨道结构高度 360 mm 的条件,提出了两个轨道结构方案。

(1)设计方案研究。

① 方案一:无枕式整体道床。

建筑高度小,配合带轨底坡、低高度的减振扣件使用。施工时,先凿毛既有结构底板,将钢轨、扣件按照设计标高固定好后,整体浇筑道床,道床采用 C40 混凝土。方案一断面示意图如图 8-19 所示。

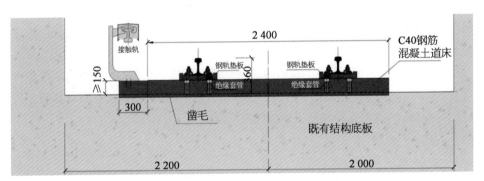

图 8-19　轨道结构方案一整体道床断面示意图

② 方案二:特殊短轨枕式整体道床。

特殊短轨枕采用 C50 混凝土预制。针对高度限制的实际情况,短轨枕高度采用 10 cm,固定扣件用的绝缘套管预埋在短轨枕中,套管底部局部露出短轨枕。道床采用 C40 混凝土。轨枕露出道床面不小于 1 cm。方案二断面示意图如图 8-20 所示。该方案优点在于:基本同传统的轨道结构施工工艺,施工相对简单,扣件可以不带轨底坡。

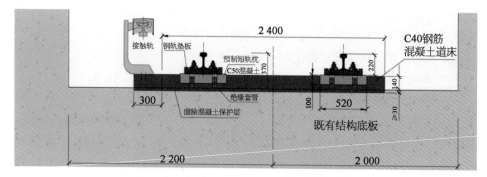

图8-20 轨道结构方案二整体道床断面示意图

由于方案二较方案一多了二次浇筑混凝土接触面,且轨枕下道床厚度较小,不易捣固,施工质量不易保证。加之参考国内其他工程类似工况的解决方案,本工程推荐采用方案一。

(2) 轨道结构科研专题。针对本段实际情况及低高度的特殊要求,本段特殊超薄型轨道结构实施方案设立科研专题进行了研究。经过详细的理论计算、试件试验等工作,形成了专题研究报告并通过了评审,理论研究及试验结果均满足设计及使用条件要求。在认真吸收专题评审意见基础上,形成了最终的施工图实施方案。

根据研究报告及专题专家评审意见,推荐方案一作为实施方案,并采取了一定的加强措施:采用减振性能较好的低高度扣件,以适当减小对道床的振动影响;在既有结构底板上植筋与道床连接,以加强道床的整体性;提高道床混凝土强度,采用C40混凝土,并掺复合纤维,以增加道床混凝土抗裂性能,提高使用寿命;种植钢筋时采用绝缘胶,且种植钢筋与道床钢筋之间采用绝缘固定,以增强防迷流性能。

(3) 轨道结构实施方案。在该段轨道结构实施前,细化了本段的施工组织方案(图8-21)。在大面积施工前,做了一段试验段,根据试验段情况对局部施工进行了优化调整,以确保特殊段道床的施工质量。

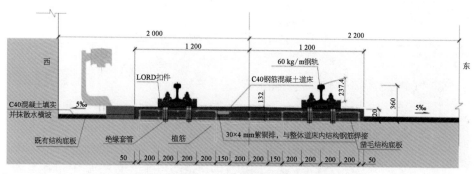

图8-21 轨道结构实施方案整体道床断面示意图

2) 轨道结构方案仿真研究

针对道床板厚度不足问题进行理论研究分析。主要开展以下四方面工作：① 垂向整体受力计算与配筋检算；② 纵横向整体受力和变形分析；③ 关键部位局部受力分析；④ 轨道结构动力响应分析。轨道结构仿真整体模型图如图 8－22 所示。

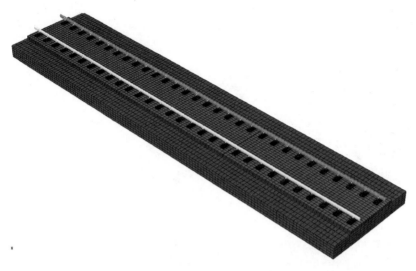

图 8－22　轨道结构仿真整体模型图

研究表明：① 道床板配筋满足检算要求；② 植入钢筋能保证轨道结构正常剪切荷载的传递，轨道结构的纵横向稳定性满足要求，且有较大的安全储备；③ 抗拔力和横向力单独和综合作用下，螺栓和套管强度均能满足使用要求；④ 轨道结构完整情况下，道床板厚度不足对轨道结构动力响应影响不大。

因此在施工中要注意以下几点：

（1）扣件位置根据需要采取相关工程措施满足扣件相关铺设条件，并保证新老混凝土黏结完好。

（2）浇筑道床板之前，道床板与结构底板之间去除薄弱层，保证两者有效黏结；浇筑道床板时确保混凝土振捣密室，保证结构具有设计强度。

3) 轨道结构方案试验研究

按照初步拟定的轨道结构方案，制作了比例 1∶1 的 2 块轨道板，在试验室进行了静载（图 8－23）、疲劳（图 8－24）、螺栓抗拔、植筋剪力小试块等试验。

试验成果通过了专家评审和相关部门的确认。试验结论显示：

（1）本工程设计的超薄型无枕式整体道床，经过静载、疲劳试验等试验研究分析，相关指标满足规范要求，具有可行性和可靠性。

（2）施工现场浇筑超薄型轨道板时，板底与基础的接触及基础的稳定是保证超薄型轨道结构稳定运行的关键，须增强施工质量的保障。

图8-23　试验室静载试验照片

图8-24　试验室疲劳试验照片

4）超薄压缩型减振扣件专题设计

针对 T2 既有段轨道结构方案，为满足轨道结构总体高度低、扣件减振效果好、同时带轨底坡的工况需求，进行了针对性的产品研发和设计，并通过了申通技术中心组织的专题评审。

超薄压缩型减振扣件（图 8-25）的垂向静刚度为 15～22 kN/mm，动静

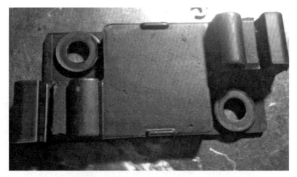

图 8-25　超薄压缩型减振扣件

刚度比小于1.3,使用高度为38 mm,300万次疲劳试验后扣件外观无损伤,轨距扩大量小于4 mm,静刚度变化率小于15%,纵向阻力变化率小于20%,减振效果为7.42 dB(落锤法)。通过了各项检测,满足了本工程的使用要求。

铺轨施工单位同步对无枕式、带轨底坡扣件的工装进行了针对性改进,并充分考虑到超薄道床的特点,针对扣件螺栓范围进行了加密振捣,并增设了透气垫板进行辅助施工。

8.5.2.2　T1既有段薄型钢弹簧浮置板道床设计

针对T1既有段的轨道结构高度预留最小560 mm的情况,开展了专题设计,重新进行了浮置板的相关设计、计算。为提高减振效果,增加参振质量,提出了在道床板中心增设凸台的设计构想,并设计了超薄型短轨枕进行配套,解决了常规钢弹簧浮置板要求800 mm高度的问题。T1捷运浮置板道床横断面示意图如图8-26所示。

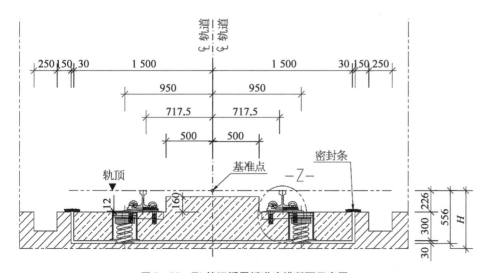

图 8-26　T1捷运浮置板道床横断面示意图

8.5.2.3 超大线间距道岔区钢弹簧浮置板设计

23 m 线间距交叉渡线浮置板道床道岔区现场图如图 8-27 所示。道岔浮置板设计存在以下难点：

图 8-27　23 m 线间距交叉渡线浮置板道床道岔区现场图

（1）平衡性（不对称荷载）。通过适当调高两侧隔振器刚度，限制单侧荷载下的变形。

（2）板块划分。异形板较多，标准断面较少，设计复杂，施工难度大。

（3）板厚确定（轨枕、转辙机的匹配性）。考虑可配筋混凝土层（枕下、坑下）厚度，决定不小于 250 mm 确定。

（4）隔振器布置。基底水沟，避开隔振器。

（5）排水。针对道床两侧侧沟、中心沟，结合线路坡度、底板面坡度进行精细化设计。

（6）局部加强（转辙机坑）。为方便道岔滑床板安装，减少脱空现象，同时保证转辙机坑附近道床面混凝土不碎裂脱落，对局部节点进行了强化设计。

（7）减振要求。道岔区振动比一般整体道床区域振动加速度 Z 振级高 5dB 以上。

针对浦东机场捷运系统设计周期短、施工工期进展快，须对以下关键技术进行计算：

（1）结构配筋计算；

（2）钢轨变形验算；

（3）钢轨强度验算；

（4）剪力铰强度验算；

（5）隔振器位置浮置板抗冲切验算；

（6）隔振器强度及疲劳寿命验算。

8.5.2.4 特殊组合道岔设计

由于土建空间紧张，为满足捷运系统规划复线的近远期衔接需求，对标准的 13.2 m 线间距交叉渡线进行了配线方案专题研究，最终得到如图 8-28 所示的组合道岔形态。由于无法直接采用申通标准图，联合我国国内顶尖道岔专业设计单位，对特殊组合道岔进行了专项设计，并对道岔区内每一根轨枕、扣件、配轨进行了具体设计。

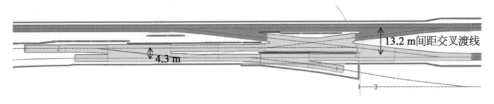

图 8-28　特殊组合道岔区示意图

8.5.2.5 高减振降噪要求的空侧捷运轨道结构设计

设计要点如下：

（1）车站位于航站楼、卫星厅内，重点考虑减振，设置金属弹簧隔振系统浮置板，确保轨道的强度和稳定性，浮置板系统的减振效果在 50 年内衰减小于 5%，隔振器的关键部件使用寿命应该在 50 年以上。同时辅以迷宫式钢轨阻尼器进行降噪（图 8-29）。

（2）航站楼及卫星厅指廊段，根据线路距离楼宇的远近，考虑轨道减振措施。距离较近的 T2、S2 指廊段，设置金属弹簧隔振系统浮置板；距离较远的 T1、S1 指廊段，设置扣件减振措施。规划 T4 段，亦考虑采用金属弹簧隔振系统浮置板。

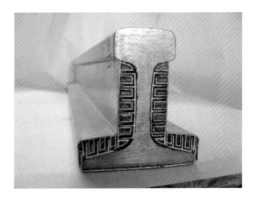

图 8-29　迷宫式钢轨阻尼器

（3）T2 侧既有土建结构段，受建设高度限制，采用特殊设计带轨底坡的薄型压缩型减振扣件。

浦东机场捷运轨道减振降噪布置示意图如图 8-30 所示。

8.5.2.6 有限空间的大能力车挡设计

针对 T1、T2 预留土建空间有限的情况，本工程挡车器配置要求特殊的线路

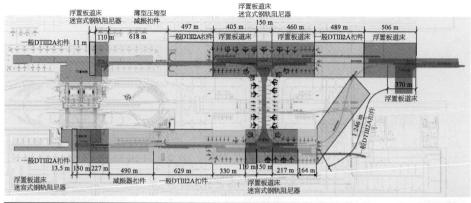

軌道結構選型方案:

	形式:浮置板道床+迷宮式鋼軌阻尼器。	位置:捷運車站。
	形式:浮置板道床。	位置:指廊、站坪。
	形式:特殊設計薄型壓縮型減振扣件。	位置:T2既有結構段。
	形式:常規地下線軌道結構。	位置:穿滑行道等地段。
	形式:軌道減振器扣件。	位置:平行指廊段。

图 8-30　浦东机场捷运轨道减振降噪布置示意图

工况,且进行特殊设计。经过方案论证,最终确定采用申通地铁匹配的"轨道挡车器设计通用图"框架内 STD11 型车挡,进行大能力双缸液压缓冲挡车器深化设计和研究。

经过设计联络、方案计算以及现场定测、精细化定位和安装,本工程的大能力车挡系统能力达到 1 400 kN,能够满足 15 km/h 撞击速度、6.5 m 占用轨道长度的条件要求,起到了轨道安全最后一道防线卫士的作用。

8.5.2.7　系统化的轨道排水设计

1) T2 既有段超薄道床轨道排水设计

既有预留段区间为线路平坡,底板平坡,每隔 80~100 m 设 1.5 m×1.5 m 集水井,并于隧道东侧设排水明沟,沟宽 400 mm。但由于既有段轨道结构高度有限,道床面排水进行了特殊设计,采用道路边沟的设计理念,设置挑水点和落水点进行纵向排水组织,引入集水井。并加大轨道横截沟的设置密度,横向 + 纵向排水组合,增强排水能力。

2) 道岔区排水设计

针对每个道岔区不同的线路坡度、底板坡度、转辙机坑集水井设置、废水池位置,提出了具体的排水沟坡度、坡长、标高要求,通过横沟、侧沟、中心沟、局部散排的综合统筹,施工单位也进行高精度的放样、定位、施工,保证道岔区排水通畅。

8.5.3　高精度测量-调线调坡设计-精细化施工动态配合

8.5.3.1　T2—S2 区间土建建设概况

T2—S2 区间土建结构的设计施工,大致分为以下三个阶段:

（1）在 T2 实施时，按照当时的规划要素，在航站楼指廊长度范围内同步预留了 620 m 的捷运隧道土建结构，长约 620 m。

（2）在机场三期全面启动建设前，利用 5 号机坪改造及下穿通道项目，先期建设下穿现有北滑行道段的捷运隧道土建结构，长约 597 m。

（3）与机场三期同期建设的 S2、T2 外的捷运车站土建结构。

T2—S2 区间土建结构三个阶段平面示意图如图 8-31 所示。

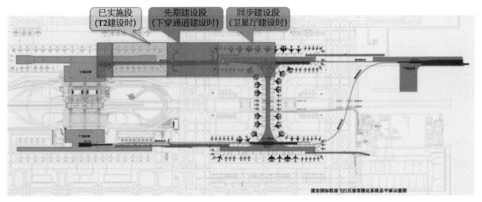

图 8-31　T2—S2 区间土建结构三个阶段平面示意图

三个阶段的设计、施工时间不一，当时的设计标准也有所不同，而且各阶段历时较长，施工测量放样的基准点也存在一定量的系统误差。这些因素对 T2—S2 的捷运系统方案、轨道系统设计、施工都带来较大的挑战。

T2 预留的捷运通道断面示意图如图 8-32 所示，下穿通道建设段横断面图如图 8-33 所示，捷运横断面图如图 8-34 所示。

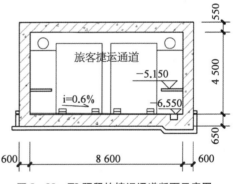

图 8-32　T2 预留的捷运通道断面示意图

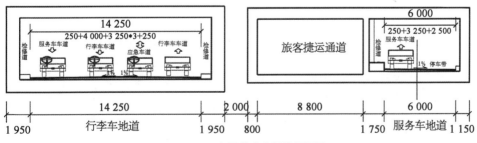

图 8-33　下穿通道建设段横断面图

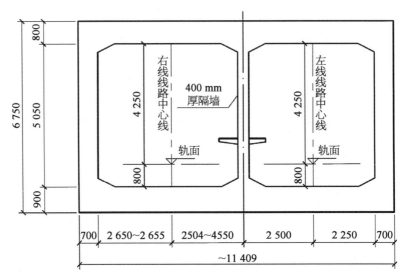

图 8‑34　捷运横断面图

浦东国际机场卫星厅及捷运系统工程

8.5.3.2　捷运铺轨及附属工程实施要求及情况

根据消防要求,本段区间矩形隧道双线之间须加设中隔墙及疏散平台。按照捷运系统运营需求,每线两侧均布置有强弱电、给水管、排水泵及管等设备。

由于地道空间尺寸较小,尤其是 T2 指廊侧既有地道段,在实施过程中多次细化总体限界断面布置,并对中隔墙及疏散平台施工提出了严格的施工控制要求。

由于施工误差、沉降变形等因素,通过多次贯通测量及调线调坡断面测量并分析后,结合地道的实际形态,拟定限界控制断面分别如图 8‑35、图 8‑36所示。

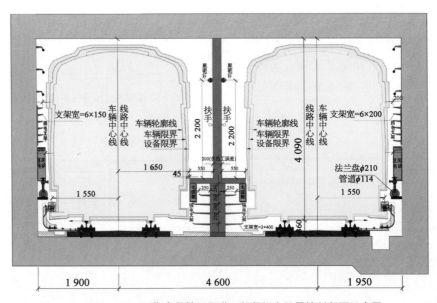

图 8‑35　T2 指廊段捷运通道一般段拟定限界控制断面示意图

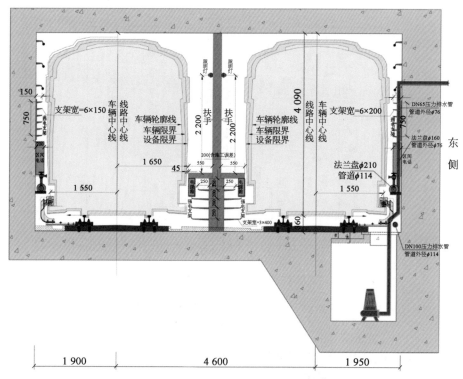

图 8-36 T2 指廊段捷运通道集水坑处拟定限界控制断面示意图

在实际做调线调坡方案设计中,有条件时应尽量放大线路中心线至侧墙的间距,以利于设备安装。

在设备安装、中隔墙及疏散平台设计、施工时,应严格按断面要求实施。

8.5.3.3 中隔墙及疏散平台处理

根据限界断面布置,留给中隔墙及疏散平台的实施空间有限,考虑到施工误差,中隔墙及疏散平台实施做特殊处理。

1) 设计方面

中隔墙厚度设计为 160 mm,疏散平台宽度 550 mm,如图 8-37 所示。

2) 施工放样要求

考虑到限界受控,要求中隔墙、疏散平台整体向线路两侧的施工误差应控制在 10 mm 以内。施工测量放样,纳入铺轨同一测量控制网,同时建议按照 CPⅢ精度放样。

8.5.3.4 捷运铺轨实施阶段设计方案细化调整

考虑到 T2 指廊侧既有段结构空间受限,且存在施工误差及沉降变形等因素,在 T2—S2 区间铺轨前,经过多次测量、多次调线调坡方案细化,并召开了多次专题讨论会。最终通过以下措施保证施工质量:

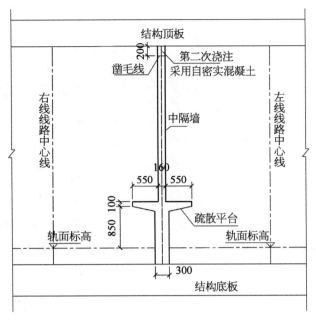

图 8-37　中隔墙及疏散平台设计断面示意图

（1）制作试验段，模拟各类管线的安装条件；

（2）优化细化限界断面，考虑地道排水方案及其设备布置；

（3）对后续的中隔墙、疏散平台的施工及测量放样纳入铺轨同一测量控制网，同时按照 CPⅢ 精度进行控制。

8.5.4　轨道施工

8.5.4.1　轨道施工基本情况

轨道主要施工内容为捷运系统正线、辅助线、出入场线、车辆基地轨道工程施工，共铺轨 12.165 km，其中车辆基地整体道床 0.854 km、出入场线整体道床 0.752 km、正线钢弹簧浮置板道床 3.231 km、正线一般整体道床 6.084 km、正线无枕式整体道床 1.236 km，60-9 号单开道岔 1 组、60-9 号 10.5 m 间距交叉渡线道岔 1 组，60-9 号 13.2 m 间距钢弹簧浮置板交叉渡线道岔 1 组，60-9 号 23 m 间距弹簧浮置板交叉渡线道岔 2 组，无缝线路施工 12 km。在车辆基地地面段设置铺轨基地一处。

8.5.4.2　轨道施工总体筹划

根据铺轨基地及下料口位置、土建移交时间等情况，按照整体道床、无缝线路两个主工序，将本工程划分为 4 个施工单元，其中整体道床划分 3 个施工单元、无缝线路划分 1 个施工单元，整体道床施工围绕 1 个正式铺轨基地展开，总体施工围绕铺轨基地采用"机械铺轨"施工方案组织流水施工，轨道工程按照整体道床和无缝线路两个主工序部署 3 个项目队，其中整体道床部署 4 个机铺作业面、1 个散铺作业面，无缝线路部署 1 个作业面。预留 T4 车站、S1 车站、S2 车站各设计 1

组交叉渡线,为节约工期,在条件允许的情况下,车站道岔在铺轨到达前提前散铺施工。

无缝线路划分1个施工单元,投入1套焊轨设备,整体道床完成15 d和具备转线条件后,开展无缝线路施工,采用移动式闪光焊机将25 m标准轨焊接成单元轨节,然后通过"拉伸法"或"滚筒法"进行应力放散,最后采用"连入法"形成无缝线路。

铺轨工序进度指标见表8-4。

表8-4　铺轨工序进度指标

序号	主要工序名称	进度指标
1	地下线现浇普通整体道床	机铺75 m/d(一个工作面);散铺50 m/d(一个工作面)
2	现浇浮置板整体道床	25~50 m/d(一个工作面)
3	整体道床单开道岔	5~7 d/组
4	整体道床交叉渡线道岔	28 d/组
5	现浇浮置板整体道床交叉渡线道岔	50~60 d/组
6	单元轨节焊接、线路应力放散及锁定	150~200 m/d

8.5.4.3　轨道施工技术亮点

1) 采用CPⅢ控制网及轨道精调技术

为达到较好的旅客乘坐舒适度及车辆与站台之间界限的优化,引用高铁CPⅢ控制网测量技术和轨道精调技术。利用CPⅢ轨道控制网,通过全站仪观测轨道几何状态测量仪上的棱镜,轨道几何状态测量仪采用"走-停"测量方法。将轨道几何状态测量仪推动到待检测部位,由计算机专业软件计算当前轨道位置与设计位置的偏差,并将偏差量进行实时显示,指导进行轨排平面、高程、超高的调整,来精确控制轨道的实际位置与理论位置的绝对偏移量,测量精确度可到达0.1 mm。CPⅢ控制网测量如图8-38所示。

图8-38　CPⅢ控制网测量

2）采用预制装配式浮置板道床技术

捷运系统在航站楼及卫星厅站范围铺设预制装配式钢弹簧浮置板道床约2 km，预制浮置板提前在工厂内进行短板预制生产，现场采用地铁铺轨车进行预制板铺设（图8-39）。采用预制装配式浮置板道床技术，对于提高工程整体进度和工程质量效果明显，具有生产标准化程度高、节能环保、便于后期运营维护等特点。

图8-39　装配式浮置板道床施工现场

3）在钢轨焊轨机发电机组安装尾气净化装置

针对T1、T2既有段车站内作业环境要求高的情况，通过加装柴油发电机组尾气净化装置，减少焊轨时发动机尾气的排放，使隧道内环境和员工的职业健康得到有效保护。钢轨焊现场图如图8-40所示。

图8-40　钢轨焊现场图

4）使用电力轨道车作为铺轨施工运输动力

随着地铁工程建设节能环保要求的不断提高，在捷运线使用了无燃料绿色动力地铁机车,采用直-交流传动标准轨距蓄电池动力机车(图8-41)。该电动机车作为地铁施工中运输牵引,具有节能减排、降低噪声等优点。

图8-41 电力轨道车

5) 使用轮胎式铺轨机、轮胎式混凝土运输车

采用橡胶轮胎替代传统轮轨运行方式,避免在隧道壁打孔,加强对隧道产品的保护。轮胎式铺轨机(图8-42)具有自动变跨和轮胎多角度旋转功能,可适应圆形、矩形、车站、高架多工况运行,其上车载影像系统、盲区可视化、红外线防撞报警、防倾翻装置等功能的设置,提高了安全性能;吊装三维调整装置实现施工精确对位,提高机械化强度,加快施工进度。

图8-42 轮胎式铺轨机

第9章
捷运系统车站建筑

整个浦东机场捷运系统三期工程,共设置了4座地下站——T1站、T2站、S1站、S2站,远期预留了结合 T4 建设、设置 T4 站条件。所有捷运车站站台层均位于航站楼或卫星厅地下一层,通过站台公共区的自动扶梯及电梯,与上部出发层、到达层沟通。

9.1 T1 站

9.1.1 车站总平面图

T1 站土建部分为前期 T1 改造工程中的一个分项工程,土建工程随 T1 改造工程先期预留。

车站站台乘降区部分位于 T1 主楼、长廊及南北连廊之间的中央庭院下方,南北向布置,主楼外墙南侧布置了车站区间设备用房区。T1 站总平面图如图 9－1 所示。

图 9－1 T1 站总平面图

9.1.2　车站规模

根据总体系统布置要求,考虑到到达、出发分开和国内、国际分开的客流组织原则,T1 站采用地下一层一岛双侧的布置形式。地下一层为捷运站台层,地上部分为 T1。其中岛式站台宽 12 m,侧式站台宽 11 m,主要根据扶梯布置及上部柱网设计确定。

车站北端为线路起点,南端为盾构区间。

车站有效站台部分与上部建筑结合,顶板即上部建筑的底板。有效站台中心处轨面标高 -1.870 m,底板底面至地面层内地坪高度为 8.549 m。T1 站有效站台区剖面图如图 9-2 所示。

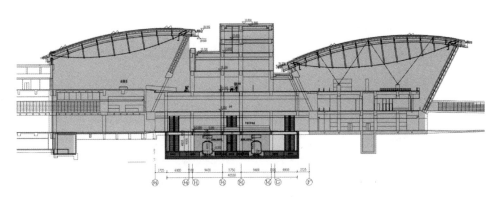

图 9-2　T1 站有效站台区剖面图

该段范围内线路平坡,底板采用 0.2% 解决排水问题。

9.1.3　车站建筑布置

捷运 T1 站功能使用空间均布置在地下一层内,地面层仅为与上部建筑结合的疏散口、楼扶梯及风井部分。

地下一层车站部分结合功能布置分为三大部分,即站台乘降区、穿越既有连廊段和设备用房区。

1) 站台乘降区

站台乘降区位于既有主楼与长廊南北联系廊间的中间庭院下方,该段车站内净总长 132 m,内净总宽 40.55 m。

南北地下室外墙与既有连廊承台净距按 5 m 控制,保证了施工期间既有结构的安全。

站台乘降区建筑布置如图 9-3 所示。

2) 穿越既有连廊段

线路出有效站台后,须穿越既有的 T1 主楼与指廊间的连廊。为保证既有柱墩及承台的安全,该区域采用单线单洞的矩形明挖结构形式进行穿越。该段区域总长约 66 m。T1 站穿越既有连廊段平面布置图如图 9-4 所示。

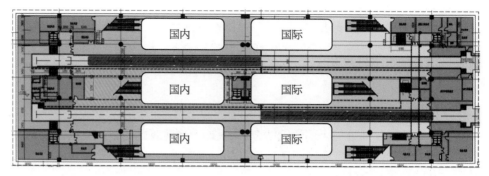

图9-3　站台乘降区建筑布置

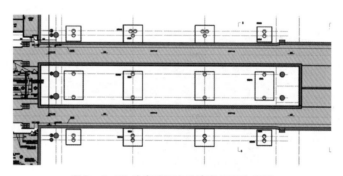

图9-4　T1站穿越既有连廊段平面布置图

3）设备用房区

为保证盾构施工覆土要求,线路穿越既有连廊后,仍设置了约150 m的明挖段。本着充分利用空间、集约化用地的原则,设计利用该段明挖空间,整合车站的设备用房(包括区间风机房及变电所)。该段车站总长153.5 m,内净总宽20.15 m。

主要设备用房包括供车站的降压变电所、区间的活塞机械风机房、线路废水泵房等设备房,同时设置为这些设备服务的小通风机房及独立的人员疏散口。T1站区间设备房区平面布置图如图9-5所示。

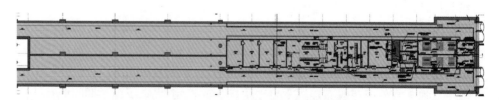

图9-5　T1站区间设备房区平面布置图

9.1.4　防灾设计

9.1.4.1　车站防灾设计标准

捷运车站参照城市轨道交通工程,设置有防火灾、水淹、风灾、地震、雷击和停车事故等灾害的设施,并以防火灾为主。

1) 建筑等级

一级耐久年限 100 年的重要交通建筑。

2) 耐火等级

一级。

3) 防洪设计要求

大部分出入口、风井与地面建筑结合。独立设置的疏散口地坪高出周边室外地面 0.30 m,且设高度不小于 0.8 m 的防淹闸槽。

4) 人防设计

地下一层与地面为捷运车站不可分割的一个整体,上下沟通的风井及管线众多,穿越楼板的垂直交通节点 20 余处,且车站在地下段与地下区间也有大量强电、弱电及给排水管线穿越,暂时对地下一层进行封闭比较困难,无法达到人防要求且会对捷运系统的正常使用造成重大影响,在工程内没有设置等级人防或兼顾设防工程。

9.1.4.2 车站建筑防火

目前国内尚未有专门的捷运系统设计规范,但考虑到其运营组织模式、系统制式、客流特征均与轨道交通有一定的相似性,故本次捷运车站设计参照轨道交通设计规范。

1) 防火分区

结合地铁规范,本站共划分为两个防火分区,其中站台乘降区划为一个防火分区,建筑面积为 5 514 m²。明挖段设备用房区划为一个防火分区,建筑面积为 882 m²。T1 站防火分区图如图 9 - 6 所示。

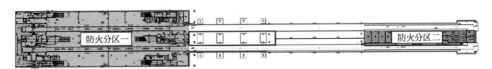

图 9 - 6 T1 站防火分区图

车站综控室、弱电综合室/电源室、变电所、配电室等重要设备用房,采用耐火极限不低于 3 h 的隔墙和耐火极限不低于 2 h 的楼板,与其他部位隔开。建筑吊顶应采用不燃材料。

2) 安全疏散

结合地面一层行李机房布置,该防火分区只有在西侧站台具备设置出地面安全出口条件。故在该站台南北两端设置出地面的防烟楼梯间,本站台任意一点至楼梯间距离小于 50 m,满足轨道交通设计规范要求。

东侧站台及中部站台安全疏散则采用如下路径:

站台北侧设一条安全走廊绕过线路末端,连接东站台、中部站台至西侧站台的防烟楼梯间,该走廊按扩大前室设计,设正压送风。

站台南侧在底板下设通道跨线接入西侧站台防烟楼梯间,该通道同样按扩大前室设计,设置正压送风。

站台乘降区安全疏散示意图如图 9－7 所示。

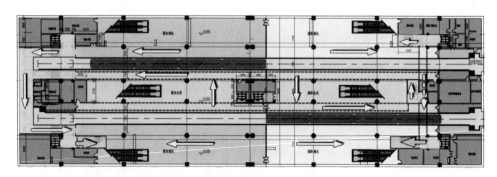

图 9－7　站台乘降区安全疏散示意图

9.2　S1 站

9.2.1　车站总平面图

S1 站位于 S1 的中部地下一层,结合上部新建工程,统一考虑柱网布置,有效站台南端设交叉渡线。车站两端均为盾构区间。

本站为地下一层一岛两侧式站,岛式站台宽度为 20 m,两边侧式站台有效宽度均为 7.5 m,车站内净总长为 485 m,有效站台处内净总宽为 77.55 m。

S1 站总平面图如图 9－8 所示。

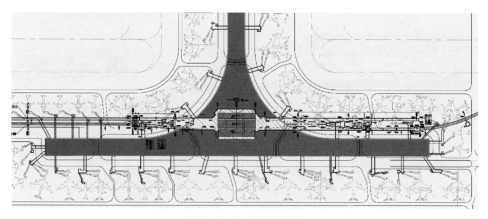

图 9－8　S1 站总平面图

9.2.2　车站规模

根据总体系统布置要求,考虑到到达、出发分开和国内、国际分开的客流组织原则,S1 站采用地下一层一岛双侧的布置形式。地下一层为捷运站台层,地上部分为 S1。其中岛式站台宽度宽 20 m,侧式站台有效宽度为 7.5 m,主要根据上部柱网设计确定。

车站有效站台部分与上部建筑结合,与上部建筑统一考虑。有效站中心处轨

面标高 - 2.355 m;底板底面至地面层内地坪高度为 9.640 m。S1 站有效站台中心剖面图如图 9 - 9 所示。

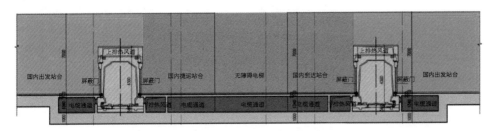

图 9 - 9 S1 站有效站台中心剖面图

为保证盾构施工要求及配线设置要求,卫星厅南北楼外车站各有 50 m、150 m 的明挖段。

由于该段区域位于楼外,为机场站坪区,考虑管线敷设要求,覆土按 2.0 m 控制。车站北端与盾构区间分界处轨面标高 - 4.137 m,端头井处底板底面至地面高度为 12.0 m;车站南端与盾构区间分界处轨面标高 - 4.035 m,端头井处底板底面至地面高度为 11.9 m。S1 站纵剖面图如图 9 - 10 所示。

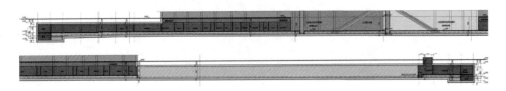

图 9 - 10 S1 站纵剖面图

为解决排水问题并保证盾构推进覆土要求,车站北端线路由南向北采用 0.2% 下坡,南端由北向南采用 0.2% 下坡。

9.2.3 车站建筑布置

主要功能区域布置在地下一层。

其中部为有效站台区,供乘客乘降使用。根据客流双分开的原则,岛式站台为到达站台,侧式站台为出发站台。同时三个站台中部用栏杆隔离:北侧部分为国内乘客使用,南侧部分为国际乘客使用。每个站台均设置有一组双扶及两部无障碍电梯与卫星厅出发层、到达层进行连接。该区域由上部建筑设计单位统一考虑。

中部岛式站台北端设置车站的弱电用房,包括弱电综合设备室、弱电电源室、屏蔽门设备室、配电间、环控电控室、气瓶间、排热机房以及车站区间风机房;岛式站台南端布置车站变电所、排热机房。车站最南端布置区间风机房及废水泵房。

车站公共区疏散口结合地面建筑设置。车站北端活塞风井、南北两端排热风井均与 S1 地面建筑结合,南端活塞风井独立设置。

S1 站地下一层平面图如图 9 - 11 所示。

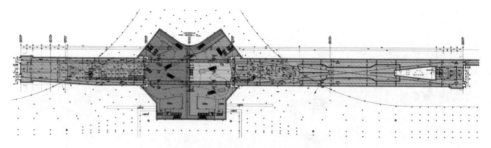

图9-11　S1站地下一层平面图

为了有利于消防疏散,减少了地下部分的消防疏散口。车站有人值守的管理用房均设置于S1地面层,与其设备区合建,主要用房包括综合控制室、站长室、司机室。S1站地面层平面图如图9-12所示。

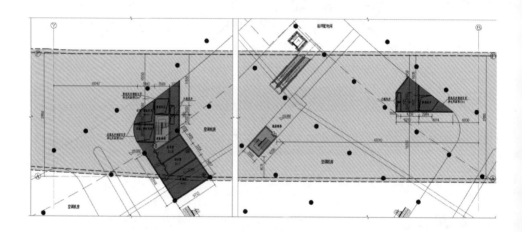

图9-12　S1站地面层平面图

9.2.4　防灾设计

9.2.4.1　车站防灾设计标准

车站防灾设计标准同T1站。

9.2.4.2　车站建筑防火

1) 防火分区

结合地铁规范,本站共划分为5个防火分区:

地下一层有效站台区为一个防火分区,由上部建筑设计单位统一考虑;

有效站台北端设备用房区为一个防火分区,建筑面积为1 488 m²;

有效站台南端设备用房区为一个防火分区,建筑面积为987 m²;

车站南端区间风机房为一个防火分区,建筑面积为377 m²;

车站地面层管理用房区为一个防火分区,建筑面积为 2 322 m²。

S1 站防火分区图如图 9 - 13 所示。

图 9 - 13 S1 站防火分区图

车站综控室、弱电综合室/电源室、变电所、配电室等重要设备用房,采用耐火极限不低于 3 h 的隔墙和耐火极限不低于 2 h 的楼板,与其他部位隔开。建筑吊顶应采用不燃材料。

2)安全疏散

(1)有效站台公共部分。结合地面层布置,同时保证站台任意一点至楼梯间距离小于 50 m。在该分区两侧设备用房区设置避难走道,引至出地面疏散楼梯。该部分具体消防设计详见上部建筑设计单位相关设计文件。

(2)设备房区。地面层的有人值守区有直通室外的防火门;站台北侧的主设备区可借用避难走道及通往站台公共区的防火门进行疏散;南侧的变电所区及区间风机房区均为无人值守区,以与相邻分区的防火门作为安全口。

9.3 T2 站

9.3.1 车站总平面图

T2 站在 T2 实施时已预留车站站位,位于 T2 及长廊之间的南侧庭院下方。

本站为地下一层一岛两侧式站,岛式站台宽度为 11.45 m,两边侧式站台宽度均为 6.5 m,车站长度为 121.1 m,标准段宽度为 39.9 m。

T2 站总平面图如图 9 - 14 所示。

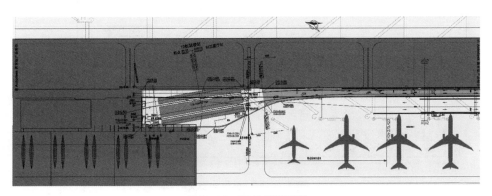

图 9 - 14 T2 站总平面图

9.3.2 车站规模

根据总体系统布置要求,考虑到到达、出发分开和国内、国际分开的客流组织原则,T2 站采用地下一层一岛双侧的布置形式。地下一层为捷运站台层,地上部分为 T2,地上共布置四层。其中岛式站台为梯形站台,平均宽度约为 11.45 m,侧式站台有效宽度为 6.4 m,主要根据上部柱网设计确定。

车站北端为线路起点,南端为明挖区间。

车站有效站台部分与上部建筑结合,由上部建筑设计单位统一考虑。有效站中心处轨面标高 −1.000 m,底板底面至地面层内地坪高度为 7.450 m。T2 站有效站台中心剖面图如图 9−15 所示。

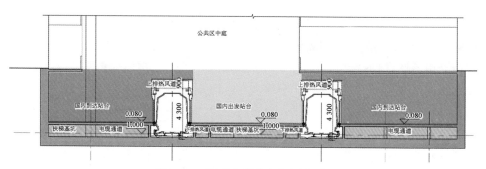

图 9−15　T2 站有效站台中心剖面图

站台两端设置车站强弱电设备用房,由于车站范围内线路为平坡,各层标高均与有效站台范围内相同。

受到车站南侧既有已建明挖区间的限制,车站范围内线路采用平坡。

T2 站竖向关系示意图和 T2 站纵剖面图分别如图 9−16、图 9−17 所示。

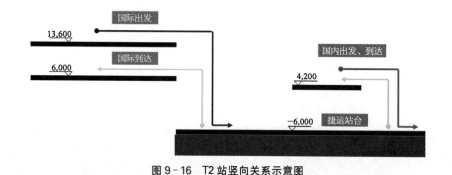

图 9−16　T2 站竖向关系示意图

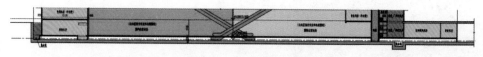

图 9−17　T2 站纵剖面图

9.3.3　车站建筑设计

1）站台层设计

捷运车站主要功能区域主要布置在地下一层。

其中部为有效站台区,供乘客乘降使用。根据客流双分开的原则,岛式站台为出发站台,侧式站台为到达站台。同时三个站台中部用栏杆隔离,北侧部分为国内乘客使用,南侧部分为国际乘客使用。每个站台均设置有一组双扶及一部无障碍电梯与卫星厅出发层、到达层进行连接。该区域由上部建筑设计单位统一考虑。

东侧站台北端布置了车站主要的设备用房,有弱电综合设备室、弱电电源室、屏蔽门设备室、配电间、环控电控室、气瓶间,以及车站北端的活塞风井。岛式站台北端布置了排热风机房及排热风井,西侧站台北端设置了活塞风井。站台层南端设备区布置了区间通风机房。

车站北端活塞风井、排热风井均与地面建筑结合,南端岛式站台上的活塞/事故风井与地面建筑结合,南端侧式站台上的活塞/事故风井拟通过下沉广场侧向开口通风。

T2站站台层(地下一层)平面图如图9-18所示。

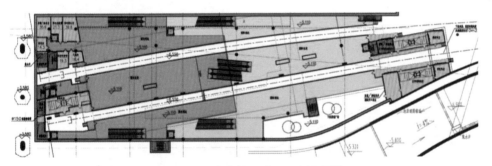

图9-18　T2站站台层(地下一层)平面图

2）地面层设计

为了有利于消防疏散,减少了地下部分的消防疏散口。车站有人值守的管理用房均设置于T2地面层,与其设备区合建,主要用房包括综合控制室、站长室、司机室。

9.3.4　防灾设计

9.3.4.1　车站防灾设计标准

车站防灾设计标准同T1站。

9.3.4.2　车站建筑防火

1）防火分区

结合地铁规范,本站共划分为一个防火分区。其中地下一层有效站台区为一

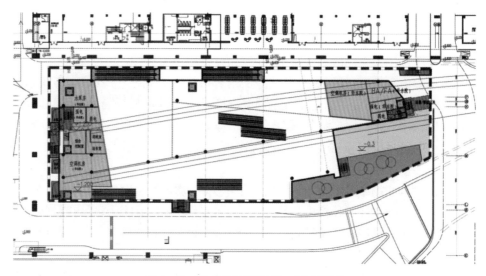

图 9 - 19　T2 站站台层(地下一层)平面图

个防火分区,建筑面积为 4 538 m²,通过 6 部疏散楼梯进行疏散,由上部建筑设计单位统一考虑。

车站地面层管理用房区建筑面积为 81 m²,与上部建筑设备用房合为一个防火分区,由上部建筑设计单位统一考虑消防。

T2 站防火分区图如图 9 - 20 所示。

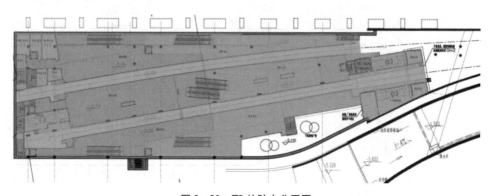

图 9 - 20　T2 站防火分区图

车站综控室、弱电综合室/电源室、变电所、配电室等重要设备用房,采用耐火极限不低于 3 h 的隔墙和耐火极限不低于 2 h 的楼板,与其他部位隔开。建筑吊顶应采用不燃材料。

2) 安全疏散

(1) 有效站台公共部分。结合地面层布置,同时保证站台任意一点至楼梯间距离小于 50 m。该部分具体消防设计详见上部建筑设计单位相关设计文件。

(2) 设备房区。地面层的有人值守区有直通室外的防火门;站台两端的设备区均为无人值守区,以与相邻分区的防火门作为安全口。

9.4　S2站

9.4.1　车站总平面图

S2站位于S2的中部地下一层,结合上部新建工程,统一考虑柱网布置,南端设交叉渡线。

本站为地下一层一岛两侧式站,岛式站台宽度为20 m,两边侧式站台宽度均为7.5 m,车站长度为834.6 m,标准段宽度为70.66 m。

S2站总平面图如图9-21所示。

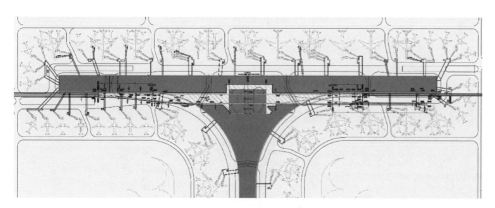

图9-21　S2站总平面图

9.4.2　车站规模

根据总体系统布置要求,考虑到到达、出发分开和国内、国际分开的客流组织原则,S2站采用地下一层一岛双侧的布置形式。地下一层为捷运站台层,地上部分为S2。其中岛式站台宽度宽20 m,侧式站台有效宽度为7.5 m,主要根据上部柱网设计确定。

车站两端均为明挖区间。

车站有效站台部分与上部建筑结合,由上部建筑设计单位统一考虑。有效站中心处轨面标高-3.364 m,底板底面至地面层内地坪高度为9.780 m。S2站有效站台中心剖面图如图9-22所示。

图9-22　S2站有效站台中心剖面图

为保证与行李通道代建明挖区间段顺利对接,在卫星厅楼北侧外车站设置了220 m的明挖段,根据配线设置要求,卫星厅楼南侧外车站设有150 m的明挖段。

由于该段区域位于楼外,为机场站坪区,考虑管线敷设要求,卫星厅北侧部分覆土按3.0 m控制,南侧部分覆土约为1.4 m。车站北端与明挖区间分界处轨面标高－1.943 m,结构底板底面至地面高度为8.643 m;车站南端与明挖区间分界处轨面标高－3.952 m,结构底板底面至地面高度为12.052 m。S2站纵剖面图如图9-23所示。

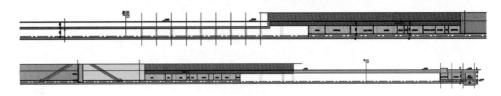

图9-23 S2站纵剖面图

为解决排水问题,车站北端线路由南向北采用0.45％下坡,南端由北向南采用0.2％下坡。

9.4.3 车站建筑设计

1) 站台层设计

本站为地下一层一岛两侧站型。有效站台长94.4 m,结合上部楼扶梯布置要求,中部岛式站台宽度20 m;侧式站台有效使用宽度7.5 m,结合上部楼扶梯流线布置,其中部设有放大的集散厅。有效站台两侧布置了车站设备管理用房。

岛式站台公共区南侧设备区布置了混合变电所、配电间、气瓶间、环控电控室、小通风机房、排热机房等设备用房。公共区北侧设备区布置了屏蔽门管理室、弱电综合室、弱电电源室等弱电设备室,以及配电室、司机轮乘室、列检室、气瓶间、电缆间、清扫工具间、小通风机房、排热机房、区间通风机房。站台层最南端接区间处布置了区间通风机房及废水泵房。

在公共区两侧设备区内设置了避难走道及疏散楼梯间,满足公共区疏散要求。

车站北端活塞风井、排热风井均与地面建筑结合,南端排热风井与地面建筑结合,活塞/事故风井独立直出室外地面,设置在卫星厅东侧室外场地内。

S2站平面布置图如图9-24所示。

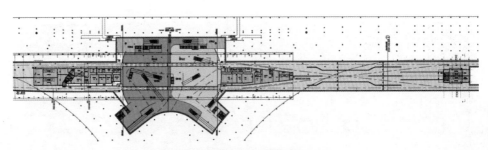

图9-24 S2站平面布置图

2) S2 站地面层设计

车站有人值守的管理用房均设置于 S2 站地面层,与 S2 设备区合建,布置了综合控制室、站长室、司机室。

S2 站地面层平面图如图 9-25 所示。

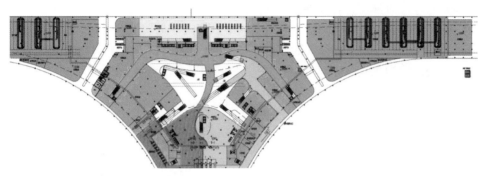

图 9-25 S2 站地面层平面图

9.4.4 防灾设计

9.4.4.1 车站防灾设计标准

车站防灾设计标准同 T1 站。

9.4.4.2 车站建筑防火

1) 防火分区

结合地铁规范,本站共划分为 5 个防火分区:

其中地下一层有效站台区为一个防火分区,由上部建筑设计单位统一考虑;

有效站台北端设备用房区为一个防火分区,建筑面积为 1 457 m^2;

有效站台南端设备用房区为一个防火分区,建筑面积为 1 006 m^2;

车站南端区间风机房为一个防火分区,建筑面积为 377 m^2;

车站地面层管理用房区为一个防火分区,建筑面积为 123 m^2。

S2 站防火分区图如图 9-26 所示。

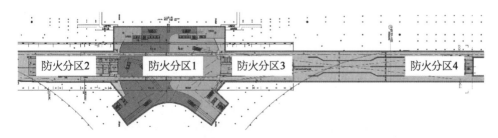

图 9-26 S2 站防火分区图

车站综控室、弱电综合室/电源室、变电所、配电室等重要设备用房,采用耐火极限不低于 3 h 的隔墙和耐火极限不低于 2 h 的楼板,与其他部位隔开。建筑吊顶应采用不燃材料。

2) 安全疏散

(1) 有效站台公共部分。结合地面层布置,同时保证站台任意一点至楼梯间距离小于 50 m。在该分区两侧设备用房区设置避难走道,引至出地面疏散楼梯。该部分具体消防设计详见上部建筑设计单位相关设计文件。

(2) 设备房区。地面层的有人值守区有直通室外的防火门;站台北侧的主设备区可借用避难走道及通往站台公共区的防火门进行疏散;南侧的变电所区及区间风机房区均为无人值守区,以与相邻分区的防火门作为安全口。

9.5 T4站

1) 车站总平面图

T4 站结合远期 T4 建设,位于 T4 下方,本期仅做土建预留及北端区间通风机房的预留。T4 站总平面图如图 9-27 所示。

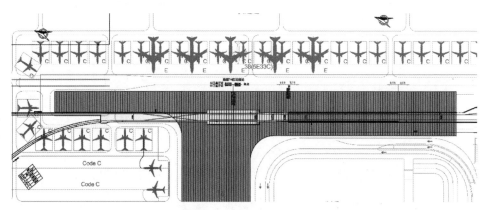

图 9-27 T4站总平面图

2) 车站近期预留方案

T4 拟定于远期建设,建设时序未定,捷运 T4 站位于 T4 下方,车站北端左线和右线区间分别接 S1、S2 站,南端接设置于地面的车辆基地,受制于线路爬坡的限制,本站设置为地下一层站,根据总体系统布置要求,本站同样采用一岛两侧站台布置形式。

由于车站上部 T4 目前方案暂不明确,且建设时序未定,因此本车站近期仅做土建预留及北端区间通风机房的预留,以满足区间隧道通风的功能需求。具体实施范围为北端区间通风机房及相应设备的安装,以及正线之间的土建结构,侧式站台部分结构暂不实施。

T4 站近期地下一层平面图和 T4 站近期设备区横剖面图分别如图 9-28、图 9-29 所示。

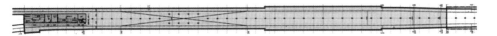

图 9 - 28 　 T4 站近期地下一层平面图

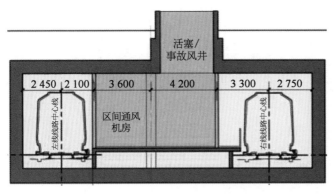

图 9 - 29 　 T4 站近期设备区横剖面图

第10章
捷运系统机电工程

10.1　供电系统

浦东机场旅客捷运系统工程供电系统采用分散供电系统,设 S1 站牵引变电所、S2 站牵引变电所、T1 站降压变电所、T2 站降压变电所、S1 站降压变电所、S2 站降压变电所、T4 预留站降压变电所以及车辆基地降压变电所。各变电所进线均为 10 kV 电压等级。

根据浦东机场现有主变电所的分布情况,牵引变电所的两路 10 kV 电源分别引自机场南 1# 35 /10 kV 变电站及航安 35 /10 kV 变电站,两路 10 kV 电源一用一备。其中,S1 牵引变电所电源引自南 1# 站的 10 kV 电源常用,S2 牵引变电所引自航安站的 10 kV 电源常用。

从 S1 和 S2 牵引变电所各引出一路电源供给 T4 降压变电所,从 T4 环网再引出两路电源给车辆基地。

T1 /T2 /S1 /S2 降压变电所电源均引自所属航站楼 /卫星厅,各降压变电所两路电源均同时供电,互为备用。

全线设置 1 套电力监控(SCADA)系统,主机设在车辆基地控制中心,实现对所有供电设备的远方监控。

全线牵引网采用直流 1 500 V 授电电压,正线采用下部授流方式接触轨(三轨),车辆基地采用架空接触网。

10.1.1　一次主接线

1) 牵引变电所

变电所 10 kV 侧采用单母线接线方式,两路电源一用一备接入同一段母线,两个进线断路器手动投入并设闭锁,防止两路电源并列运行。10 kV 母线设一组电压互感器和一组避雷器,用于母线电压测量和过电压防护。

牵引变电所 10 kV 母线设一回馈线,向 T4 预留站及车辆基地降压所供电,馈线开关采用断路器。

牵引变电所设置两套整流机组,通过断路器并接于同一段 10 kV 母线。正常运行时,两套整流机组并列运行,两台整流变压器二次侧输出电压相位角相差 15°,构成等效 24 脉波整流。

牵引变电所直流 1 500 V 母线采用单母线接线方式,整流机组正极通过直流快速断路器与正母线相连,整流机组负极通过手动隔离开关与负极柜中的负母线相连。

S1 牵引所直流正母线设 4 路直流快速断路器馈出线,S2 牵引所直流正母线设 5 路直流快速断路器馈出线。其中 3 路向接触轨供电,1 路为 S1/S2 牵引变电所间的联络线,S2 牵引所多出 1 路为车辆基地牵引网专用直流馈线。馈出线与牵引网间设电动隔离开关。

整流器正、负母线间及正母线对地间各设置一台金属氧化锌避雷器作过电压保护用。

2) 降压变电所

降压变电所中压侧电压为 10 kV,低压侧为 0.4 kV。

除 T4 变电所中压侧 2 路电源为环网接线外,其余均采用"线路-变压器组"接线方式;低压侧采用单母线分段接线方式,并设母联开关。

当变电所 1 路进线或单台变压器故障时,可遥控或当地切除三级负荷。每路电源进线在低压侧集中进行电容动态自动补偿及有源滤波。

10.1.2　运行方式

1) 正常运行方式

正常运行时,牵引变电所一路 10 kV 进线电源运行,另一路 10 kV 进线断路器分闸,处于热备用状态。两套整流机组并联运行,正线接触轨由其所在区段牵引变电所单边供电。

车辆基地范围内的牵引负荷电源由 S2—车辆基地直流专线提供。

降压变电所由两路 10 kV 进线同时供电,0.4 kV 母联断路器分开,两台配电变压器分列运行,分别向其供电范围的全部动力照明负荷供电。

2) 故障运行方式

当牵引变电所一路进线电源失电后,自动投入另一路电源,维持供电,备用电源自投不自复。

当一套整流机组退出运行时,另一套整流机组在其允许过负荷情况下可继续运行,维持捷运系统的部分运行能力;否则退出运行,即该牵引变电所解列。

当一座牵引变电所解列时,在确保该变电所直流母线及以下系统无故障情况下,合上直流联络线,由另一座牵引变电所越区向接触轨供电,维持捷运系统的部分运行能力。

当一座变电所直流母线退出运行时,可闭合 T4 预留站南端的隔离开关,通过正线接触轨提供电力支援,维持捷运系统的部分运行能力。

车辆基地范围内的正常牵引供电中断时,可通过手动隔离开关,由 S1 牵引变电所通过 S1—车辆基地牵引网供电。

当一路 10 kV 进线失电或一台配电变压器故障退出运行时,自动切除该变电所供电范围内的三级负荷,闭合 0.4 kV 母联断路器,由另一路 10 kV 进线及配电变压器承担该变电所供电区域内的一、二级负荷供电。

10.1.3 系统主要保护配置

(1) 10 kV 进出线。包括限时电流速断保护、过电流保护、零序过电流保护。

(2) 10 kV 整流变压器馈线。包括电流速断保护、过电流保护、零序过电流保护、过负荷保护、变压器温度保护。

(3) 整流变压器。指变压器本体保护(温度保护)。

(4) 整流器。包括交直流侧过电压保护、二极管保护、过电流保护。

(5) 配电变压器。指变压器本体保护(温度保护)。

(6) 400 V 进线。包括长延时保护、短延时保护、瞬动保护、接地保护。

(7) 400 V 母联。包括长延时保护、短延时保护、瞬动保护。

(8) 直流 1 500 V 进线。包括大电流脱扣保护(断路器本体保护)、逆流保护。

(9) 直流 1 500 V 馈线。包括大电流脱扣保护(断路器本体保护)、$\mathrm{d}i/\mathrm{d}t + \Delta I$ 保护、电流速断保护、过电流保护、低电压保护;线路测试和自动重合闸功能。

全所 DC1 500 V 设备在负极柜设 2 套框架泄漏保护。

10.1.4 电力监控系统

电力监控系统由位于控制中心的电力监控调度系统、各变电所综合自动化子站及通信系统构成。

各变电所设置一套变电所综合自动化系统,系统由控制信号屏内的通信控制器、一体化工控机、所内交换机,开关柜内的微机综合保护测控单元、智能开关、变电所维护计算机及所内通信网络构成。子站不设 UPS 电源,电源取自该站交直流屏。环网光纤以太网由环网交换机及光纤组成。

每座牵引降压混合变电所设置一套上网开关控制柜,每座变电站综合自动化系统子站设置一套模拟屏。

上网开关控制柜内设置一套 PLC 智能控制单元,完成上网电动隔离开关合/分操作;收集上网电动隔离开关故障信号、合分闸等信号;具有当地、远方转换功能;实现开关间的联锁、联动功能;并上传信息。

站级数据采集层负责采集现场智能表计中的数据,并将数据通过网络通信层与线路主站层通信,接收控制中心的召唤、对时等命令。各变电所间隔层开关柜内的表计由变电所专业设置。经网络通信层(综合通道)传送的数据有电能量数据和各变电所杂散电流装置数据。

电力调度系统设置在控制中心,电力监控复示系统设置在车辆基地供电检修工区。

在控制中心服务器机柜预留通信时钟同步对时的接入条件,系统通过专用接口与中心系统对时,完成本系统主机、远程采集器、表计的对时。

全线电力监控系统图如图 10-1 所示。

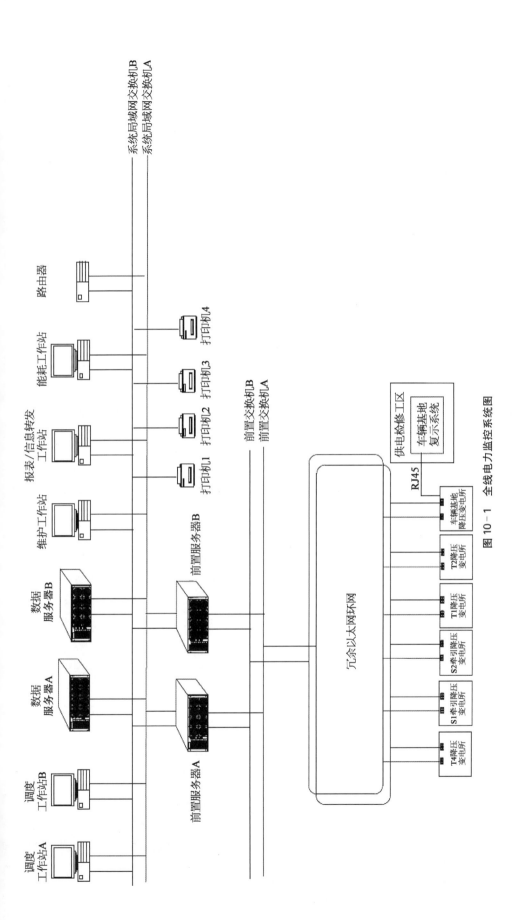

图 10－1　全线电力监控系统图

10.1.5 杂散电流防护系统

本工程共设置两座牵引变电所,每座牵引变电所内各设一台排流柜。

牵引变电所内负极柜与排流柜之间的两根 $1 \times 400 \text{ mm}^2$ 连接电缆,由牵变专业敷设到位。

排流电缆与供电系统电缆一起敷设,经电缆夹层引至区间电缆支架上与排流网引出端子连接。排流电缆与杂散电流监测控制电缆在区间可敷设在 0.4 kV 电缆支架最下面一层上。

在车辆基地设户外型单向导通装置 2 台,该装置通过 $1 \times 400 \text{ mm}^2$ 软电缆与电缆转接箱相连。

杂散电流腐蚀防护概念图如图 10 - 2 所示。单向导通装置安装位置示意图如图 10 - 3 所示。

10.1.6 可视化自动接挂地线系统

可视化接地系统包括运行控制中心(OCC)调度中心中央级控制终端、站级控制终端、接地装置以及连接电缆、光缆等。可视化接地系统终端及接地装置只设置在 OCC 调度中心、S2、S1 和车辆基地。

OCC 调度中心中央级控制终端设置在调度中心控制台,由电力调度统一进行管理,中央级控制终端负责对站级监控终端以及可视化接地装置进行远程管理,实现遥控、遥测、遥信功能。

站级监控终端设置在变电所控制室,包括站级监控主机、光纤交换机等。每台站级控制终端负责对本站 2~3 台接地装置进行管理,实现遥控、遥测、遥信功能。

接地装置包括接地开关、控制箱、LED 带电显示装置、摄像机、交换机等。

通信通道包括 OCC 中央级控制终端与站级控制终端之间的通信通道,以及站级控制终端与可视化接地装置之间的通信通道。OCC 调度中心到 S2、S1 之间的通信通道,在各综合配线架之间借用专用通信通道;站级控制终端与可视化接地装置之间的通信通道由通信光缆、电缆以及光电转换装置组成。

接地装置与电动隔离开关之间互锁,由接地装置、电动隔离开关互锁接口及互锁电缆组成。

1G01、1G02、1G03、2G01、2G02、2G03、2G04 等 7 台隔离开关上网点设置对应的接地装置。

接地装置的接地开关两端分别用 150 mm^2 电缆连接至接触网和回流轨,当检修人员需要进入轨行区时,远程或本地将可视化接地开关闭合,实现可靠接地。

可视化接地装置设置带电检测装置,可以可靠检测接触轨电压,并自动进行高压闭锁,柜门设置电磁锁,接触轨带电时,禁止解锁开门。LED 带电显示装置显示接触轨带电、无电、接地状态。

可视化自动接挂地线系统结构图如图 10 - 4 所示。

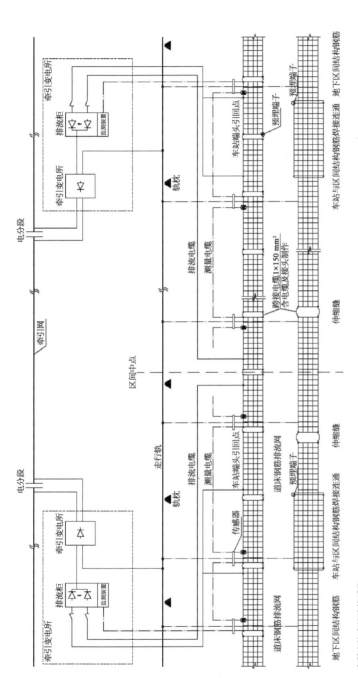

图 10 - 2 杂散电流腐蚀防护概念图

杂散电流腐蚀防护系统：

1. 正线各牵引变电所内分别设置排流柜与杂散电流排流网连接，将杂散电流引回牵引变电所，将杂散电流引回牵引变电所以减少对金属腐蚀。

2. 杂散电流监测系统主要通过测试排流网（车站范围内、地下区间内整体道床）、钢轨、车站(区间)结构钢筋及参比电极的电位，反映杂散电流及腐蚀状况。

3. 排流网的连接详见 "排流网连接示意图"。

4. 地下车站及区间结构钢筋的结构缝两侧用预埋端子，杂散电流专业负责通过150 mm²直流铜芯电缆将两侧跨接。

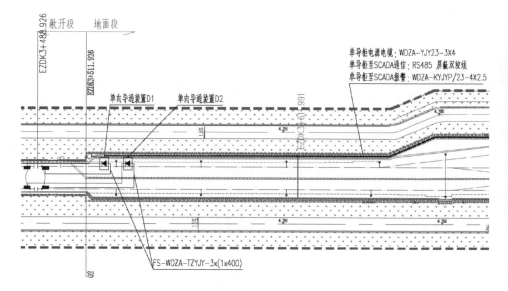

图 10-3　单向导通装置安装位置示意图

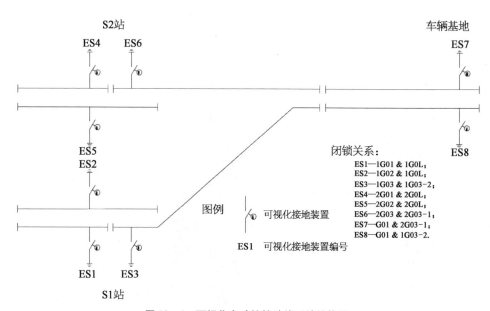

图 10-4　可视化自动接挂地线系统结构图

10.1.7　动力照明系统

10.1.7.1　车站动力照明系统

1）设计范围

捷运系统运营管理以屏蔽门及站台端门为界,分为公共区、轨行区及设备区,其中捷运系统负责轨行区及设备区的运营管理。捷运车站动力照明系统设计范围与运营管理范围一致,公共区由航站楼/卫星厅设计单位负责设计。

2) 负荷分级

（1）一级负荷。包括消防用电、设备监控、火灾自动报警系统、消防用风机及相关阀门、应急照明（含疏散指示照明）、废水泵、变电所操作电源、变电所维修电源、站台门系统、兼作消防疏散用的自动扶梯等重要负荷。其中变电所操作电源、通信、信号、火灾自动报警系统、设备监控及应急照明为特别重要负荷。

一级负荷电源引自降压变电所的两段母排各一回路，末端自切。应急照明由应急电源装置供电。

（2）二级负荷。包括设备管理房照明、污水泵、局部排水泵、普通风机及相关阀门、直升电梯、地下区间照明、不用于疏散的自动扶梯、检修电源、重要电气设备用房的空调设备等重要负荷。

（3）三级负荷。包括一般用房空调设备、清扫电源及其他不属于一、二级负荷的用电设备。

3) 动力设计

按用电负荷分级的原则进行配电，采用放射式和树干式相结合、以放射式为主的配电方式。部分用电设备距供电点较远且容量较小、相对集中的二、三级负荷也采用链式供电。

消防设备由双电源供电，其配电电源在最末一级配电箱处自动切换，消防电源设备的盘面加注"消防"标志。

非消防设备的供电电源在火灾工况下，在变电所低压柜由火灾报警系统（FAS）切除。

车站环控电控室设备采用智能化低压配电装置，将所有带通信口的设备、采用智能马达控制器的设备及风阀风门的控制汇总后，以通信口方式与 FAS、楼宇自动化系统（BAS）专业进行联络。

单机容量≥75 kW 的设备采用软启动方式。当遇到软启动器发生故障，风机又急需运行的情况，可通过操作紧急启动按钮后并按原操作流程来直接启动风机。

事故风机（区间隧道风机）和排热风机采用巡回检测方式测量绕组轴承温度，并根据温度动作于报警或跳闸。

为配合工艺要求，排热风机采用变频控制，实现节能运行。

送排风机等主要环控设备采用智能马达控制器进行保护和控制。专用排烟风机（无论功率大小）选用热继电器作为热备保护，风机设置就地手操箱。

事故风机、排热风机、大系统回排风机等与相应风阀须进行闭锁控制。闭锁运行要求风阀开，风机开。

各环控设备的现场手操箱尽量统一，便于制造及维修，且各机房的手操箱相对集中放置。

水泵采用现场手动及液位自动控制，并可通过 BAS 系统集中监视控制。

消防回路电动机装设过载保护，只动作于信号，不动作于跳闸。

在站台两端配电室内根据情况设置小动力配电箱。对于同一防火分区内的、相同负荷等级的小容量动力设备，可共用双电源切换箱或配电箱。如同一防火分区内的气体灭火及消防手电两用阀等共用一个双电源切换箱。

车站内检修电源箱均按 15 kW 考虑,主要设置在环控机房、变电所及其他有要求的设备房间内。检修电源箱内设置单、三相插座,插座回路应装设漏电保护开关。

动力配电箱除落地式外,在设备房内采用明装。配电箱安装应便于操作。

根据环控工艺要求,布置在区间通风机房、排热机房,风阀手操箱采用耐温 280℃、1 h 的耐温箱体。

动力配电柜柜体底部距离地面 0.3 m 落地安装(柜子基础由建筑装修提供),柜后距墙体 0.05 m。

安装于设备用房内的动力照明箱均壁挂明装,安装时,遵循美观、易操作原则,当箱体高度≤800 mm 时,箱体底边距地坪装饰完成面 1 100 mm;当箱体高度>800 mm 时,箱体底边距地坪装饰完成面 900 mm。相邻动力照明箱水平间距 50 mm。

4)照明设计

所有照明光源均采用光效高、寿命长的 LED 灯照明。

除站台板下及折返线照明采用集中控制外,其余照明均就地控制。

设备区走道应急照明不设控制,应急照明可以 24 h 连续工作。设备室应急照明控制方式采用平时就地可控,应急时集中控制。

应急及备用照明灯具均匀嵌于正常照明中,走道疏散照明照度不低于 5 lx。

变电所电缆夹层、站台板下(高度低于 1.8 m)和折返线检查坑内的照明采用 36 V 安全电压供电,防水防潮灯、电源由配电室内照明配电箱统一提供。

地下线路渡线、岔线、折返线等道岔区段,在检修时照明照度为 100 lx,满足道岔检修维护作业的需求。

照明箱体、灯具、插座等安装方式如下:

(1)有吊顶的设备及管理用房的灯具采用嵌入式安装方式;

(2)环控机房、泵房等无吊顶的设备用房内 LED 灯选用壁装式或管吊式;

(3)站台下照明灯具采用吸顶安装方式,灯具布置须避开桥架及人孔安装;

(4)照明箱在设备房内采用明装,在公共区采用暗装。明装高度为配电箱底边距地 1.2 m,暗装高度为配电箱底边距地 1.4 m;

(5)照明开关距地 1.4 m,插座距地 0.3 m,变电所插座距地 0.5 m 嵌墙暗装。

5)防雷与接地设计

车站动力照明配电系统采用 TN‐S 接地系统。电气设备基础槽钢及各箱(柜)不带电金属外壳,均应与 PE 线相连接。电缆桥架不少于两处接地,每隔 20~30 m 重复接地。

凡正常不带电,而当绝缘破坏有可能呈现电压的一切电气设备金属外壳,均应可靠接地。安全特低电压馈出回路不设 PE 线,其用电设备的外露可导电部分严禁直接或间接与任何保护导体连接。其配电回路采用阻燃 PVC 管保护。

插座回路及插座箱供电回路设保护人身安全的漏电断路器。

三级负荷环控进线柜内,在配电母排上须加装电涌保护器;室外变制冷剂流量多联式(VRV)空调主机配电箱内须加装电涌保护器。

在车站照明配电间、小通风机房、环控电控室等均设置局部等电位接地端子箱(LEB),局部等电位接地端子箱应与局部等电位连接预埋件可靠连接。局部等电位接地端子箱与房间内的设备(所有配电箱、电控箱的 PE 排、插座的 PE 线、公共设施的金属管道及建筑金属结构)连接线采用低烟无卤阻燃交联聚乙烯绝缘电线,在有机械保护时的截面要求不小于 PE 线截面的一半,最小须满足截面 6 mm^2。

在伸臂范围内的某些外露可导电部分与装置外可导电部分之间,再用导线附加连接,以使其间的电位相等或更接近,作为辅助等电位连接。

局部等电位接地端子箱设置在靠墙处,底部距装饰面 500 mm。

10.1.7.2　区间动力照明系统

1)设计范围

区间范围内的水泵、风机、检修、照明设备及其供配电系统。

2)负荷分级

(1)一级负荷。包括废水泵、消防风机、一般照明、应急照明。其中应急照明为特别重要负荷。

(2)二级负荷。即集水泵。

(3)三级负荷。即检修。

3)动力设计

废水泵及消防风机采用双电源交流进线自切装置,该装置设可靠的电气联锁和机械联锁,具有手动及自动投切功能。自切装置两路电源引自就近降压变电所的一、二段不同低压母排。

T2—S2 区间有集水泵 8 台,4 台一组采用单电源链式供电。

水泵、风机控制箱的箱体采用不锈钢材料,箱体防护等级 IP65。

每隔 100 m 设一检修插座箱,容量为 15 kW,同一回路仅考虑一个插座箱使用,不考虑同时使用。插座箱内设三相五孔插座和单相三孔插座,电源以区间中心线为界,引自就近降压变电所。检修插座箱内开关在日常工作时要求可视,检修插座箱的插座各有独立的盖板,防护等级 IP65,操作各自独立,无须打开箱体,箱内插座回路设漏电保护开关。

区间每隔 200 m 设一般照明配电箱及应急照明配电箱,每个照明箱出两回路,分别沿区间方向前后各带 100 m 的照明负荷。照明配电箱须有良好的防水和防尘性能,箱体防护等级 IP65,冲水时箱内电器元件不受到危害。箱体外壳选用聚碳酸酯合成材料或耐强腐蚀材料制成,箱体要无卤素,低烟密度。

4)照明设计

本区间照明分一般照明和应急照明,照明灯具布置在行车方向的侧壁上,每隔 10 m 布置一盏 LED 灯具,额定电压 220 V,容量为 18 W。

一般照明采用三相交流电源送电;应急照明正常由三相交流电源供电,交流电源故障时,自动切换到设于车站的应急电源(EPS)供电。电源以区间中心线为界引自就近降压变电所。

应急照明旁设置疏散指示标志,疏散指示标志安装于疏散平台一侧,高度距疏散面 0.35 m。

疏散指示标志带有正反方向的方向指示光源,光源采用 LED,每个灯具功率不大于 3 W。

应急照明的区间照明灯具(含区间疏散指示标志)应具有国家强制性消防产品认证证书(CCCF)。区间照明灯具应具有防水、防尘、防腐的特点。

区间轨平面正常照明照度 5 lx,疏散照明照度 3 lx,施工方灯具试挂试验满足照度要求后再批量采购及施工。

敞开段及地面段不设应急照明,敞开段照明灯具布置在行车方向的侧壁上,每隔 5 m 布置一盏 LED 灯具。地面段照明灯具布置在线路外侧接触网支柱上,每根接触网支柱布置工作照明灯具 2 套(道岔段局部设置 3 套)。灯具均采用配照型金属卤化物光源,每盏灯具光源额定电压 220 V,容量为 150 W,安装高度距地 4.5 m。

5)接地设计

低压配电采用 TN – S 接地形式,除疏散指示灯及其配管严禁接地外,其余电气设备的金属外壳、不带电的金属部分均应与 PE 线可靠连接。

10.1.7.3 车辆基地动力照明系统

1)设计范围

检修综合楼单体建筑物范围内的动力配电,照明配电,动力照明控制及防雷、接地安全等设计。

2)负荷分级

(1)一级负荷。包括应急照明、变电所操作电源、火灾自动报警系统设备、通信系统设备、信号系统设备、消防系统设备、排烟系统用风机及电动阀门、电力监控系统设备和环境与设备监控系统设备。其中应急照明、变电所操作电源、火灾自动报警系统设备、通信系统设备、信号系统设备和消防系统设备属一级负荷中的特别重要负荷。

(2)二级负荷。包括工艺设备、各工艺用房照明、空调、普通风机和排水泵。

(3)三级负荷。包括普通用房照明、空调,清洁设备和电热设备等其他非一、二级负荷。

3)动力设计

一级负荷从降压变电所两段一、二级负荷母线上分别馈出一路供电线路,向负荷末端电源切换箱供电,两路电源在切换箱内自动切换。特别重要负荷另设 EPS/UPS,以实现不间断供电。

二级负荷从降压变电所单回供电线路供电,依靠母联开关满足二级负荷供电要求。

三级负荷由降压变电所单回路供电,馈线开关设置分励脱扣用于消防切非。

低压配电线路的配电方式主要采用放射式,部分设备采用链式及放射式和树干式相结合的方式。

本工程所有电动机均采用全压启动方式。

4）照明设计

光源采用 LED 灯，光源显色指数 $Ra \geqslant 80$，色温应在 3 300～5 300 K 之间。

除疏散指示照明为长明灯外，其余应急照明平时均正常受控，火灾时由消防控制室自动控制点亮全部应急照明灯。

办公室、会议室、各工艺用房等隔断功能间由就地设置的照明开关控制；检修库及公共通道基本照明采用集中控制方式；检修坑照明采用就地/集中两种控制方式。

检查坑（台）设 36 V 安全工作照明，由 220/36 V 安全变压器供电，其电源由照明配电箱单独回路供电。

5）防雷接地设计

本建筑年预计雷击次数为 0.49 次，属第二类防雷建筑；电子信息系统按重要性和使用性质确定其雷电防护等级为 B 级。建筑的防雷装置满足防外部防雷（直击雷）、内部防雷（防雷电反击、防闪电电涌侵入、防生命危险）以及防雷击电磁脉冲（防经导体传导的闪电电涌和防辐射脉冲电磁场效应），并设置总等电位联结。

（1）接闪器。按《建筑物防雷设计规范》（GB 50057—2010）要求，在建筑物顶部易受雷击的部位靠女儿墙外侧，敷设尺寸不大于 10 m×10 m 或 12 m×8 m 的避雷网格。避雷带采用 40 mm×4 mm 的热镀锌扁钢作为防雷接闪器，避雷带固定支架安装间距不大于 1 m。凡突出屋面的所有金属构件，如金属通风管、屋顶风机、金属屋面、金属屋架等均应与避雷带可靠焊接。

（2）引下线。利用建筑物钢筋混凝土柱子或剪力墙内两根 $\geqslant \phi 16$ mm 主筋通长焊接、绑扎作为引下线，间距不大于 18 m，引下线上端与避雷带焊接，下端与建筑物基础底梁及基础底板轴线上的上下两层钢筋内的两根主筋焊接。外墙引下线在室外地面下 1 m 处引出，与室外接地线焊接。

（3）内部防雷。进出建筑物的金属管道，铠装电缆金属外皮均在进入建筑物处就近与防雷接地装置连接；固定在建筑物上设备及其他用电设备的线路，采用置于屋面接闪器保护范围内、线路外穿钢管及配电箱内装设电涌保护器（SPD）等措施保护。

（4）防雷击电磁脉冲。为减少电磁脉冲对建筑内电子设备的破坏程度，在建筑内低压供配电系统中设置三级电涌保护器，同时在天线及馈线系统、信号系统等弱电加装电涌保护器。各信息及弱电设备房设局部等电位连接网格，将供配电系统 PE 线、各类线缆金属屏蔽层、金属线槽（管）、设备金属机壳、金属管道等连接到局部等电位连接端子板上，通过接地干线引至楼层等电位接地端子板，并与楼层接地端子板等电位连接，并做屏蔽、接地和等电位连接。在建筑物电气系统内部设置过电压保护，信息及弱电设备机房电源箱、其他信息设备电源箱均设电涌保护器。

（5）接地。防雷接地、电气设备的保护接地、消防控制室和计算机房等的接地共用统一接地极，要求接地电阻不大于 1 Ω，实测不满足要求时，应增设人工接地极。本工程建筑物采用等电位连接，在一层变电所内设置总等电位连接端子箱,所有进出建筑物的金属管、金属构件、接地干线等与总等电位端子箱可靠连接。各设备机房由接地网引出等电位连接板,通过接地网或等电位连接网将室内金属管道、设备金属外壳及 PE 干线作等电位连接。各楼层设等电位连接网,在各电气箱体安装处引出连接板与金属管道、设备金属外壳及 PE 干线作楼层等电位连接。

(6) 密封及其他。蓄电池室满足防爆要求设计。敷设电气线路的沟道、电缆桥架或导管,所穿过的不同区域之间墙或楼板处的孔洞应采用非燃性材料严密堵塞。钢管配线可采用无护套的绝缘单芯或多芯导钱。当钢管中含有三根或多根导线时,导线包括绝缘层的总截面不宜超过钢管截面的 40%。钢管应采用低压流体输送用镀锌焊接钢管。钢管连接的螺纹部分应涂以铅油或磷化膏。在可能凝结冷凝水的地方,管线上应装设排除冷凝水的密封接头。在爆炸性气体环境内钢管配线的电气线路应做好隔离密封。

10.2 通信系统

捷运通信系统设计范围与主体工程设计范围基本一致,主要包括 4 座车站、1 座控制中心(含车辆基地)及轨道区间等,预留 T3 站本次工程暂无通信设备。

其中,各捷运车站均位于航站楼(或卫星厅)内,本工程与航站楼(或卫星厅)工程的设计范围分界线为站台层屏蔽门,屏蔽门内侧设备区、轨道区间属于捷运车站设计范围,屏蔽门外侧公共区属于航站楼(或卫星厅)设计范围。

另外,由于系统功能要求,通信系统的部分前端设备设置在屏蔽门外侧的公共区内,主要包括站台端头电话、紧急电话、无线访问接入点(AP)、摄像机、站台端头司机屏、乘客信息显示屏等。

根据本工程实际需求,通信系统主要包括公务及专用通信、专用无线通信、车地宽带无线通信、视频监控、广播、乘客信息、时间、通信电源及接地等子系统。

10.2.1 公务及专用通信系统

10.2.1.1 功能及系统组成

1) 系统功能

公务通信系统主要用于捷运系统各管理小组之间及与其他相关各部门之间的电话业务和部分非话业务通信,并能与本市公用电话网互联,实现与本市用户(包括火警 119、匪警 110、救护 120 等特服用户)通话,以及实现国内、国际长途通信。

专用电话系统包括调度电话、紧急电话和端头电话。各种电话功能如下:

(1) 调度电话功能。

① 控制中心调度与各站值班员的直接通话。

② 控制中心各调度员之间的通话。

③ 控制中心总机能对所属分机进行选呼、组呼、全呼。

④ 分机可对总机进行一般呼叫和紧急呼叫。

⑤ 分机呼叫总机时,总机应能按顺序显示呼叫分机号码,并区分一般呼叫和紧急呼叫。

⑥ 总机、分机之间的通话,在控制中心应能自动记录。

⑦ 具有召集固定成员电话会议和实时召集不同成员临时会议的能力。

（2）紧急电话功能。

① 在车站的每侧站台各设 2 台紧急呼叫电话,在紧急状态下供司机、站台值班、公安人员使用,用户摘机即可呼叫接至控制中心的值班台上。

② 紧急电话机安装于墙上或立柱上,采用防潮防盗电话机,防护等级为 IP65。

③ 当呼叫键按下时：

a. 控制中心值班员电话立即被自动摘机,并处于免提状态;

b. 向视频监控系统送出一个脉冲开关量信号。

④ 当电话分机处于通话状态时,如果紧急电话机挂机,对应的电话分机发出的忙音应在 8 s 内消失,即控制中心值班台挂机 8 s 后,应由对应的电话分机自动挂断本机,挂断后通话键灯熄灭。

⑤ 由被叫方控制挂机。

⑥ 电话机壳体部分应为全不锈钢金属材质,耐撞击而不变形。电话机及其安装应符合"乘客求助电话与紧急电话的技术要求和功能要求"。

（3）端头电话功能。

① 端头电话是在列车到站停靠至驶离站台期间,发生运行异常状态或遭遇突发事件的情况下,列车司机与行车调度联系使用的通信设备。

② 端头电话采用延时热线方式(即用户摘机后在 5 s 内不拨号自动与控制中心行车调度台接通)与控制中心行车调度台直接通话。

③ 端头电话以拨号方式或缩位拨号方式(即用户摘机后在 5 s 内按下缩位拨号按键自动与车站值班台接通)与车站值班台通话。

④ 端头电话终端采用与区间电话机类似的设备。端头电话机的防护等级与区间电话机相同,采用缩位拨号方式的端头电话机还可由用户自定义缩位拨号号码,并存储在电话机面板指定按键中。

2）系统组成

公务通信系统由公务电话、区间电话和 OCC 专人值守电话组成。

（1）公务电话。

① 车站。在捷运系统各车站设置数字程控交换机远端模块,在有关场所设置公务电话机,公务电话机通过普通用户线方式接入各车站的数字程控交换机远端模块。

② 控制中心(含车辆基地)。在捷运系统控制中心设置数字程控交换机,在控制中心(含车辆基地)范围内设置的公务电话机通过普通用户线方式接入数字程控交换机。

各车站的数字程控交换机远端模块通过光纤传输方式接入控制中心的数字

程控交换机,由数字程控交换机实现相应功能需求。

控制中心数字程控交换机与浦东机场电信程控交换机通过数字中继的方式进行对接,实现与市内电话网的沟通。

(2) 区间电话。地下区间内每隔 200 m 左右上、下行线路两侧各设置 1 台区间电话机,地面段区间内间隔 200 m 左右交错设置 1 台区间电话机,1~3 部电话机并联使用 1 个号码,设置在区间内的疏散平台、逃生通道、泵房、道岔等以及需要人工操作和巡检的轨旁设施处附近。

通过区间电话,电缆接入邻近车站的远端模块或控制中心的程控交换机。

(3) OCC 专人值守电话。在捷运 OCC 设置 1 台 24 h 有人值守的固定电话,确保机场内相关部门可随时与捷运系统保持联系。

专用通信系统由调度电话、端头电话和紧急电话组成。系统构成与公务通信系统的构成方式基本相同。

在捷运系统各有关场所设置的专用电话总(分)机,通过模拟用户线或数字用户线方式接入数字程控交换机或远端模块。由数字程控交换机实现相应功能需求。

10.2.1.2 设计重点及难点

(1) 由于捷运车站未设置车控室,因此无须实现车站级的集中通信功能。各电话终端均须最终接入控制中心,由控制中心进行统一管理。

(2) 由于捷运车站位于航站楼(或卫星厅)内部,从资源共享的角度考虑,可以利用航站楼(或卫星厅)的程控交换网实现捷运系统的通信需求。

10.2.1.3 方案研究

1) 初步设想

由于捷运系统需要设置的公务及专用电话数量不多且多位于无人值守的工作区,从满足运营使用需求、工程实施简便、便于后期维护和降低建设运营成本考虑,设计采用直接利用运营商的电话网络。

(1) 在捷运各车站有关场所设置各类电话机,通过模拟用户线或数字用户线方式接入所在航站楼/卫星厅内的运营商交换局,由运营商交换局实现相应功能需求。

接口位置:航站楼/卫星厅捷运站台层工作区弱电机房内的电缆接线盒(接线盒至电话机终端由捷运系统负责,接线盒以上由航站楼负责)。

(2) 在捷运控制中心设置程控交换机远端模块,通过数字中继线方式接入航站楼内的运营商交换局,由运营商模块局实现相应功能需求。

① 接口位置。捷运控制中心通信机房内的数字配线架进线端(进线端以内由捷运系统负责,进线端以外由航站楼负责)。

② 编号方式。捷运系统电话系统的编号应符合机场电话的整体规划方案。

③ 计费方式。结合运营模式等统一协商确定。

2) 最终方案

从系统安全、稳定、可靠的角度考虑,捷运系统公务及专用通信系统最终采用独立设置方式。采用"公专合一"的模式,进行控制中心集中通信管理。

10.2.1.4 系统设计

系统采用"公专合一"的模式,在控制中心设置一台数字程控交换机,在四个车站内分别设置一套远端模块,远端模块通过光纤直连的方式与数字程控交换机连通。

(1)在车站及区间内设置各类公务电话机,接入就近的远端模块内,最终由控制中心的数字程控交换机统一实现相应的公务通信功能。

(2)在车站内设置各类专用电话机,接入就近的远端模块内,最终由控制中心的数字程控交换机统一实现相应的专用通信功能。

控制中心数字程控交换机与浦东机场电信通信系统通过数字中继的方式进行对接。

10.2.2 专用无线通信(800 MHz)系统

10.2.2.1 功能及系统组成

1)系统功能

(1)基本功能。

① 选呼、组呼、紧急呼叫、直通模式呼叫(DMO)、遇忙排队、迟后进入、新近用户优先、呼入呼出限制、呼叫限时、组派接、呼叫显示。

② 缩位拨号功能。

③ 有迟后进入、超出服务区指示功能。

④ 多级优先功能。

⑤ 电话互联功能。

⑥ 动态重组功能。

⑦ 分组特性。

⑧ 列车调度的优先级。

⑨ 通话组扫描/优先监视。

(2)降级使用的功能要求。专用无线通信系统能满足基本网络无线通信系统的功能要求,并具备降级使用的功能。降级使用功能是指在无线交换机发生故障或因其他原因失去与一(些)个基站或全部基站的联系时,本系统应该提供的功能。包括:

① 捷运系统的无线系统能确保覆盖本系统所辖所有区域;

② 捷运系统分网管(传输系统所提供的通道正常情况下)应有记录。

(3)捷运系统无线系统对于处于本无线系统覆盖范围内的所有用户终端(调度台、手机、固定台和车载台),能够实现以下功能:

① 所有用户终端均有关于交换机已不能再为捷运系统服务的声音和文字显示的提示信息。在交换机发生故障或因其他原因退出服务的整个过程中,该类提示信息都出现,但该类提示信息的出现不应对各用户终端的使用造成妨碍。

② 所有车载台均能维持在一个统一的车载台组内,任何操作不会引起各车

载台在此状况下呼叫组的变化。

③ 所有固定台和对讲机能够自动转至统一的车载台呼叫组，至少必须能通过人工转至车载台呼叫组内。当各固定台和对讲机收到交换机退出服务的状态信息后，如不能自动转为车载台呼叫组时，可按规章规定或由调度员通知，由使用者人工进行转换至车载台呼叫组的操作。对未转化为车载台呼叫组的用户终端，可以维持在原通话组的通信能力，但其优先级必须低于车载台组的优先级，即确保车载台呼叫组的用户在任何情况下均能建立和维持通话。

④ 捷运系统的所有调度台均可以与在本线范围内有权使用的各类用户终端相互呼叫和通信，并可实现对车载台呼叫组的监听。降级使用的供调度员操作的调度台，应该与正常情况下使用的供调度员操作的调度台为同一设备，不得以零散的部分通过各种连线组成。

⑤ 上述功能的实现仅基于组呼，限制选（单）呼功能；即无论哪一个处于车载台呼叫组的用户终端发起呼叫，其余处于同组的所有用户终端均能听到其通信内容。任何一个车载台在应答、呼叫调度台和其他用户终端时，调度台能获知其车次号并记录通话的时间信息，此时凡是处于车载台呼叫组的各类用户终端之间通话均应被本系统为各线所配备的录音机录音。

⑥ 在交换机退出服务后，所有处于车载台呼叫组的用户终端通话操作记录和录音，均应与交换机正常工作时的一样。

2）系统组成

系统采用 TETRA 制式 800 MHz 数字集群系统，通过设置集群交换机、无线基站、漏泄同轴电缆和天线，将无线信号覆盖至本线各车站、隧道区间、车辆基地以及控制中心的调度大厅。

有关调度及车站值班人员、各列车和有关移动工作人员分别配置调度台、手持台等无线终端，满足其无线通信调度需求。

无线信号在隧道区间采用漏泄同轴电缆进行覆盖，在车站、车辆基地以及控制中心室内采用天线进行覆盖。

10.2.2.2　设计重点及难点

由于捷运车站位于航站楼（或卫星厅）内部，从资源共享的角度考虑，可以利用航站楼（或卫星厅）800 MHz 数字集群的无线交换机、基站实现系统功能。

10.2.2.3　方案研究

1）初步设想

在捷运系统控制中心、车辆基地、车站站台工作区、区间范围的无线场强覆盖采用漏泄同轴电缆（或室内全向天线）方式，长区间则通过光纤直放站方式中继无线信号；漏缆、天线通过射频电缆接入所在航站楼/卫星厅内无线通信系统的分合路平台。

车辆基地、控制中心设置调度台等设备，接入相邻航站楼内的无线交换机。

接口位置：航站楼/卫星厅捷运站台层工作区弱电机房内的无线通信系统配线架（配线架至终端由捷运系统负责，800 MHz 数字集群由机场委托运营商设计）。

2）最终方案

从系统安全、稳定、可靠的角度考虑,捷运专用无线通信(800 MHz)系统最终采用独立设置方式。

10.2.2.4　系统设计

基于浦东机场捷运系统运行安全和机场内频率分配的需求,专用无线系统将采用全基站设备配置方式,不设直放站。同时,在列车运行区间,即东西两线共 4 个轨道区间、包括 4 个车站站台,实现无线信号的双基站重叠覆盖,即无线用户可以同时接收到两个不同基站的信号,当某一个基站出现故障时,无线用户可以通过另外一个基站进行无线通信。

浦东机场捷运专用无线通信系统将作为一个子系统接入上海机场 800 MHz 系统,形成"一张网",提供完整的网内透明通信,所有移动终端可在集群设备覆盖范围内自由无缝漫游,并实现系统的所有功能。同时,若上海机场 800 MHz 系统出现故障,捷运专用无线通信系统可保持独立正常运行;若捷运专用无线通信系统交换机出现故障,上海机场 800 MHz 系统可起到应急备份作用。

10.2.3　车地宽带无线通信系统

10.2.3.1　功能及系统组成

1）系统功能

(1)系统可为多种业务系统(乘客信息、车载视频、车辆在途信息等信息)提供统一的车地传输通道,不同业务系统提供安全隔离和 QoS 优先级保障。

(2)系统采用的无线通信频点、频段确保与信号系统即基于通信的列车自动控制系统(CBTC)的车地无线通信系统不产生相互干扰;确保与机场旅客 WiFi 系统的无线通信信号不产生相互干扰;确保与 800 MHz 专用无线通信系统的无线通信信号不产生相互干扰。

(3)系统在非连续的 AP 或者链路故障的情况下,须保持车地通信不中断。

(4)系统在车载工业交换机单点故障下,须保持终端上网不中断。

(5)系统在车地通信中断的情况下,须确保车内内容推送不受影响。

(6)系统须部署防火墙设备,保护网中各类服务器不受外来和内部无线终端的攻击。

(7)系统须满足视频监控系统实时业务回传并有足够结余带宽,监视画面无明显的缺损,图像画面连贯,物体移动时图像无前冲现象,图像边缘无明显的锯齿状、拉毛、断裂、拖尾等现象,效果清晰,实现不少于 32 路视频图像同时实时上传。

(8)系统对于车内视频点播业务,须实现 1 080 P 的高清视频实时下发,且业务画面流畅,无卡顿,无毛刺、锯齿、断裂、拖尾等现象,效果清晰。

2）系统组成

系统建设高速、可靠的车地无线通信,为各业务系统提供传输服务和接口。系统包括控制中心部分、车站部分、轨旁部分和车载部分,系统通道主要用来传输控制中心与各车站、捷运列车的视频信息、车辆在途信息和各种数据信息。

（1）控制中心设备。主要包括核心交换机、无线控制器、网管系统、安全防火墙等设备和材料。

（2）车站设备。主要包括车站全光接入交换机等设备和材料。

（3）轨旁设备。主要包括轨旁无线 AP、配套光纤等设备和材料。

（4）车载设备。主要包括车载车地通信 AP、车载交换机等设备和材料。

10.2.3.2 设计重点及难点

（1）由于捷运车站位于航站楼（或卫星厅）内部，机场的旅客 WiFi 公用网需要覆盖到捷运范围，从资源共享的角度考虑，可以与其进行"共网"设置。

（2）捷运范围内有各类无线通信系统，包括信号系统 CBTC 的车地无线通信系统、机场旅客 WiFi 系统、专用无线通信（800 MHz）系统、各电信运营商的无线通信系统，本系统采用的无线通信频点、频段须确保与上述系统不产生相互干扰。

10.2.3.3 方案研究

1）初步设想

在捷运范围设置一张"共网"，为多种业务系统（乘客信息、车载视频、车辆在途信息、旅客 WiFi 等信息）提供统一的车地传输通道，不同业务系统提供安全隔离和 QoS 优先级保障。

2）最终方案

根据机场方面对本系统安全、稳定、可靠的考虑，车地宽带无线通信系统最终采用独立设置方式，与旅客 WiFi 公用网为物理隔离的"两张网"。

10.2.3.4 系统设计

系统主要由控制中心设备、车站设备、轨旁设备和车载设备组成，采用以太网组网。

1）控制中心设备

在控制中心新设中心级设备，由核心交换机、无线控制器、网管系统和安全防火墙构成。

核心交换机是车地宽带无线通信系统的核心设备，汇聚系统承载的所有业务流量，并对外提供接口；无线控制器对系统所有部署的轨旁无线 AP、车载车地通信 AP 进行统一配置管理；安全防火墙为系统的外部对接提供数据安全防护；控制中心网管设备应能在本套网管设备上实现全线系统的管理。

2）车站设备

车站设备由机柜内的全光接入交换机设备构成，全光接入交换机接入各隧道区间的轨旁无线 AP，并通过双链路千兆光纤上传至控制中心的核心交换机。

3）轨旁设备

轨旁设备由在隧道区间部署的轨旁无线 AP 构成，轨旁无线 AP 在隧道内采用强电供电，通过光纤上传业务数据至车站，通过车地无线桥接提供车地宽带无线通道。

轨旁设备的实施,需要考虑光纤资源的部署。

4)车载设备

车载设备由车头车尾的车载车地无线通信 AP、车厢内的车载交换机构成,车地通信 AP 与轨旁 AP 建立车地宽带无线通道,车载交换机为车地通信 AP 提供有源以太网(POE)供电并传输数据,同时车载交换机为各系统提供接口。

5)传输通道

本系统采用独立组网系统,为各业务系统提供传输通道,并为不同业务系统提供数据隔离和 QoS 设计。

业务流通过车载交换机传输至车载车地通信 AP,通过车地无线通道传输至轨旁 AP,轨旁 AP 通过光纤(本系统提供)上传至站台全光接入交换机,再通过主干光缆(由视频监控系统提供)传输至核心交换机。

另外,根据机场方面的要求,本系统与旅客 WiFi 公用网为物理隔离的"两张网"。对于旅客 WiFi 系统,本工程负责捷运系统车厢内天馈线、车头天馈线的安装及车厢内的布线。同时,为车厢内设备预留安装空间位置和配套电源,为轨旁设备预留安装空间位置和配套电源。

10.2.4 视频监控系统
10.2.4.1 功能及系统组成
1)系统功能

视频监控系统是捷运营、管理现代化的配套设备,是供运营、管理人员实时监视车站客流、列车出入站及旅客上下车情况,以加强运行组织管理,提高效率,确保安全正点地运送旅客的重要手段。本系统采用全数字高清系统。系统具有以下功能:

(1)监视功能。系统从使用上应满足中心行车、环控(防灾)、电力和车站(段)值班员、列车司机对相应的区域进行监视。

(2)控制功能。系统可实现中心、车站、司机三级监视和中心、车站两级控制;中心各调度员可在各自的显示终端或中心大屏幕上任意调看全线任意摄像机的图像,车站(段)值班员可调看本站(段)任意摄像机的图像,中心控制级别高于车站级。

(3)录像功能。捷运系统作为机场重要设施,应作为反恐重点监控目标。车站(段)设置网络视频存储设备,可对车站(段)所有摄像机的图像进行 24 h 不间断录制,并保存≥90 d,控制中心可以调看任意车站(段)的录像并刻录。

(4)其他功能。系统还实现与公安视频监控系统的图像共享、集中网管等功能。

2)系统组成

(1)前端设备。

① 在捷运各站台工作区的设备用房及走道内设置室内半球摄像机。

② 在捷运各站台公共区设置固定枪式摄像机,监视屏蔽门状态。

③ 在捷运区间(包括逃生平台、疏散通道等)设置低照度固定枪式摄像机,平

均 1 台 /100 m。

④ 在控制中心、车辆基地设置固定枪式摄像机。

⑤ 捷运各站台公共区其他监视由航站楼/卫星厅统一设置。

⑥ 所有摄像机均采用数字高清网络摄像机,具有时间校正、字符叠加等功能。

⑦ 在捷运各站台工作区的司机瞭望区设置站台监视器(46″)。

⑧ 在捷运各站台工作区内的弱电机房内设置本地数字视频交换、多画面分割、存储、回放、管理工作站等设备。

⑨ 在各列车的司机室、车厢内设置室内半球摄像机(由车辆厂负责实施)。

(2) 传输系统。本系统在捷运各车站、车辆基地(控制中心)设置千兆以太网交换机,各车站与车辆基地(控制中心)间通过光缆构成星型网络。

列车内的视频图像通过车地无线传输系统上传至控制中心,控制中心调度员在需要时或应急情况下能实时调用。

(3) 控制中心设备。各摄像机采集的图像通过千兆以太网交换机接入视频综合控制管理平台,实现对整个系统的设备管理、实时监控调度、综合显示屏显示、视频存储检索回放、报警联动、智能分析等功能。

硬件主要包括千兆以太网交换机、视频解码器、视频管理服务器[可接网络视频录像机(NVR)]和视频工作站等。

配套软件包括视频管理服务器软件、视频工作站软件和视频检索客户端软件等。

10.2.4.2 设计重点及难点

(1) 捷运范围内摄像机的设置,须考虑无盲区、全覆盖,尤其是在区间的岔区、疏散通道、逃生平台等位置。

(2) 从系统运行的稳定性、可靠性考虑,各前端设备均采用不间断电源(UPS)集中供电方式。

(3) 根据捷运运营的需求,车载视频需要接入本系统的管理平台,由于车载视频有自己独立的管理平台,因此两个管理平台之间需要进行协议的对接。

(4) 捷运范围内有部分摄像机是为机场安防门禁配套设置的,需要单独纳入机场 CCTV 系统。

(5) 司机屏位于站台公共区,其设置位置、方式与公共区装修需要密切配合。

10.2.4.3 方案研究

(1) 捷运系统设置独立的视频监控系统,在车站与机场闭路电视(CCTV)系统联通,统一在控制中心满足机场 AOC、TOC、安检、边防、公安等部门对捷运视频的实时监控和调用的需求。

(2) 捷运系统各前端设备的供电均统一从车站或控制中心弱电机房内的 UPS 引出,独立敷设电源线。

(3) 车载视频的管理平台在各列捷运列车上,本系统的管理平台在控制中心,两者通过车地宽带无线系统、按照统一的通信协议进行对接。

（4）捷运范围内为机场安防门禁配套设置的部分摄像机,统一接入各航站楼（或卫星厅）内机场范围内的弱电间,再纳入机场 CCTV 系统。

（5）站台司机屏根据各站公共区的装修方案,分别采用嵌墙式、落地式的方式进行安装。

10.2.4.4　系统设计

（1）系统采用全数字的视频监控构架。

（2）前端摄像机通过 EPON 光交换设备,接入本地弱电机房。

（3）采用集中 UPS 供电电源和独立敷设电源线的方式对摄像机供电。

（4）数字高清摄像机采用 1 080 P 分辨率。

（5）各类摄像机合计 525 套。

（6）车站及控制中心设有 NVR 对本地视频进行存储,存储时间不少于 90 d。

（7）车站司机位监视器通过机房高清解码器解码后显示多画面。

（8）控制中心设三个操作台,配置系统工作站可通过客户端查询实时图像、录像及回放。显示系统采用硬件解码器输出高清视频在大屏幕上显示。

（9）控制中心机房内设置中心平台管理服务器对整个系统进行统一管理。

10.2.5　广播系统

10.2.5.1　功能及系统组成

系统由运营线广播、车辆基地广播系统组成。

根据本捷运系统实施范围及运营管理分工,捷运运营线广播的范围仅为捷运车站设备区,同时由于捷运车站不设置车控室（无车站值班员）,因此平时不进行广播,仅在紧急情况下（或火灾状况下）由捷运控制中心直接广播。

捷运车辆基地广播的范围为捷运车辆基地区域,由控制中心调度员（本线不设专门的车辆基地调度员）负责广播,进行作业指挥和生产调度。

运营线广播与车辆基地广播统一由一套系统设备实现。

10.2.5.2　设计重点及难点

（1）由于捷运车站未设置车控室,因此无须实现车站级的集中广播功能。各扬声器须最终接入控制中心,由控制中心进行统一管理。

（2）由于捷运车站位于航站楼（或卫星厅）内部,从资源共享的角度考虑,可以利用航站楼（或卫星厅）的有线广播网实现捷运系统的通信需求。

（3）捷运站台屏蔽门外侧公共区属于航站楼（或卫星厅）设计范围,从捷运运营管理需求考虑,可在屏蔽门旁设置部分扬声器、由捷运控制中心负责广播。

10.2.5.3　方案研究

1）初步设想

在捷运车站工作区设置广播控制箱（包括功率放大器、音区控制器等）及扬声器,以独立音区的方式接入所在航站楼/卫星厅的广播主机。

相关工程负责机场内各航站楼与卫星厅之间广播系统互联设计,并预留各航站楼/卫星厅广播系统至捷运控制中心的接口和通道。

接口位置:捷运车站工作区广播控制箱的数字音频输入端(广播控制箱至扬声器由本工程负责,其余由相关工程负责)。

在捷运区间(包括逃生平台、疏散通道等)设置广播控制箱(包括功率放大器、音区控制器等)及扬声器,在捷运控制中心设置广播主机,通过网络自成系统。

控制中心设置广播控制盒,可实现对捷运车站站台工作区和区间的远程广播。车辆基地设置广播控制盒,可实现对车辆基地范围内的本地广播。

在捷运站台屏蔽门外侧设置部分扬声器,由捷运控制中心负责统一广播。

2)最终方案

捷运系统设置独立的广播系统,在车站、控制中心与机场广播系统均无接口,不实现系统互联。

捷运系统在站台屏蔽门外侧不设扬声器,该区域由机场统一负责广播。

10.2.5.4 系统设计

1)系统构成

本系统由控制中心(含车辆基地)广播设备、车站广播设备、系统监控终端及传输通道构成。

2)控制中心(含车辆基地)

控制中心(含车辆基地)广播设备包括广播话筒、控制盒、控制设备、功率放大器、负载输出控制器和扬声器等。控制中心调度员利用广播控制盒对各车站工作区进行广播内容、区域选择、优先级处理,并可对播音内容进行同步录音。

控制中心按30个3 W扬声器配置,车辆基地按40个15 W扬声器配置。

3)车站工作区

车站广播设备由控制设备、功率放大器、负载输出控制器和扬声器等组成。

每个车站工作区平均按20个3 W扬声器配置。

在捷运车站工作区设置广播控制箱(包括功率放大器、控制器等)及扬声器。

在对消防应急广播进行消防测试时,当环境状态噪声大于60 dB时,扬声器在其播放范围内最远点的播放声压级应高于背景噪声15 dB。

本系统还应做到在各播音区内,环境噪声在60~75 dB范围时,其最远点的声压级应高于背景噪声15 dB。

4)传输通道

控制中心设备与车站广播设备通过专用的以太网通道组网,实现语音信息、控制信息的传输。

5)系统监测终端

在控制中心设置一套广播系统监测终端,可对中心、各车站的广播设备进行统一实时监控和管理。其具有集中维护和自诊断功能,可进行配置管理、性能管理、故障管理、故障记录管理和安全管理等。控制中心网管可以选择任意一个车站的任意一路音频功率放大器输出进行监听(通过网管终端的内置或外置扬声器,音量可调)和监测(以数字电平表的形式显示在网管终端的软件界面上),运营结束后,可通过网管选听任意一条录制在语音合成器中的信息。

本工程各车站的广播设备机柜设置便携式微机接口,以便维护人员在本工程任意车站对本地和其他站点进行设备检测和修改各项参数。

10.2.6 乘客信息系统

10.2.6.1 功能及系统组成

系统在控制中心主要设置中心交换机、中心服务器和操作员工作站。

列车运行状态等信息由控制中心设备制作,并通过 100 M 以太网通道对各车站下发或修改显示内容。机场运行中心(AOC)/航站楼运行中心(TOC)传来的信息先接入控制中心的信号系统自动列车监控系统(ATS)服务器,再转到乘客信息系统(PIS)服务器,由 PIS 统一对车站、车辆发布信息。

系统在各车站主要设置车站弱电机房内的 PIS 设备柜(含机柜内所有设备)、车站站台 LED 显示屏。

车站交换机向上通过专用的 100 M 以太网通道连接控制中心,向下通过 100 M 局域网连接站内的各侧站台 LED 显示屏控制卡。

每座车站的站级播放控制器都是相对独立的,控制中心操作员可以直接控制每座车站的显示内容及其版式,可以根据需要在同一时间内使每组显示屏显示不同的信息。

系统机房内设备为一级负荷,由通信 UPS 统一供电,后备时间 2 h。站台显示屏则由通信交流配电柜直接供电(不通过 UPS)。

10.2.6.2 设计重点及难点

PIS 的发布内容主要为捷运列车的班次信息,因此其显示屏的设置地点只能是在捷运范围内,具体位置的选择成为本次设计的重点及难点。

10.2.6.3 方案研究

1)初步设想

在最初的方案中,PIS 显示屏考虑以嵌入方式设置在屏蔽门上方的装饰盖板内,但是在与屏蔽门厂家、车站装修单位对接后发现存在各类问题。

2)最终方案

考虑采用吊杆或横支架的方式,将 PIS 显示屏垂直于屏蔽门安装。通过对各车站站台的现场踏勘,各车站均采用在轨行区的上排热风道安装横挑臂支架方式固定 PIS 显示屏。

10.2.6.4 系统设计

1)PIS 显示屏安装位置及数量

各车站的每侧站台安装 4 台,分别位于站台两端及中部,其中国内区、国际区各 2 台。每个车站共 16 台。

LED 屏屏体垂直于轨行方向安装。

2) PIS 显示屏主要规格参数

为单面显示全彩(红绿蓝组合)LED 屏。

LED 屏显示尺寸为 1.28 m×0.64 m、像素间距 5 mm。

屏体采用前维护方式。

10.2.7 时间系统

10.2.7.1 系统功能

时间系统为控制中心、各车站及停车场的子钟提供统一的标准时间信息,并在各车站为屏蔽门系统等各相关系统提供统一的标准时间信息和定时信号。

时间系统具有降级使用的功能,从一级母钟到二级母钟再到子钟均可逐级脱离运行。系统应具备扩容和扩网功能。母钟应具有统一调整起始时间、变更时钟快慢的功能。

10.2.7.2 系统组成

系统在控制中心设置一级母钟,在各车站设置二级母钟。控制中心的一级母钟接收来自机场时间系统提供的标准时间信息,一级母钟与二级母钟间利用通信传输网络(共用视频监控系统的传输系统)数据通道总线连接,母钟与子钟间通过电缆连接。

在控制中心的弱电综合机房内设置一级母钟、监控设备及输出接口设备等。

在各车站的弱电综合机房内设置二级母钟及输出接口设备等。

在控制中心、各车站及车辆基地需要显示时间的场所安装子钟。在控制中心调度大厅内安装数字式日历子钟;在各车站、车辆基地的设备用房、值班室内安装数字式子钟;在车辆基地的停车库内安装指针式子钟。

各车站站台的公共区内不设置子钟,该区域时间信息由乘客信息显示屏提供。

10.2.8 通信电源系统及通信接地系统

10.2.8.1 功能及系统组成

1) 控制中心

由供电专业按一级负荷提供两路独立的 TN‑S 制交流电源(其中一路为主用,另一路为备用)至通信信号设备室的壁挂式交流自切配电箱(供电专业提供),完成自切后,为通信专业提供两个不同容量的回路,分别接入通信专业的两个交流配电柜,实现对通信 UPS 电源和需交流直供的通信设备供电。

2) 车站

由供电专业按一级负荷提供两路独立的 TN‑S 制交流电源(其中一路为主用,另一路为备用)至弱电综合室的壁挂式交流配电箱(通信专业提供),接入通信专业的交流自切配电柜,实现对通信 UPS 电源和需交流直供的通信设备供电。

3）通信电源网管系统

系统在控制中心设置通信电源网管终端。

4）通信电源系统防雷

通信电源系统的防雷主要通过电源设备机柜内设置的分级防雷装置实现。

5）通信接地系统

本系统在各车站及控制中心设置联合接地、保护接地两种接地。

10.2.8.2　系统设计

1）控制中心

根据本工程实际,本系统在通信信号设备室设置两套通信电源设备,分别包括:

交流配电柜 1（进线容量 125 A/3P）、UPS（容量 60 kV·A）、2 h 后备电池;

交流配电柜 2（进线容量 80 A/3P）、UPS（容量 30 kV·A）、2 h 后备电池。

其中,交流配电柜 1 主要为通信系统设备供电,交流配电柜 2 主要为电力数据采集与监视控制（SCADA）系统及车辆专家系统设备供电。

2）车站

根据本工程实际,本系统在各车站的通信电源设备包括壁挂式交流配电箱、交流自切配电柜、UPS（容量 15 kV·A）和 2 h 后备电池。

3）通信电源网管系统

系统在控制中心设置通信电源网管终端,在各车站及控制中心的通信电源设备内设置监控模块,监测信号由监控模块通过以太网传输通道送至控制中心。实现对交流自切配电柜、UPS 电源、防雷器的工作状态以及蓄电池组充放电情况的统一监视。

4）通信电源系统防雷

通信电源系统应采用机柜内具有分级防雷措施的通信电源设备。在交流配电设备输入端（三根相线及零线）、整流设备输入端均应分别加装防雷器。

通信电源设备机柜内采用的防雷器应带远程监控模块,应通过具有防雷检测资质的国家和上海市相关职能部门的认证。

5）通信接地系统

本系统在各车站及控制中心设置联合接地、保护接地两种接地。

（1）联合接地。在各车站及控制中心的联合接地采用与供电系统合设接地体。接地电阻不大于 1Ω,且接地引出点应分开。从接地体至通信机房弱电接地箱的接地电缆,应选用电压等级 1 000 V,低烟、无卤、铠装、阻燃的电缆。

将以下各点连接至联合接地上:

① 直流电源需要接地的一极;

② 通信设备的保安避雷器;

③ 通信设备的机架、机壳;

④ 室内电缆的金属保护管、桥架和电缆屏蔽层;

⑤ 其他弱电系统设备。

（2）保护接地。该接地利用供电系统的接地保护。由供电系统的接地保护PE线，连接至通信交流自切配电柜的机架、机壳。

（3）弱电接地箱。采用墙面嵌入式，设置在通信机房内的电源设备区域。弱电接地箱应为各弱电系统提供接地干线的接入条件。

通信机房内的接地引接点由动力照明专业统一设置，通信专业负责完成从接地引接点接出、接地线敷设、弱电接地箱的设置和接地铜排的连接等工作。

10.3　信号

10.3.1　功能及系统组成

10.3.1.1　系统功能

1）列车自动监控（ATS）系统功能

ATS子系统在列车自动防护（ATP）、列车自动运行（ATO）子系统的支持下完成控制中心行车计划的编制、管理，实现对全线列车运行的自动监控和列车运行的自动调整，中心ATS对车辆段进行监控。其主要功能包括以下几个方面：

（1）列车自动识别及自动追踪功能。ATS子系统根据当日计划运行时刻表确定的车次号以及列车与地面的双向通信，根据列车在线运行的位置、进路状态等信息，实现全线的列车自动追踪运行，并显示车次及列车进入、驶出管辖区的车次自动移位。ATS工作站上显示的列车运行方向与控制中心中央信号应基本一致。

（2）列车运行调整功能。ATS子系统根据列车偏离当日计划运行时刻表的程度，进行运行调整；也可以根据运营需求对在线运营计划进行调整，包括"增列车线"和"减列车线"。

（3）进路自动控制功能。ATS子系统与其他子系统结合，可根据列车运行时刻表自动办理进路，必要时中心调度员可介入进行人工控制。

中央ATS模式下，由在线运营计划为列车分配班次，列车按照班次配置的运行线指定的进路行驶，一条运行线定义了一组点到点之间的行程，系统为列车配置的运行线定义了所要求的进路ID、目的地和运行方向。

列车行驶到达进路触发区域（如站台）需要发车时，ATS自动排列目的地进路，排列的进路由列车的目的地号和位置确定。

调度员人工介入取消进路的方式包含以下两种：进路取消和人工解锁。对于已开放信号的列车进路，办理取消进路操作后，联锁将立即关闭进路的始端信号机。信号关闭后，未处于接近锁闭的进路立即解锁；处于接近锁闭的进路，进路保持在锁闭状态，进路采用延时解锁方式解锁进路。对于因故未解锁的轨道区段在检查该区段空闲后，ATS支持调度员通过下发区段故障解锁安全命令的方式对故障区段实施解锁。

（4）时刻表的编制与管理功能。能够实现自动或手动编制系统运行需要的各种时刻表，并可以进行修改。编制后的时刻表在数据库服务器的磁盘机内存储。存储的时刻表一旦被调度人员确认并进入在线系统，即可成为可实施的计划运行时刻表。上海机场捷运线需 24 h 不间断运营，ATS 支持编制 24 h 的运营计划，控制中心 ATS 系统可提供多种时刻表（如平日、节假日、不同季节、每天不同运营时段、临时事件的时刻表）。

通常编制时刻表须输入下列信息：车次号，列车停靠站台，车站到、发时及通过站、始发站、终到站等信息。

（5）运行图绘制功能。ATS 中心计算机根据编制的时刻表及列车的实际运行情况，自动产生计划和实际运行图，可在控制中心的绘图仪或打印机上按指定的时间间隔及不同的颜色输出；运行图也可在有关工作站上显示并再现。

（6）列车运行的监视功能。系统根据 ATS 的信息在中心大屏上动态显示全线线路、车站、折返线、道岔、信号机、进路以及在线列车运行的实际位置等信息。

（7）各种操作信息的记录及回放功能。ATS 子系统对整个 ATC 系统设备的状态、报警信息和调度员的操作信息进行记录并输出备份，并能够根据运营需要，对系统所辖区域内的数据进行组织回放。

（8）车站发车计时器。通过 ATS 驱动车站发车计时器，向司机提供车站发车时机早晚点提示。正常情况下，列车在站台停车后，发车计时器显示距计划时刻表的发车时间，为零时指示列车发车。

（9）车站扣车。ATS 系统可以在控制中心设置列车扣留（并在随后释放）命令。系统将在司机和调度员的显示设备上显示列车的扣留信息。

（10）跳站停车。ATS 系统可以控制装备列车通过一个或一组车到站后不停靠，系统将在司机和调度员的显示设备上显示列车的跳站信息。

2）列车自动防护（ATP）系统功能

ATP 子系统是保证列车运行安全、提高运输效率的重要设备，由车载设备和地面设备组成，该系统必须符合故障-安全的原则，并具有自检和自诊断能力。其主要功能包括以下几个方面：

（1）列车定位和测速功能。车载连载控制单元（OBCU）通过检测在轨旁布置的应答器，并结合速度传感器与加速度传感器等车载设备 ATP 子系统对列车位置进行定位。车载 OBCU 检测到一个应答器后，根据该应答器的位置确定列车的位置；列车在两个应答器之间运行时，根据前一应答器的位置和车载 OBCU 检测到该应答器后走行的距离确定列车的位置。

ATP 子系统具有定位和测速误差的补偿功能，系统应能自动纠正由于车轮空转、打滑或轮径磨损所引起的误差，系统对轮径磨损补偿范围为 770～840 mm，通过轮径补偿将提高测速算法的精度，保证列车的运行安全和确保系统的性能指标。

（2）确定列车的移动授权，实现列车间隔控制功能。移动授权就是列车的行车许可，根据列车的控制级别，可分为连续式列车控制级别（CBTC 模式）下的移动授权、降级模式列车控制级别下的移动授权。

ATP 子系统应保证前行与后续列车之间的安全间隔，满足正向行车时的设计行车间隔和折返间隔。

ATP 地面设备可通过车-地双向通信设备向列车发送必要的限制速度、移动授权等信息，以供车载 ATP 系统确定列车运行的安全保护曲线，保护列车在安全保护曲线下运行。

对于装备列车和非装备列车混合运营,或者车-地通信设备故障、系统运行于降级模式时,通过计轴设备获得列车的位置,后续列车禁止进入前行列车占用的轨道区段,禁止进入前行列车占用的进路,保障列车运行间隔。

(3)列车超速防护和制动保障功能。车载 OBCU 根据土建限速、临时限速、道岔限速、站台限速和车辆构造速度等,计算列车的授权速度,并根据授权速度保证列车的安全运行。

在 ATP 安全制动模型约束下,建立、监测和执行 ATP 防护速度曲线,系统确保在任何情况包括故障情况下,列车的实际运行速度不超过它的安全速度。

关于列车的最高速度,由移动权限预先设定的列车安全到达停车点、进入永久或临时限速区段之前,能保证列车安全停车的最高速度。

对列车实际速度和由 ATP 根据列车位置所确定的防护速度曲线上的速度进行比较,当列车实际速度超过了同一位置上 ATP 防护速度曲线上的速度时,系统必须马上采取制动措施。

制动措施包含紧急制动或受到监控的常规制动。当采用常规制动时,系统必须监测制动加速度,保证制动加速度在规定时间内能使列车的实际速度降到 ATP 防护速度以下,否则立刻实施紧急制动。

(4)列车退行保护和零速度检测功能。ATP 系统必须监视实际列车运行方向,并与建立的运行方向进行比较。当列车监视到超过规定范围的倒退运行时,应立即启动紧急制动措施。

轨旁区域控制器(ZC)接收到来自进站通信列车的退行防护请求后,自动设置退行防护保护点,作为后续列车移动授权的障碍物,同时向进站通信列车发送退行许可。一旦退行防护保护点被设置成功,轨旁 ZC 将维持目标站台的退行防护,直至 OBCU 不再发送退行防护请求或列车完全离开站台区域。

列车到达规定的停车位置停车后,必须进行零速度检查。零速判断依据为:列车速度值处于≤0.5 km/h 的范围且持续时间不小于 200 ms;非零速判断依据为:列车速度值处于≥2.5 km/h 的范围且持续时间不小于 200 ms。在零速度检查确定前,禁止打开载客列车的车门。

(5)轨道末端防护功能。轨道末端防护与超速防护联合作用,能防止列车冲出轨道末端。如有车挡时,防止列车以超过设计的限速与车挡相碰撞。

(6)车门及站台门的安全监控功能。车载 OBCU 持续监督运行中的列车"车门关闭"状态和"车门锁闭"状态。当检测到"车门关闭"状态丢失时,在任何区域内运动列车将实施紧急制动。当"车门锁闭"状态在有效区域(有效区域是指列车自起动驶离车站至紧急制动使列车停止时,至少仍有一个车门处于站台区域)内丢失时,运行列车实施紧急制动;在无效区域(非有效区域)内丢失时,运行列车将保持正常运行。

在有效区域内,因"车门锁闭"状态丢失而迫停的列车,司机可根据司机室车辆显示单元等现场显示情况至现场处置后继续运行。

当"车门锁闭"状态丢失时,运动列车车门应施加关门方向的力,使车门处于关闭趋势,该功能由车辆实现。

在列车未对准的情况下,车载 ATP 检测到"车门关闭"或"车门锁闭"任一安全信息丢失,在 DMI 上提供报警信息。

当"车门锁闭"在有效区域内丢失导致列车停车或"车门关闭"状态丢失致使列车停车时,经司机处理无法恢复"车门锁闭"或"车门关闭"状态并按相关行车管理办法处理后,可激活车门关好旁路开关。

车载 OBCU 持续监督车门状态旁路开关,当检测到车门状态旁路开关被激活时,只允许列车以编码模式(CM)人工驾驶模式运行,司机须按照行车管理办法限速驾驶。

轨旁 ZC 通过联锁设备对站台门关闭锁闭状态和互锁解除状态进行监控,并实时将站台门关闭锁闭状态和互锁解除状态发送给 OBCU。

对于连续式通信控制级别(CBTC 模式)的列车,运行中发生站台门关闭锁闭状态丢失且未互锁解除时,进、出该站台的已开放的信号机自动关闭,相关区域内运行列车的移动授权回撤,正在进站、出站或跳停该站的列车施加紧急制动。

对于点式控制级别和联锁控制级别(后备模式)的列车,站台门关闭锁闭状态丢失且未互锁解除时,进、出该站台的已开放的信号机自动关闭,撤销该点的点式移动授权。

由于站台门关闭锁闭状态丢失而关闭的进、出站信号机,在站台门关闭锁闭状态恢复或互锁解除激活后自动开放,撤销的移动授权同步恢复。

车载 OBCU 对站台门状态进行实时监督。列车停靠站台时,不会因为站台门正常开、关操作引起列车的紧急制动,站台门安全关闭后才允许列车发车。

(7) 站台紧急停车功能。在控制中心、车站站台设紧急停车按钮。当按下紧急停车按钮后,撤销列车的移动授权,移动授权的恢复须经人工确认,如有地面信号机,还应切断信号开放电路。

3) 列车自动运行(ATO)系统功能

ATO 子系统是自动控制列车运行的设备,由车载设备和地面设备组成。在 ATP 子系统的安全防护下,根据 ATS 子系统的指令实施列车的自动驾驶。其主要功能包括以下几个方面:

(1) 列车自动运行功能。ATO 子系统是在 ATP 的保护曲线下制定列车的运行曲线,实现对列车运行状态的合理控制,自动完成对列车的启动、加速、惰行、巡航减速和精确制动停车等,控制列车运行速度,对牵引及制动控制要满足舒适度的要求,必须按司机指令或 ATS 输入执行列车的启动、停止和速度调节。

在自动穿梭模式(SAM)驾驶模式下,列车停靠在站台,司机检测到发车授权条件满足时,按压 ATO 启动按钮,列车方可移动。车载 ATO 能够控制列车在站台区间平稳停车;符合发车条件时,自动启动列车继续行驶。

(2) 车站精确停车功能。ATO 车载设备根据 ATP 的保护曲线,在满足列车运行间隔要求的前提下,合理制定列车在车站内运行的 ATO 曲线,保证停车精度。列车停在停车点精度范围内(± 0.5 m)时,才运行自动打开车门及站台门。车载 ATO 支持在折返线和存车线精确停车。

（3）自动折返控制功能。ATO 子系统能实现列车有人或无人的自动折返功能。

（4）车门、站台门的控制功能。能根据停车站台的位置、停车精度对车门及站台门进行监控，可人工或自动开 / 关车门。

（5）列车运行自动调整和列车节能运行控制功能。根据 ATS 指令选择最佳运行工况，确保列车按运行图运行，达到列车运行的自动调整和节能控制。

4）计算机联锁子系统功能

计算机联锁设备是保证列车运行安全，实现进路、道岔、信号机之间正确联锁的基础设备，必须满足故障-安全原则。为确保正线区域内行车、折返、出入场及转线等作业的安全，正线（含折返线、停车线）全线均纳入联锁范围。系统应具有下列主要功能：

（1）实现进路上的道岔、信号机、进路的联锁功能，保证联锁关系正确。

（2）根据运行计划及列车位置自动设定、建立、锁闭、解锁列车进路，具有自动排列进路功能，可自动排列通过进路及自动折返进路。

（3）能对正常的进路、延续进路、超限区段进行防护，并有侧翼防护功能。

（4）对其控制范围内的信号元素实行单独控制。既能对道岔实行单独操作和单独锁闭，又能对道岔、信号机等信号元素实施封锁。

10.3.1.2　系统组成

信号系统设备按地域分布在控制中心、正线车站及轨旁、列车、车辆基地等物理位置。

1）控制中心设备

控制中心设备是 ATC 系统监控的核心部分，主要包括中央 ATS 子系统、数据通信系统（DCS）设备、维护管理系统（MMS）及电源设备。

（1）中央 ATS 子系统。为 ATS 子系统的数据处理中枢。系统获得全线车站、车辆段 / 停车场以及外部系统的数据后，将站场图显示、报警、列车状态等各种信息发往各 ATS 工作站和显示屏显示，以满足中心自动控制、调度员人工控制以及车站控制的要求。

（2）数据通信系统。采用热备冗余的双通道结构；关键网络设备如骨干网交换机等均采用热备冗余结构，提供由端到端数据安全防护的轨旁有线通信网络和车地无线通信网络两大部分组成的实时宽带数据通信系统，其主要作用是为信号系统的中央、轨旁和车载各控制子系统之间构筑安全、可靠、实时透明的信息传输平台。

（3）维护管理系统。主要用于 ATS 维护、ATC 系统故障报警处理和车站信号设备的监测。用于显示全线站场图、系统设备状态、故障报警、重要事件等，并进行数据存储管理、ATS 系统管理和网络管理等。

（4）电源设备。在控制中心配备独立的 UPS、智能电源屏和蓄电池设备，处理全线电源系统工作状态及故障报警信息。UPS 和电池提供 30 min 后备电源。

2）正线车站

根据车站配线分布情况、设备控制距离要求，同时兼顾系统运营维护的便利性，捷运线正线设 S1 和 S2 站两个设备集中站，车辆段设置联锁设备。

设备集中站室内设有联锁设备(CBI)、ATP 设备(区域控制器 ZC)、车站维护设备、数据通信系统(DCS)、继电器柜、电缆柜、室内分线柜、电源屏和防雷设备等。

（1）联锁设备。正线每个设备集中站和车辆段设置一套计算机区域联锁设备，用以实现管辖车站的信号设备联锁控制，联锁设备采用 2 乘 2 取 2 结构。

（2）区域控制器。正线每个设备集中站配备一套区域控制器，主要负责列车管理、位置追踪、列车移动授权计算等 ATP 功能，并与相邻设备集中站的区域控制器进行信息交换。

（3）车站维护工作站。设备集中站设置车站维护工作站构成维修网络系统，能够实现远程实时监测信号设备的使用情况，进行远程故障报警和诊断，并进行数据的统计和分析，为故障的及时处理提供可靠的依据，从而进一步缩短故障的平均修复时间(MTTR)，提高系统的可维护性。

（4）数据通信设备。设备集中站设置数据通信设备，并在轨旁设置无线设备实现车-地双向通信，传输地面线路数据、列车目标速度、目标距离、进路状况、列车号、目的地号、司机号、列车位置、ATP/ATO 车载设备的状态、车门开/关状态、列车停稳、车站跳停、列车运行调整(ATO 运行等级)等信息。

3）轨旁设备

轨旁设备主要包括计轴设备、信号机、转辙机、发车计时器、应答器和人员防护开关(SPKS)等。

（1）计轴设备。计轴设备是列车位置辅助检测设备，包括室内计轴机柜和室外计轴检测点。计轴设备将线路划分成不同的区段，能够对 ATP 故障列车、未装备 ATP 设备的列车进行辅助定位，并由联锁子系统保证进路安全，以地面信号机显示为行车凭证，列车按非限制人工驾驶模式驾驶运行。

（2）信号机。设置地面信号机，信号机原则上设置于列车运行方向的右侧，特殊情况可设置于列车运行方向的左侧或其他位置。

CBTC 系统正常工作时，列车按车载信号的指示运行。ATP 故障车、工程车、救援列车及地面 ATP 设备故障情况下降级运营的列车，按地面信号机的指示人工驾驶运行。

（3）转辙机。捷运线正线设置 60 kg/m 9 号单开道岔、两个牵引点，采用与之相配套的三相交流电动转辙机，实现双机牵引。车辆段内采用 50 kg/m 7 号道岔，设置直流电动转辙机，单机牵引。

（4）发车计时器。每个车站站台端部列车停车位置前方适当地点，各设置一个发车计时器。列车进站停稳后，计时器倒计时显示预定的发车时间。

（5）紧急关闭按钮。在站台区域和控制中心中央应急后备盘上设置站台紧急关闭按钮，对站台区域进行防护。

（6）应答器。可分为有源应答器和无源应答器。在降级模式下有源应答器可以将信号机和道岔的状态信息发送给列车，辅助 OBCU 完成点式控制功能；无源应答器主要向列车提供绝对位置信息，并满足列车定位精度要求。

（7）人员防护开关。在正线进入轨道的站台端头设置人员防护开关。当维修人员转动并拔下人员防护开关钥匙，相应的站台和区间将被封锁，正驶向该区域列车的移动授权撤回至该区域边缘。

4）车载设备

车载 ATC 系统以车载控制单元为核心构成，包括车载控制单元（OBCU）、车载无线单元（CRU）、应答器天线、测速设备以及后备驾驶盘组成。

（1）车载控制单元。安装于信号机柜中，设置两套冗余设备，电源及接口设备均采用双套配置。

（2）车载无线单元。为了实现轨旁与列车通信链路的冗余，列车头尾两端各配备一套 CRU，两套 CRU 分别与车头和车尾的两套 OBCU 连接。任何时候每个 CRU 都能同时搜索到两个以上的 WAU 无线信号。

（3）应答器天线。安装于列车底部，与地面应答器安装位置对应，用于激活地面应答器以读取应答器的 ID。

（4）测速设备。包括速度计和加速度计，分别采用安装在车轴上的速度传感器用于采集速度信息。

如图 10-5 所示为信号系统构成图。

10.3.2　设计重点及难点

浦东机场捷运线是世界上首条采用轨道交通 A 型列车的全自动运行线，能够满足大客流的需求。基于机场捷运线存在机场客运特有的需求，信号系统存在以下设计重点及难点：

（1）机场捷运 24 h 不间断运营的需求；

（2）受条件制约所提供的安全防护距离长度无法满足信号系统常规的要求；

（3）国内和国际客流，以及国际的出发和到达客流不能混流的需求；

（4）车辆段的规模较小无法设置试车线，需要列车在正线试车的需求。

10.3.3　方案研究

10.3.3.1　365×24 h 不间断运营方案研究

国内城市轨道交通线路均不提供 24 h 运营服务。然而，受机场限流、气候等不确定因素的影响，需要浦东机场捷运线提供 365×24 h 全天候服务，来满足旅客运输的需求。需求所提供的信号系统要具有更高的可靠性和可用性。

对于提供"不间断运营"的需求，信号系统在工程及系统设计时多采用"冗余"的设计方案，以提供高可靠性和可用性的信号系统。以下是在信号系统设计中所采取的一些针对性措施。

1）区域控制器（ZC）的冗余设计方案

ZC 主要根据控制区域内列车的位置和轨道占用情况，管理控制区域内所有列车的位置；同时计算出列车的移动授权。捷运线正线设置两个联锁控制区，每个联锁控制区配备一套 ZC，ZC 采用冗余的 2 乘 2 取 2 的架构设计，当单套设备

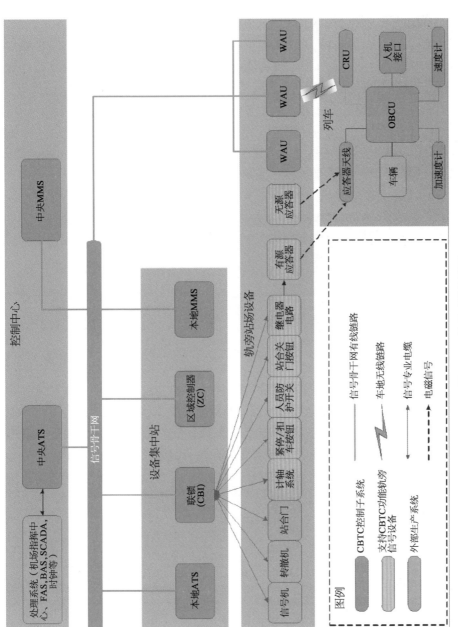

图 10-5 信号系统构成图

出现故障时不影响系统的正常运行。

2) 联锁控制区域的划分方案

根据一个联锁控制区域(以下简称"联锁控区")的设备故障尽量不影响整条捷运线运营的原则,在联锁控区的划分上,将 A—C(上行线)划分为一个联锁控区,B—D(下行线)划分为另一个联锁控区(图 10-6)。按此原则划分联锁控区,当一个联锁控区硬件设备发生故障时将不会影响到另一个联锁控区的正常运营;当一个联锁控区中任意区域的道岔表示或轨道区段占用发生故障时,另一个联锁控区的联锁设备接收到此区域的道岔表示及轨道占用情况等信息后,将完成此联锁控区的运营,从而完成 T1—S1、T2—S2 24 h 不间断的客流输送。

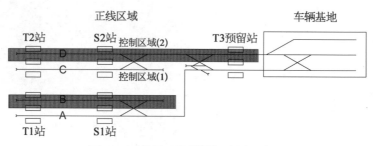

图 10-6 信号系统联锁控区划分示意图

另外,这样的控区划分能够确保一条线路列车进行穿梭运行的同时,不影响另一条线路列车回车辆基地作业,从而大大提高了运营效率。

3) 后备系统方案

为了保证捷运线没有设置车载设备的列车(工程车)上线运行以及通信故障和 CBTC 系统设备故障列车继续运行,信号系统配置了后备系统。后备系统是指在联锁系统的基础上增加了部分通信设备和列车控制软件。列车采用后备系统运行时,车载设备根据地面有源应答器传送的信号显示信息,结合列车自身的运行特性和车载线路数据,计算出列车运行的速度监控曲线,并保证在该速度曲线下列车的人工或自动驾驶运行。

后备信号系统列车控制示意图如图 10-7 所示。

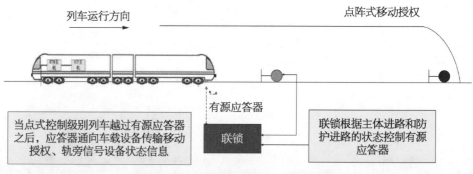

图 10-7 后备信号系统列车控制示意图

4）两级控制方案

在控制中心设置中央 ATS 与中央联锁两级控制模式：正常情况下由中央 ATS 时刻表自动控制列车运行；在故障模式下，行车人员能够迅速切换到中央联锁控制模式，此时通过排列自动进路的方式控制列车运行。

通过以上措施来保证机场 365×24 h 不间断运营的需求。

10.3.3.2　实现在特定安全防护距离下的精准停车方案研究

受到客观条件限制，机场捷运线的安全防护距离只有 11.8 m（一般地铁线路需要 50 m 左右）。信号系统在系统设计上通过独特的安全算法，并通过相关软件的升级，实现根据不同目标停车点和允许速度-距离曲线的关系自动匹配停车算法参数，从而找到了既保证安全，又满足运营效率和乘客舒适度的定制化方案。

10.3.3.3　灵活适配的车门及站台门控制方案研究

为防止国内和国际客流不发生混流、国际出发和到达客流不发生混流，机场捷运线在列车上设置了回流门，供乘客乘错列车时，回到原来乘车的位置。因此信号系统对列车车门及站台门的控制更加复杂，在系统设计时不仅要控制正常载客区域车门的控制（站台门），还要考虑上、下客回流门的控制，须考虑回流区车门（站台门）的开门时机不同于载客区域车门（站台门）的开关时机，对于一个站台信号系统需要有四个车门（站台门）接口。系统设计按先开下客侧车门（站台门），在确认乘客完全下车后，再开上客侧车门（站台门），且在此过程中对回流区车门（站台门）进行单独控制，保持回流区车门（站台门）处于开放状态，直到关闭上客侧车门的控制策略设计。

车门控制示意图如图 10-8 所示。

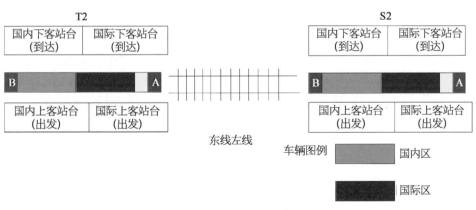

图 10-8　车门控制示意图

10.3.3.4　满足正线多股道试车需求方案研究

由于机场捷运车辆基地的规模较小，没有配备试车线，所以需要在正线进行试车（图 10-9）。对信号系统进行了定制化开发，采用试车权限单独控制的方案，使 A、B、C、D 四条轨道均具备正线试车功能，且调度员可以根据线路运营的实际使用情况进行试车权限的单独控制。

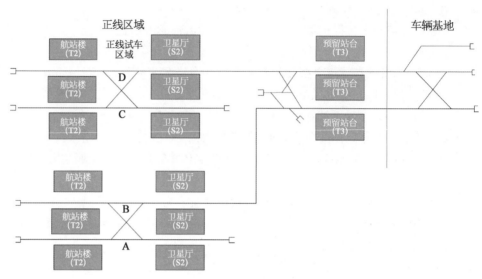

图 10 - 9　正线试车区域

10.3.3.5　满足机场捷运系统特有的驾驶模式研究

为了满足机场捷运系统特有的运营需求，在普通轨道交通运营模式即 ATP 限速人工驾驶模式（RM）、ATP 监控下人工驾驶模式（CM）、ATO 自动驾驶模式（AM）和非限制人工驾驶模式（ATC 切除模式）的基础上，增加了 OFF 驾驶模式、限制向后人工驾驶模式（RMR）、自动穿梭驾驶模式（SAM）、全自动无人驾驶模式（ATB）等。以下对新增驾驶模式进行说明：

1）OFF 驾驶模式

列车在车辆基地人工上电初始化时进入 OFF 模式。在 OFF 模式下，车载 ATP 限制列车速度为 0 km/h，当检测到列车移动时，立刻实施紧急制动。

2）RMR 驾驶模式（限制向后人工驾驶模式）

RMR 模式适用于列车过冲站台小于 40 m、无法完成下客作业的情况，司机采用 RMR 模式驾驶，将列车后退至规定停车位置。在 RMR 模式下，车载 ATP 限制列车在 10 km/h 之下向后运行，司机应严格按照调度命令驾驶列车；当列车运行超速时，车载 ATP 设备实施紧急制动，直至停车。

3）SAM 驾驶模式（自动穿梭驾驶模式）

SAM 模式适用于捷运线航站楼—卫星厅有人驾驶区域。在该模式下列车以自动驾驶模式运行，ATP 子系统保证列车的运行安全，停站时自动换端。系统正常运营时采用 SAM 模式。

4）ATB 驾驶模式（全自动无人驾驶模式）

ATB 模式为连续式通信控制级别下由 ATP 防护的列车全自动无人驾驶模式。在该模式下，ATP 子系统保证列车的运行安全，实现列车从正线卫星厅 S1

站(S2 站)至相邻存车线(休眠区域)的全自动驾驶运行。在该模式下信号系统支持列车自动进/出站、停车对位自动调整、自动开/关门、自动唤醒/综合自检和自动休眠等功能。

10.3.4 信号系统设计

10.3.4.1 ATS 子系统设计

捷运线信号系统按中央 ATS 控制和中央联锁控制两级控制模式设计,ATS 控制设备统一设置在控制中心(车辆基地),正线车站仅在车站弱电综合室设置 ATS 监视工作站。

控制中心调度大厅设置调度长工作站、调度员工作站和联锁控制工作站,任意一台工作站均能实现运营调度功能。单个调度工作站故障时,调度人员可以使用用户名/密码在其他的调度工作站登录。同时在车辆基地弱电综合室冗余配置应用/通信服务器、数据库服务器、通信前置机等设备。车辆基地(控制中心)ATS 设备配置图如图 10 - 10 所示。

ATS 子系统设置完整的故障诊断功能,能够对设备冗余故障、工作站故障给出报警信息,并实时接收维护诊断故障报警信息。

10.3.4.2 DCS 系统设计

作为信号系统的基础,数据通信子系统(DCS)的主要作用是在各个子系统之间传输系统数据。DCS 是一个单独的网络,在物理和通信协议上保持相对的独立性。DCS 由有线通信网络和无线通信网络组成。

1) 有线通信网络

DCS 核心网络由骨干传输网络和骨干交换机组成。骨干传输网络负责骨干节点之间的数据传输,由基于同步数字体系(SDH)的传输设备,利用上下行光缆中的各 2 芯组成自愈环。骨干交换机负责接入联锁和轨旁 ATP 数据,同时与无线接入交换机连接,并通过千兆以太网接口与骨干传输设备连接,各子网通过骨干交换机划分的虚拟局域网(VLAN)互联,确保联锁、ATP、ATS 三个子网的相互独立。

DCS 采用专门的安全技术,确保高速、安全的通信。除此之外,在系统架构中,其通过合理的冗余结构设计,能够有效地避免单个独立故障或多个相关故障对列车运行的影响、保证通信的可靠性。

2) 无线通信网络

无线通信网络实现轨旁设备与列车之间的车地通信。无线通信网络须满足国际上和我国相关标准要求,并满足 2.4 GHz 的 IEEE802.11 接口协议要求。

捷运线在每列车头尾两端分别安装两套车载控制单元(OBCU),并在每端设置一套车载无线单元(CRU),CRU 分别与 OBCU 相连接。CRU 用于车载设备和轨旁设备间的数据传输。

由于轨旁设置的无线接入单元(WAU)为冗余配置,即使在列车高速运行下任何时候,每个 CRU 都能同时搜索到两个 WAU 无线信号。即使其中一端 CRU 设备出现无线通信故障,仍可通过另一端 CRU 保持无线通信继续控制列车,以保

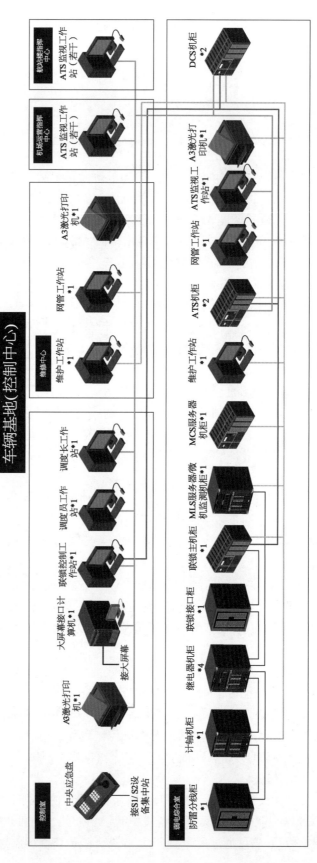

图 10-10　车辆基地(控制中心)ATS 设备配置图

证列车无线通信的实时性和可靠性。

DCS 网络结构图如图 10‑11 所示。

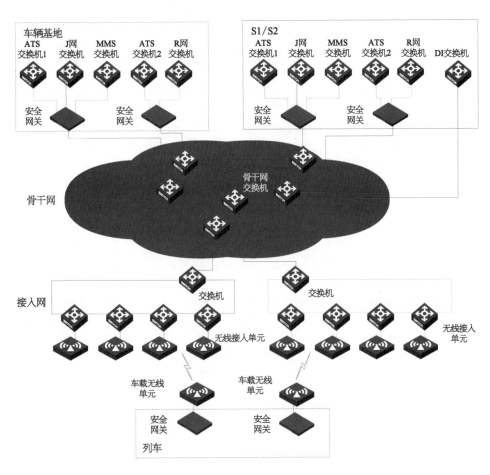

图 10‑11　DCS 网络结构图

10.3.4.3　电源系统的设计

为了满足机场 365×24 h 不间断运营的需求,需要信号系统有更高的可靠性,优化信号系统的电源设备设置存在一定的必要性,捷运线信号系统电源按冗余的供电方案设计(图 10‑12)。采用"1+1"UPS 并机供电方案。正常状态时,两台同规格、同型号的 UPS 同时工作,各带负载 50%;当其中一台 UPS 发生故障时,故障的 UPS 可自动退出并机系统,另一台 UPS 可满足对所有负载供电,不影响系统正常供电,以提高系统的可靠性。

10.3.5　信号系统模拟测试

针对捷运线提供的现场条件:T1 站和 T2 站在列车准确停车时(列车中心线与车站中心线对齐,见图 10‑13),停车点车头至线路终端的距离为 18.3 m,除去停车车挡长度后的安全保护距离为 11.8 m。与现行《地铁设计规范》

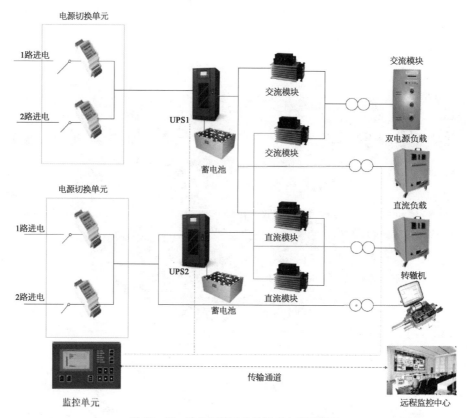

图 10 - 12　信号系统冗余的供电方案示意图

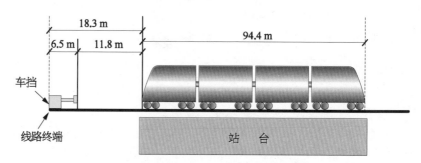

图 10 - 13　列车准确停车位置示意图

(GB 50157—2013)第 6.4.4 条中关于站后安全距离要求 50 m(不含车挡)的差距较大。

　　为确保捷运线列车运行(进站、停车)的安全性,并兼顾旅客舒适度和列车运行效率,信号系统供应商利用在线测试系统,在模拟捷运线现场条件及车辆参数等条件下,进行了现场测试并进行了模拟仿真计算。

　　模拟仿真计算基于国际 IEEE 1474.1 标准安全制动模型的要求(图 10 - 14),在充分考虑速度不确定性和位置不确定性的安全前提下,车载信号系统根据车辆最不利反应对列车前方的授权终点进行紧急制动防护,以保护行驶过程中包括触发安全防护后静止的列车整个过程都不会越过移动授权终点。

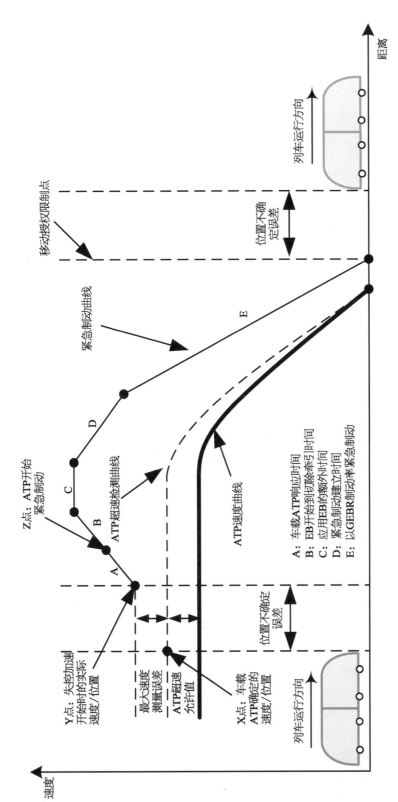

图10－14　IEEE 1474.1 安全制动模型

通过分析现场测试和模拟仿真计算的结果,初步确定信号系统供应商根据基于 IEEE 1474.1 安全制动模型进行的列车控制系统设计,满足捷运线列车运行安全性的要求,并实现根据不同目标停车点和允许速度-距离曲线关系自动匹配停车算法参数,即通过识别移动授权距离自动选择合理的停车曲线,采用一套算法可实现本项目列车运行的准确停车,并兼顾旅客舒适度和列车运行效率的要求。

10.4　FAS/BAS/门禁

10.4.1　功能及系统组成

10.4.1.1　FAS 系统

1) 系统功能

(1) 捷运控制中心功能。

① 接收捷运系统相关 FAS 主机报送的消防报警设备主要运行状态,接收全线各车站、车辆基地的火灾报警并显示报警部位,协调捷运系统防救灾工作。

② 接收控制中心 ATS 和列车无线电话报警,当列车在区间发生火灾或停车事故时,控制中心能够通知相关航站楼实施救灾的相应工况指令,将相关救灾设施转换为按预定的灾害模式运行。

③ 与机场"119"指挥控制中心之间建立实时互通关系。

④ 灾害时,控制中心工作站自动弹出相应报警区域的平面图,火灾报警具有最高优先级,当同时存在火灾及其他报警时,优先报火警。

⑤ 通过消防通信系统(有线电话、无线手持台等),协助救灾工作。

⑥ 接收捷运主时钟信息,统一系统全线时钟。

(2) 捷运车站功能。车站负责监视火灾报警,确认火灾灾情,接收捷运控制中心发出的消防救灾指令。

① 监视站台工作区及所辖区间消防设备的运行状态,并接收站台工作区及所辖区间火灾报警或重要系统的报警,显示报警部位。

② 向航站楼/卫星厅消防控制中心报告灾情,接收航站楼/卫星厅消防控制中心发出的消防救灾指令和安全疏散命令。

③ 火灾时,FAS 主机能及时向 BAS 系统发出火灾模式指令,由 BAS 系统控制现场相关设备转入灾害模式运行。

④ 对于消防专用设备如消防专用排烟风机、消防泵、喷淋泵等,直接由 FAS 自动监控管理,紧急情况下也能够在捷运区域消防控制中心直接手动控制。

⑤ 火灾时,在捷运车站或车辆基地消防控制室将广播系统自动转入消防状态。

⑥ 捷运消防控制室 FAS 主机控制消防水泵的启、停,接收消防水泵的运行状态、故障信号。消火栓处设置消火栓启泵按钮,FAS 系统能通过输入模块监视启动按钮的动作状态。

2）系统组成

各航站楼/卫星厅站台工作区域及区间等范围由捷运系统独立设置 FAS 系统，并统一接至捷运控制中心。站台工作区及区间通风空调及排风兼排烟等设备，正常情况下由 BAS 进行集中监控，火灾时 FAS 向 BAS 发出指令，由 BAS 按照相应的工况模式执行操作控制，并设 FAS 控制优先权。对于消防专用设备如排烟风机、正压送风机、消防泵、喷淋泵等重要设备由 FAS 直接监控；除具备自动监控外，在捷运消防控制室设紧急手动盘作为后备控制。FAS 系统组成如图10-15 所示。

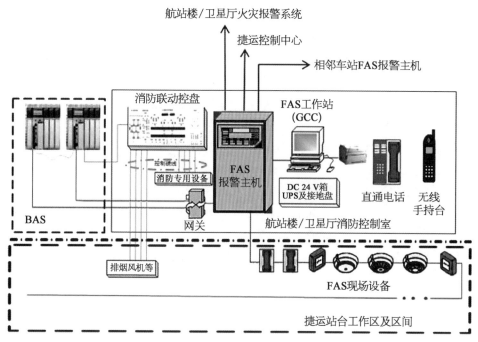

图 10-15　FAS 系统组成

10.4.1.2　BAS 系统

捷运 BAS 系统设控制中心、车站两级管理（中心为主控级，车站为分控级），实现中心、车站、就地三级控制，负责管辖范围内设备的日常管理，在满足环境调控的同时还要达到节约能源的目的。

1）系统功能

（1）中央级 BAS 子系统主要功能。

① 监视各航站楼/卫星厅站台工作区、区间及车辆基地的通风、空调、给排水、照明、屏蔽门等设备的运行状态，及时显示各设备的故障并报警。

② 根据通风与空调系统提供的环控工艺要求，能对区间隧道通风系统设备通过事故风机控制盘进行正常模式控制及事故灾害模式控制，必要时也可授权车站监控系统对区间隧道通风设备进行自动监控。

③ 实时记录车站典型测试点的温度、湿度等环境参数，监测各泵站的危险水位并报警。

④ 记录全线各车站主要设备的运行状态，统计设备累计运行时间，实现设备运行时间的均衡，根据运营人员的要求，实现维修及检修的预报警，同时在维修工作站上生成维修、检修报告。

⑤ 对各种信息进行实时记录、历史记录；进行查询和分析，自行编辑报表，生成日、周、月的报表；进行档案资料的记录和存储。所有报表的格式和内容可以根据运营需要自由修改及配置。

⑥ 对于所有的报警信息具有各种类型的报警功能和方式。

⑦ 在既定周期内或必要时，通过维护工作站负责 BAS 系统软件的维护、组态、运行参数的定义、系统数据库的维护及用户操作画面的修改、增加、故障的检查和资料查询等，实现系统程序及各监控站流程图、数据库等远程上载、下装、监视及修改功能，满足远程系统维护的要求。维护工作站具有较高的操作级别，同时具有操作记录功能。

⑧ 发生火灾时能按 FAS 指令控制有关车站相关设备转入相应的火灾模式下运行。

⑨ 与中央时钟系统接口，接收主时钟信息，统一系统全线时钟。

(2) 车站级 BAS 系统主要功能。

① 监视和控制本站及所辖区间隧道的通风空调系统、照明系统设备，控制屏蔽门开启（仅在站台火灾情况下控制，通过 IBP 按钮盘），监视车站照明、给排水等设备的运行状态，并进行故障报警。

② 监测本站重要设备房测试点的温度、湿度等环境参数，同时根据环控要求实现对通风与空调设备的控制，达到节能和舒适的要求。

③ 接受 FAS 指令，控制车站通风与空调等设备转入灾害模式下运行。

④ 根据车站设备的运行情况，实现导向设备的监控；同时根据相应的救灾指令，使导向系统的设备转入灾害模式下运行。

⑤ 具有系统自诊断功能。监视 BAS 中各模块、UPS、网络运行、网络负荷情况，并进行故障报警。

⑥ 记录主要设备的运行状态，统计设备累计运行时间，并将操作信息、报警信息进行历史记录，进行故障查询和分析，可以自行编辑报表，也可自动生成日、周、月的报表，进行档案资料的记录和存储。打印各类数据统计报表，操作、报警信息。

⑦ 根据运营要求，利用密码划分不同的操作权限，实现不同级别的操作，并实现所有操作的登录，以备检查。

⑧ 在工作站上，所有报警信息都应能具有声光报警，重要报警界面自动弹出，并要求确认。有数据、时间、确认和处理等记录。

⑨ 具有彩色动态显示、多级显示和报警时声光显示功能，包括车站综合显示、某一系统的显示、分类画面的显示、环控模式的显示、报警界面的弹出显示。

⑩ 在紧急情况下能够通过操作 IBP 盘的手动按钮，控制通风排烟设备按灾

害模式运行。IBP盘作为车站防救灾联动系统的冗余后备措施,具有最高操作权限。

2) 系统组成

捷运 BAS 系统采用分级、分布式系统结构,采用两级管理、三级控制方式,即现场分散控制,中心集中管理。组成模式为"控制中心中央级-车站控制级-现场控制级(监控模块)-受控设备"。全线 BAS 系统由中央级、车站级、现场设备、维修工作站以及相关网络和通信接口等组成。

车站 BAS 主要设备配置设置在航站楼/卫星厅 BA 控制室(与航站楼/卫星厅捷运消防控制室合用),车辆基地 BAS 主要设备配置设置在车辆基地消防值班室。

BAS 系统组成如图 10-16 所示。

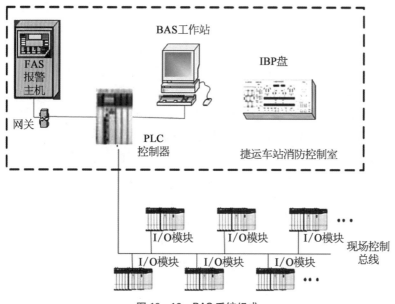

图 10-16 BAS 系统组成

10.4.1.3 门禁系统

1) 系统功能

本工程每个车站设置一台门禁主控制器,用于独立进行管辖范围内门禁设备的监控管理。其主要有以下功能:

(1) 接收车站工作站下达的系统参数并下传至就地控制器和读卡器。

(2) 监控就地控制器、读卡器的运行状态及动作,将有关数据上传到车站工作站。

(3) 具备在线、离线及灾害三种运行模式,并可根据不同的情况自动转换。

(4) 主控制器所带的通信处理器应能够提供 10/100 M 的以太网接口以及符合国际上和我国标准的各类现场总线接口,从而满足网络通信与现场设备通信的要求。

（5）主控制器应具备控制设备联动、操作优先次序、实现时间表操作和实现模式控制等功能，并能对设备进行有秩序的监控，具有广泛的门禁管理和安防功能。

（6）当通信网络发生故障时，主控制器应能在网络通信恢复以后，即时自动连接上通信网络，同时程序和内存应具有断电自保持功能。

2）系统组成

在站台工作区、车辆维修基地等的重要设备、管理用房以及重要的通道门设置门禁装置。

10.4.2　设计重点及难点

（1）从捷运系统管理模式看，捷运各系统基本上都是根据土建界面划分，站台工作区与区间划入捷运运营管理的工作范围，动力照明、暖通、给排水等各专业在上述范围内基本上都是独立设置，因此在对各专业的协调管理上，为独立设置捷运 FAS 系统创造了条件。另外，航站楼与卫星厅公共区的 FAS 系统相互独立，要将捷运 FAS 系统在航站楼与卫星厅层面上整合，将给系统实施带来很大困难，因此将捷运运营管理的范围作为捷运 FAS 系统的实施范围，但须在各车站预留与各航站楼及卫星厅的接口。

（2）捷运系统必须要满足机场空防安全的需求。安全管控就是通过人员隔离来实施，管控要点就是"分隔"，把捷运系统运维人员与旅客分开，把捷运系统所在区域的人员与机场其他区域的人员分开，因此在设置门禁系统时要严格按照这一需求去实施。属于捷运人员日常出入的门禁，例如各设备用房、捷运工作区的通道门、车辆基地设备用房等，这些部位仅由捷运工作人员日常出入使用，则由捷运独立设置的门禁系统进行授权，便于捷运系统日常灵活运维管理。而涉及空防安全转换的如屏蔽门端门（此门由捷运系统设置）、疏散通道门、区间疏散井、区间疏散楼梯处的门禁，这些能进入机场其他区域的设置的，虽属于捷运范围内，但其属于捷运机场门禁大系统内，由机场门禁统一授权管理。

（3）处理好各分区的界面，例如隧道区间与机场飞行区之间的连接口。

10.4.3　方案研究

1）与航站楼的相互关系处理

由于捷运系统管辖范围除车辆基地外位于航站楼/卫星厅设备区与区间，因此须在航站楼/卫星厅公共区设置车站消防控制室。经与航站楼/卫星厅协调，在 T1 和 T2 管理用房紧张的情况下，与航站楼的消防控制室合设（图10‑17）；在卫星厅内靠近卫星厅消防控制室附近独立设置捷运消防控制室（图10‑18）。

2）与航站楼/卫星厅接口

为了方便航站楼公共区与捷运系统传递火灾信息，在各航站楼/卫星厅消控中心预留输入输出模块，通过硬线与火灾报警系统连接（图10‑19）。

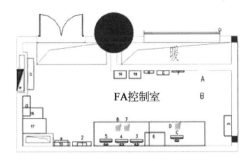

图 10‑17　与航站楼合设消防控制室

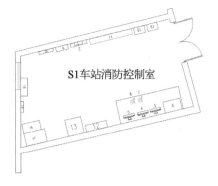

图 10‑18　在卫星厅内独立设置
捷运消防控制室

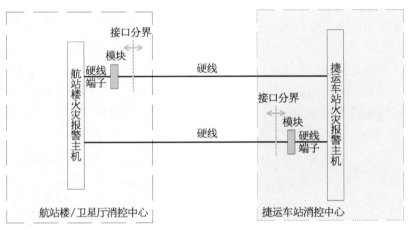

图 10‑19　与航站楼接口示意图

10.4.4　系统设计

10.4.4.1　FAS 系统

1）火灾报警系统参数要求

控制中心中央级控制响应时间＜2 s。

控制中心中央级信息响应时间＜2 s。

站点控制响应时间＜1 s。

站点信息响应时间＜1 s。

火灾报警回路响应时间＜0.85 s。

火灾报警系统主要设备平均无故障时间（MTBF）≥100 000 h。

火灾报警系统监控系统单台设备装置故障恢复时间（MTTR）＜30 min。

2）系统配置

捷运车站站台工作区及一半区间的监控管理设置在各捷运车站消防控制室内，车辆基地的监控管理设置在车辆基地消防值班室内。

在捷运车站消防控制室内配置的综合后备盘（IBP 盘）上设置用于操作重要消防设备的直接启动按钮。重要消防设备包括消火栓泵、喷淋泵和捷运排烟专用风机等。综合后备盘的直接启动按钮能在火灾情况下不经过任何中间设备，直接启动这些重要消防设备,是最高级的联动设备。同时在综合后备盘上还可显示这些重要消防设备的工作和故障状态,以及启动按钮的位置及状态。

系统配置包括以下几个方面:

(1) 智能光电式感烟探测器。在捷运工作区、区间逃生井内各设备与管理用房和通道等区域,均设置带地址码的智能光电式感烟探测器进行火灾探测。

(2) 空气采样感烟探测器。设于停车检修库等超过 12 m 的高大厂房内。

(3) 线性感温电缆。设于变电所电缆夹层或站台板下电缆夹层,根据需要也可以设于折返线和停车线。感温电缆按电缆桥架分层,蛇行走向布置,并延长到强电电缆竖井内。感温电缆每 200 m 作为一个探测区域。

(4) 输入模块。用于对设备运行状态的检测和感温电缆的报警检测,输入模块均应带地址码。

(5) 输出模块。用于控制消防专用排烟风机、正压送风机、消防管路上的电动蝶阀、警铃、防火卷帘以及非消防电源等消防设备的启停。输出模块均应带地址码。

(6) 带地址手动报警按钮。在捷运工作区、车辆基地等区域设置带地址码的手动报警按钮。手动报警按钮实现 FAS 的火灾自动确认。每个防火分区应至少设置一个手动报警按钮,从一个防火分区内的任何位置到最邻近一个按钮的距离不应大于 30 m。一般情况下,在设置消火栓的地方均设置手动报警按钮。

(7) 普通手动报警按钮(不带地址)。在地下线路区间隧道可以设置普通手动报警按钮,一般可以按照四个一组配置一个单地址输入模块考虑。

(8) 声光报警器。在捷运工作区、车辆基地等区域设置声光报警器。一般情况下,在设置消火栓的地方均设置声光报警器。火灾声光警报器应由消防联动控制器联动。

(9) 消防电话插孔。在设备管理区走道设置消防电话插孔,消防电话插孔的设置与手动报警按钮并排布置,安装位置与手动报警按钮相同。同时也要根据具体情况具体布置。

(10) 模块箱。由于地铁环境潮湿,为了保护设备和便于日后维护,将各类监控模块按照区域集中在模块箱中安装。

10.4.4.2 BAS 系统

1) 系统参数要求

(1) 对于中心级。

所有数据变化刷新时间≤3 s。

重要数据变化刷新时间≤2 s。

重要报警信息的响应时间≤2 s。

数字量信息更新时间≤2 s。

模拟及脉冲量信息更新时间≤3 s。

操作站上画面刷新时间≤2 s。

(2) 对于车站级。

所有数据变化刷新时间≤2 s。

重要数据变化刷新时间≤1 s。

重要报警信息的响应时间≤1 s。

数字量信息更新时间≤1 s。

模拟及脉冲量信息更新时间≤2 s。

操作站上画面刷新时间≤1 s。

（3）系统可靠性指标。

系统可靠率≥99.99%。

系统平均无故障时间（MTBF）≥10 000 h。

平均故障修复时间（MTTR）＜0.5 h。

系统整体使用年限为 20 年。

单台设备平均无故障时间（MTBF）＞100 000 h。

2）系统设计

BAS 现场级控制系统主要包括 PLC 控制器、远程输入输出模块（I/O）、各类传感器、执行机构以及现场总线控制网络等。

现场级监控设备根据机电设备的设置情况配置，在环控电控室、照明配电间、通风空调机房和水泵房等附近设就地控制柜（箱）等。

在照明配电间设置 I/O 就地控制箱，监控设备房照明。

在给排水泵房设置 I/O 就地控制箱，监测水泵的运行状态、故障信号和水位报警信号。

在区间隧道风机房设置 BAS 就地控制器，负责对区间风机、水泵的实时监控。

现场控制设备根据需要设置与低压智能开关接口柜、变频器控制柜和 EPS 等相应设备的接口，实现监控系统与上述设备之间的互联。

在重要的设备管理用房设置壁挂温度传感器或温湿度传感器。风管式温度、湿度传感器分别安装于各类风道和风室，用于测量空气的温度、湿度。

10.4.4.3　门禁系统

1）系统参数要求

平均无故障次数（MCBF）≥100 000 次。

平均无故障运行时间（MTBF）≥50 000 h。

平均故障恢复维修时间（MTTR）≤30 min。

刷卡记录数据上传至中央门禁数据库时间≤2 s。

单卡授权信息从中央下载到就地设备的生效时间≤2 s。

10 000 张卡（带有门禁级别及其他相关授权信息）下传生效时间应不超过 5 min。

2）系统配置

门禁系统就地控制器、读卡器、磁力锁、紧急开门按钮及出门按钮是门禁系统的具体动作执行单元，安装在限制区域的门内、门外以及门上。

读卡器读取门禁卡内的信息，并传给就地控制器。读卡器具有显示或声音提示功能，在高安全级别的区域具有密码输入及识别功能。

就地控制器接收读卡器上传的门禁卡信息，并上传给主控制器。根据主控制器的指令或权限规则控制磁力锁的动作,实现门的打开或锁闭。

就地控制器具有在线、离线和灾害三种工作模式:在线模式下将读卡器上传的门禁卡信息上传给主控制器,接受主控制器的指令;在与主控制器的通信中断情况下,自动转为离线模式,离线模式下就地控制器根据所保存的安全参数控制磁力锁的动作,实现门的打开或锁闭;当发生灾害时,自动转为灾害模式。

就地控制器可以检测磁力锁及门的开启状态。

根据权限,可用卡实现在就地控制器上进行参数功能的设置。

就地控制器最少包括不少于 16 个报警输入端口以及布防、撤防、紧急报警、挟持报警、延时报警、报警分组、计划时间表、微处理器编程等功能。

读卡器应有良好的兼容性,兼容多种型号的标准门禁卡。

开门采用出门按钮及紧急开门按钮(在出门按钮失效时,采用紧急开门按钮)。

门锁为断电开启的磁力锁。在火灾等紧急情况下,车站值班员按下车控室的门禁紧急按钮,对车站所有门禁电子锁断电打开。

10.5 屏蔽门

10.5.1 功能及系统组成

10.5.1.1 系统功能

(1)防止乘客拥挤或意外掉下轨道,防止乘客因物品掉下轨道而欲跳下轨道拾物产生危险,同时也防止乘客蓄意跳轨自杀,保证乘客候车安全。

(2)提高车站环境的舒适度。

(3)将站台公共区与行车区间隔开,减少列车行驶噪声和活塞风对站台候车乘客的影响。站台环境条件的改善,使乘客感觉更舒适,从而提高整体服务水平。

(4)有效隔断区间隧道内热空气与车站内空调冷风之间的热交换,使车站成为一个独立的空调场所,以显著降低车站空调的运行能耗。

(5)避免一些安全事故的发生,列车不会因人为因素而延误,从而大大提高了整个捷运系统的运营安全性和可靠性。

(6)列车可以用较快速度进站,为确保列车班次的准确性提供了有利条件,并为以后捷运系统实现无人驾驶创造了条件。

(7)站台屏蔽门兼做站台导向牌。

10.5.1.2 系统组成

屏蔽门系统主要由门体、门机设备、电源设备与监控系统四部分组成。

1)门体

门体结构由承重结构、滑动门(ASD)、固定门(FIX)、应急门(EED)和端门(MSD)、门槛、顶箱等组成。效果如图 10-20、图 10-21 所示。

2)门机设备

门机设备主要由电机、传动机构、控制单元(DCU)、锁定装置等组成。其中传动机构分为滚珠螺杆传动系统和同步齿形带传动系统两种。通过比选设计,推

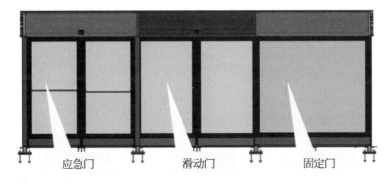

图 10 - 20　屏蔽门门体主要组成效果图

应急门　　滑动门　　固定门

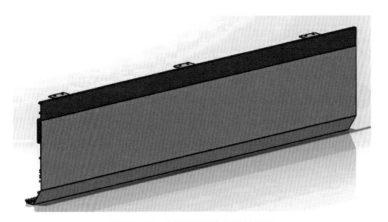

图 10 - 21　屏蔽门顶箱盖板效果图

荐采用同步齿形带传动系统。

3）电源设备

屏蔽门系统为一级负荷，系统电源分为驱动电源和控制电源两部分。驱动电源负责对门机系统的电机供电，采用交流或直流供电方式，具备充电、馈电、故障保护（过压、并联、过流、过载等）、电源参数和报警信息监测、记录功能。控制电源负责对门机控制器（DCU）、主控机（PSC）、站台端头控制盒（PSL）、综合后备盘（IBP）和接口等供电，采用相互独立的配电回路，避免相互干扰。

系统配有 UPS，可在紧急情况下对系统进行供电。采用蓄电池作为后备电源，能够保证在 1 h 内对站台每侧的滑动门开关操作 5 次。

4）监控系统

监控系统的主要作用是与信号系统进行信息交换，对屏蔽门的开门、关门进行控制和状态监视。

监控系统主要由 PSC、PSL、操作指示盘（PSA）、紧急控制装置（PEC）、DCU 和声光报警装置、就地控制装置及信号、设备监控系统（EMCS）的接口部件等组成。系统连接采用总线网络和硬线连接两种形式，监控系统采用具有冗余功能的网络。

控制系统具有系统级、站台级（含 PSL 控制和紧急模式 PEC 控制）和手动操作三级控制方式。三种控制方式中以手动操作优先级最高，PEC 控制模式比

PSL控制模式高,系统级控制优先级最低。

10.5.2 设计重点及难点

1) 与航站楼的相互关系处理

与传统地铁设计不同,通过捷运系统,可以将航站楼与卫星厅连为一体,因此,捷运系统可以视作机场航站楼的延伸。

屏蔽门设计不仅要处理好捷运各系统之间的关系,也要处理好和航站楼的关系,具体包括:① 站台上屏蔽门的预留条件;② 屏蔽门端门与航站楼结构墙的衔接。

2) 大中庭车站的屏蔽门设计

T2为曲线站,车站中部设置了大片中庭。中庭范围内的轨行区上排热风道无法按照常规做法吊挂于中板下,需要结合屏蔽门特殊设计。

10.5.3 方案研究

10.5.3.1 与航站楼的相互关系处理

1) 站台上屏蔽门的预留条件

下部站台板不设预埋件,车站站台板边缘预留了屏蔽门安装槽,具体尺寸如图 10-22 所示。

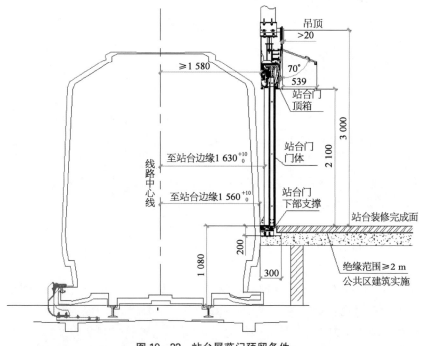

图 10-22 站台屏蔽门预留条件

2) 屏蔽门端门与航站楼结构墙的衔接

由于航站楼设计的特点,各个端门的宽度(站台边远至墙体外表面)都略有不同。如果每处端门都进行非标设计,将给端门加工带来很大的困难。因此,将端门分成三部分,如图 10-23 所示。

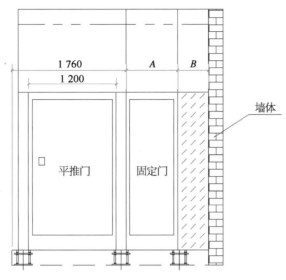

图 10-23　屏蔽门端门与结构墙关系

对图 10-23 分析如下:

(1) 最左侧平推门部分宽度固定,近轨道一侧布置,方便上下楼梯,进出轨行区;平面布置如图 10-24 所示。

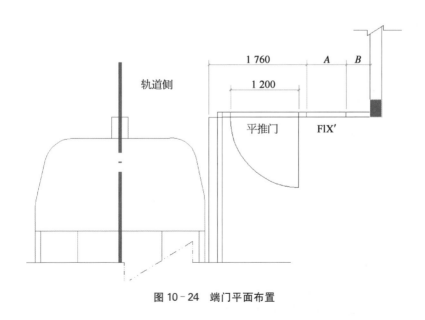

图 10-24　端门平面布置

(2) 中间部分即图中的 A,作为非标固定门宽度。全线非标固定门宽度根据实际分为四种规格,包括 400 mm、700 mm、1 100 mm、1 500 mm。

（3）剩下的部分即图中的 B，为装修收口部分，控制在 250 mm 以内。

10.5.3.2 大中庭车站的屏蔽门设计

结合本站特点，在站台边缘增设钢柱，钢柱上部设置纵向及横向钢梁，支撑上排热风道结构。为满足各专业对上排热风道材质和性能要求，上排热风道选用常规做法，采用钢筋混凝土结构形式。屏蔽门与站台板及上排热风道结构相连。结构柱承担上排热风道以及装修面的荷载。

在屏蔽门每扇固定门中部增设钢柱，柱跨为 4 560 mm，柱截面尺寸拟采用 250 mm×200 mm，柱边距站台边缘 100 mm，钢柱上部设置纵向及横向钢梁，支撑上排热风道结构。上排热风道采用钢筋混凝土结构形式，板厚为 150 mm，风道内净空高 750 mm。

屏蔽门固定门中部需要考虑局部断开，避让钢立柱。屏蔽门门体与站台板及钢结构纵向梁相连接，采用常规连接方式。

10.5.4 屏蔽门设计

屏蔽门设计主要内容包括设计参数、门体设计、应急门设计、控制系统方案和杂散电流防护。

10.5.4.1 主要设计参数

1）工作环境条件

环境温度：$-5\sim45℃$。

相对湿度：$\leqslant95\%$。

2）运行能力

每天运行 24 h，每年 365 d 连续运行。

3）负载条件

人群荷载：1.5 kN/m（距离底部 1.1 m 高处）。

风压：±900 Pa。

冲击荷载：2 800 N（在 0.08 s 时间内）。

地震设防烈度 7 级，门体无破坏，且弹性变形量≤10 mm。

4）车辆参数

列车编组：4 辆车/列。

停车精度：±300 mm。

车门间距：5 700 mm。

车门数量：4 挡/辆，16 挡/列。

车门净开宽度：1 800 mm。

车门净开高度：1 900 mm。

5）屏蔽门主要技术参数

（1）滑动门。

形式：中分双开式（两扇）。

每侧站台滑动门数量：20 挡，2 扇 / 挡。

重量：单扇门体不大于 75 kg。

净高度：2 100 mm。

净开度：2 400 mm。

阻止滑动门关门力：≤150 N。

人工解锁力：≤67 N。

解锁后人工开启力：≤150 N。

关门时最大动能：≤10 J。

开启速度：0.1～0.75 m / s，全程无级可调。

关闭速度：0.1～0.55 m / s，全程无级可调。

开启时间：3.0～3.5 s。

关闭时间：3.5～4.0 s。

探测障碍物厚度：≥10 mm。

（2）固定门。

净高度：2 100 mm。

净宽度：3 300 mm（直线站台）。

（3）应急门。

每侧站台应急门数量：2 挡，2 扇 / 挡。

净高度：2 100 mm。

净开度：≥1 400 mm / 扇。

（4）端门。

每侧站台端门数量：2 扇。

净高度：2 100 mm。

净开度：1 200 mm。

（5）门体。

总厚度：≤200 mm。

（6）电源条件。

按一级负荷供电，供电电源：AC380 V，50 Hz。

（7）设计寿命。

使用寿命＞25 年。

系统无故障使用次数＞100 万次。

（8）气密性要求。

当压力为 300 Pa 时，固定门泄漏风量≤2 m³/（h·m²）；滑动门泄漏风量≤ 8 m³/（h·m²）。

10.5.4.2　门体设计方案

1）设计重点

应急门是特殊情况下保证乘客安全疏散的通道，因此要考虑到极端情况下疏散的方式。

关于选材方案,包括从可靠性、经济性、制造难易程度和维修方便性等方面分析铝合金和不锈钢两种门体,以及从安全性、经济性进行玻璃的比选。其他材料则主要从受力、防腐、阻燃的角度考虑选型。

防夹设计是从安全、可靠的角度实现以人为本设计思路。

2) 安装方式

屏蔽门采用底部支撑、上部固定连接的安装方式。

3) 屏蔽门的安全措施

为防止乘客夹在屏蔽门与列车车门的缝隙中,本工程采用以下设计方案:

在屏蔽门滑动门底部安装三角挡板,防止乘客站立在屏蔽门门体与站台边缘之间的门槛上。

在每侧直线站台长度范围内安装一组红外探测装置,曲线站台在每节车厢长度范围内安装一组或多组红外探测装置,检测车门与屏蔽门之间是否有障碍物,且控制系统与信号系统联动,当其中一组红外线装置发生报警,列车不能发车,防止乘客夹在车门与屏蔽门中间。

4) 控制方式

屏蔽门控制系统完成对屏蔽门的控制及监测。控制方式包括系统级控制、站台级控制和手动控制,满足不同情况下对屏蔽门的控制需要。三种控制方式中,手动控制操作优先级最高,系统级控制方式最低。

10.5.4.3 应急门设计

1) 使用工况

列车运营过程中,停车在车站的模式具体有以下三种:

(1) 正常停车。即列车在驶进车站正常的停车范围内时,屏蔽门系统的设置有系统级、站台级及手动操作的三级控制功能来配合乘客上下车。

(2) 列车停车错位且供电系统良好。列车在站台上停车在正常的列车停车范围外,屏蔽门系统滑动门与列车门间完全没有对应,此时司机应对列车停车位进行调整,以使列车乘客门与屏蔽门滑动门位置相对应。

(3) 列车进站停车错位且供电系统或列车供电系统出现故障。列车在站台上的停车完全将屏蔽门滑动门与列车乘客门间的通道对应错开。而此时由于列车受电回路出现问题,列车无法启动,只能通过所设置的屏蔽门应急门进行乘客疏散。

2) 设计思路

根据以上应急门的使用功能需求,在屏蔽门的设计中,考虑列车在站台停车的最坏情况下,均能提供乘客出站台的应急通道。应急门的设置遵循以下规则:

(1) 应急门在两滑动门间的固定区域设置,兼作固定门。

(2) 一挡应急门可设两扇门,保证每扇门的净开度应不小于 1 100 mm。开门形式应结合屏蔽门本身的结构和车站的布置来决定。

(3) 在轨道侧应保证所有人均可以手动打开,开门力≤133 N,在站台侧工作人员用专用钥匙打开。

（4）应急门自带门锁，门锁的开关状态与滑动门的开门状态一起进行与信号系统接口，纳入屏蔽门系统安全回路中。

3）设置情况

浦东机场捷运系统采用四节编组运营模式，两节为国际编组，另两节为国内编组。

因此，拟在国际和国内各设置一挡应急门，当列车在站台上的停车完全将屏蔽门滑动门与列车乘客门间的通道对应错开时，此时由于列车受电回路出现问题，列车无法启动，能保证国内国际区的乘客分别通过各自侧的应急门疏散，满足应急需要。

10.5.4.4 控制系统方案

屏蔽门控制系统主要由控制局域网、中央控制盘（PSC）、门控单元（DCU）、就地控制盘（PSL）、监视报警装置以及网间通信协议转换器、安全继电器回路设备、通信介质及通信接口模块组成。

1）控制系统分级方案

屏蔽门控制系统采用系统级控制、站台级控制和手动操作三级控制方式。三种控制方式中以手动操作优先级最高，系统级最低。

（1）系统级控制。指在正常运行模式下由信号系统直接对屏蔽门进行控制的方式。在系统级控制方式下，列车到站并停在允许的误差范围内时（±300 mm），信号系统向屏蔽门发送开/关门命令，控制命令经信号系统（SIG）发送至屏蔽门单元控制器，单元控制器通过 DCU 对滑动门进行实时控制，实现屏蔽门的系统级控制操作。

正常开门程序为：

屏蔽门依照信号系统发出的"开门"命令打开；

在 PSL、PSC 和综合监控系统上的"所有 ASD/EED 关闭且锁定"指示灯熄灭；

从 PSC 到信号系统的"所有 ASD/EED 关闭且锁定"信号撤销；

每一单元门顶箱上的指示灯亮。

屏蔽门的正常开门程序如图 10-25 所示。

正常关门程序为：

信号系统正常，且列车停靠在站台的停靠范围内；来自信号系统的"开门"命令撤销，屏蔽门将执行关门程序。

屏蔽门关闭。

在确定门已关闭锁定后，门顶箱指示灯熄灭。

当所有屏蔽门已经确定关闭且锁定，"所有 ASD/EED 关闭且锁定"信号被送往信号系统。

PSL、PSC 和综合监控系统的"所有 ASD/EED 关闭且锁定"信号指示灯亮。

屏蔽门的正常关门程序如图 10-26 所示。

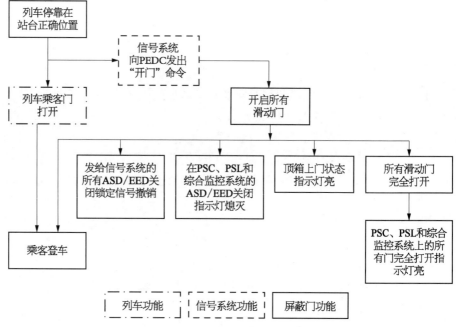

图 10-25　屏蔽门的正常开门程序

浦东国际机场卫星厅及捷运系统工程

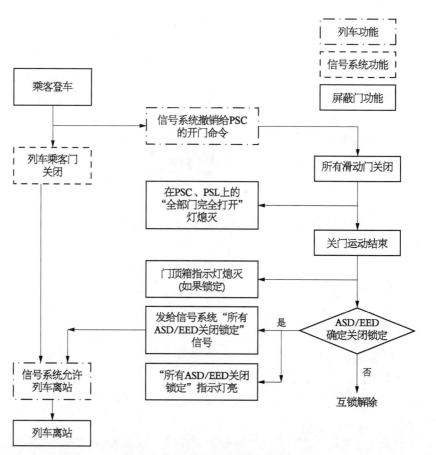

图 10-26　屏蔽门的正常关门程序

（2）站台级控制。指由列车驾驶员或站务人员在站台 PSL 上对屏蔽门进行开/关门的控制方式。当系统级控制不能正常实现时，如 SIG 故障、单元控制器对 DCU 控制失败等故障状态下，列车驾驶员或站务人员可在 PSL 上进行开/关门操作，实现屏蔽门的站台级控制操作。

① 开门操作。列车驾驶员或站务人员用钥匙开关打开 PSL 上的操作允许开关，此时 PSC 及 PSL 面板上"PSL 操作指示灯"亮；列车驾驶员或站务人员通过 PSL 发出"开门"命令，屏蔽门开始打开，当屏蔽门完全打开后，PSL 上"ASD/EED 状态指示灯"亮，中央控制盘面板上的开门指示灯点亮。

② 关门操作。列车驾驶员或站务人员通过 PSL 发出关门命令，屏蔽门开始关闭，当屏蔽门全部关闭后，PSL 上"ASD/EED 状态指示灯"熄灭，中央控制盘面板上的开门指示灯熄灭。列车驾驶员或站务人员用钥匙开关关闭 PSL 上的操作允许开关，此时 PSC 面板上的"PSL 操作指示灯"熄灭。

站台级控制程序如图 10 – 27 所示。

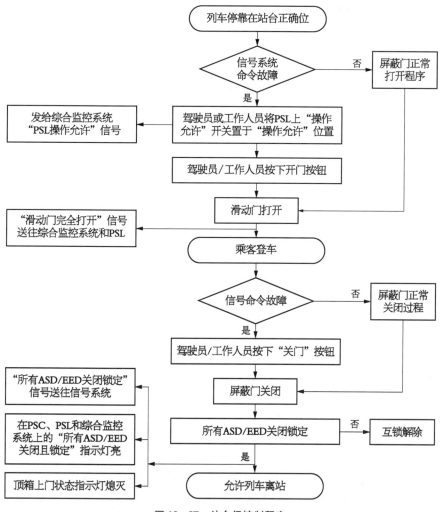

图 10 – 27　站台级控制程序

（3）手动操作。指由站台人员或乘客对屏蔽门进行的操作。当控制系统电源故障或个别屏蔽门操作机构发生故障时，站台工作人员在站台侧用钥匙或乘客在轨道侧用开门把手打开屏蔽门。此时，PSC上的"ASD/EED手动操作"状态指示灯亮。

站台工作人员或乘客手动将滑动门打开若干秒（时间可调整）后，滑动门将以低速自动关闭且锁定。

2）监控系统方案

监控系统主要由控制系统的网络、通信设备中央控制盘（PSC）、门控单元（DCU）、就地控制盘（PSL）、监视报警装置以及网间通信协议转换器、安全继电器回路、通信介质及通信接口模块组成。

（1）监视网络方案。在每个屏蔽门控制子系统中，屏蔽门系统的控制采用现场总线（CAN、Lonworks、RS485等）局域网来实现PSC与被控的DCU进行通信。PSC属于整个控制系统的主设备，能够监视每个DCU的状态。DCU作为现场设备，可以对门单元的执行机构进行控制，可以采集门单元的每个传感器所处状态，从而可以判断门体所处状态及位置。

根据屏蔽门系统内部通信的需要，每个门控单元之间没有通信需求，单个控制系统中，只存在单元控制器（PEDC）向每个DCU进行广播式通信，而每个DCU向PEDC反馈每个门机状态信息。根据屏蔽门系统设置特性，每个门的状态信息采用总线型的局域网进行传输。网络协议应采用标准通用、开放的通信协议，并方便与其他专业进行接口。每个DCU、PSC都作为一个网络结点挂接在网络现场总线上，PSC作为每侧屏蔽门的中央控制器，DCU作为网络节点。总线上其中一个节点发生故障时，其他网络结点不会受影响。

总线传输的网络结构具有以下特点：

① 控制系统可实现分散化、网络化与智能化；

② 可实现屏蔽门的基本控制、参数修改、报警、显示、监视等综合自动化功能；

③ 现场总线需要使用双重冗余结构，以提高传输的可靠性；

④ 总线传输能耗及干扰较小。

（2）控制网络方案。除采用现场总线作为网络的数据传输总线外，也采用部分点对点的通信线路进行命令及响应的传输。对于一些关键信号，如在PSC与信号系统间、PSC与PSL间以及PSC与各个DCU之间关键信号的传送，都采用点对点的硬线控制信号。

硬线传输的网络结构具有以下特点：

① 硬线传输可靠性高；

② 硬线传输价格较低。

（3）控制系统方案。控制系统采用RAMS（可靠性、可用性、可维护性、安全性）技术及模块化设计原则，每一个控制子系统由每侧站台屏蔽门的DCU及PEDC、PSL组成。控制系统具有以下基本功能：

① 每个子系统中所有滑动门单元在收到开/关门指令后能够同步开/关门；

② 每个控制子系统具有参数集中上传、下载及网络自动诊断、维护保养功能；

③ 每个车站的监视系统可对 PSL、电源、通信局域网、电机以及每个 DCU 的状态进行实时监视，并可以对某个门单元实施隔离；

④ PSL 可以实现就地开/关门功能外，还可以对屏蔽门系统与信号系统的互锁进行互锁解除/互锁恢复功能；

⑤ PEDC 能够与信号系统、综合监控系统进行安全通信，并执行相关命令；

⑥ 每个控制子系统可以以车站为单位与以太网进行互连。

3）门控单元（DCU）

除与中央控制盘（PSC）进行通信外，DCU 作为现场设备，可根据人工设定的参数对门单元的执行机构进行控制，可以采集门单元的每个传感器状态及其他设备状态，从而可以判断门体所处状态及位置。DCU 安装在每个门单元的门机梁内。

4）中央控制盘（PSC）

PSC 内包含有单元控制器（PEDC）、监视装置及接口设备。PSC 通过控制局域网与 DCU 进行通信，能够通过 PSC 进行软件版本更新、参数修改、状态监视等功能。通过专用手提电脑，利用 PSC 的 RS232 接口，可以进行屏蔽门系统设备的维修、状态查询、记录下载、参数修改等功能。PSC 负责与综合监控系统、车控室 IBP 盘接口等。PSC 是屏蔽门系统级控制、状态监视的重要设备，是屏蔽门监控系统核心单元。PSC 安装在设备房内。

5）就地控制盘（PSL）

PSL 是作为屏蔽门系统必须具备的一个站台级控制设备，供屏蔽门系统在信号系统故障或未投入时使用。PSL 主要功能包括开门/关门操作、互锁解除、锁闭信号状态指示和其他状态指示灯。PSL 的互锁解除操作是在屏蔽门与信号系统接口出现问题时，互锁解除操作可以保证列车正常发车。

6）控制回路

为保证屏蔽门系统控制命令传输的有效性、可靠性，所有控制回路及重要的状态反馈回路全部采用点对点的继电器回路。如在 PSC 与信号系统间接口回路、PSC 与 PSL 间以及 PSC 与各个 DCU 之间开门/关门命令的传送，都采用点对点的硬线控制信号。其中，对于开门/关门回路、锁闭状态反馈回路采用双断回路。

（1）通信介质及其他设备。为保证通信质量及减少传输错误，对于距离屏蔽门设备房超过 200 m 接口介质设计须采用光纤传输，屏蔽门系统内所采用的通信电缆采用安全双绞线、控制电缆采用低烟无卤电缆。控制线、通信线应与配电电缆采用不同的金属线槽敷设。其他设备包括有光电转换器、继电器组、端子排和控制系统电源模块等。

（2）控制系统软件。控制系统应用软件包括 PSC 综合自动化软件、DCU 综合自动化软件和现场总线控制系统软件。PSC 综合自动化软件包括接口软件、控制软件、综合测试和诊断软件。DCU 综合自动化软件包括组态软件、数据库和控制软件等。现场总线控制系统软件是现场总线控制系统集成、运行的重要组成部分,包括组态软件、维护软件、仿真软件、现场设备管理软件和监控软件等。

为了保证屏蔽门系统的可靠性及节约成本,屏蔽门监控系统与其他专业间接口原则是:控制接口是以每侧站台屏蔽门为接口;通信接口以每个车站为单位进行接口。

7) 控制系统指标

控制系统采用 RAMS(可靠性、可用性、可维护性、安全性)技术及模块化设计原则,每一个控制子系统由每侧站台屏蔽门的 DCU 及 PEDC、PSL 组成。

每个控制子系统中的滑动门单元在收到开/关门指令后能够同步开/关门,不同步误差不大于 100 ms。

开关门命令从 PSC 发出,至滑动门开始动作,响应时间不大于 300 ms。

10.5.4.5　杂散电流防护

地铁的杂散电流(也称"迷流")对城市建筑和地铁本身具有较大的腐蚀作用,根据《地铁杂散电流腐蚀防护技术规程》中的规定,应有效地限制地铁杂散电流,降低与消除其不利影响。

由于本工程采用牵引供电方式,钢轨是回流通路的一部分、直接连至牵引变电站,为了防止迷流对地下金属管线造成电腐蚀,钢轨与大地是绝缘的,因此钢轨与大地之间有可能产生较大的电位差,从而对上下车乘客造成危害或不适,为此,捷运屏蔽门须采用绝缘安装。

1) 绝缘方式

屏蔽门绝缘安装位置包括上部与站台顶梁间绝缘、下部与站台板结构层绝缘、屏蔽门门槛与站台板装修完成面间绝缘。

在屏蔽门站台侧大于等于 900 mm 的区域内敷设绝缘地板,使得乘客正常候车或列车上乘客下车时的安全性得到保证,方案如图 10 - 28 所示。

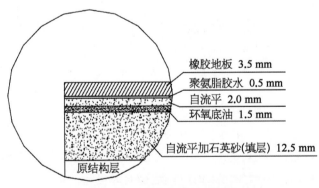

橡胶地板　3.5 mm
聚氨脂胶水　0.5 mm
自流平　2.0 mm
环氧底油　1.5 mm
自流平加石英砂(填层)　12.5 mm
原结构层

图 10 - 28　屏蔽门绝缘地板示意图

采用绝缘地板方案相对既有铺设绝缘层方案具有多种优点,如方便检测、验收及修补,工程施工也较方便。

敷设范围:每侧车站站台屏蔽门侧全长×900 mm 宽范围内敷设绝缘地板,

此绝缘地板可以直接作为站台装修完成面。在屏蔽门端门两侧约 1.5 m 宽的墙面及地面上也须做绝缘处理。绝缘方法有贴橡胶贴面、搪瓷钢板绝缘悬挂等。

2) 接地方式

由于屏蔽门金属部件与列车上金属部件之间存在电位差,为确保乘客及工作人员的安全,乘客及工作人员易于接触到的屏蔽门所有金属部件与列车上金属部件之间保持等电位连接。由一根电缆将屏蔽门结构与钢轨相连,同时站台屏蔽门与站台结构绝缘,以保持轨道和站台的电气隔离。

每侧站台上的屏蔽门在系统内部使用等电位连接(如用铜排、铜绞线等),然后每侧站台的屏蔽门设置一个与轨道的连接点,使得轨道到屏蔽门门体上任何一点的总电阻都小于 0.1Ω。因此,轨道和屏蔽门构架之间的电位差维持在一个足够低的水平,消除了同时接触列车和屏蔽门构架时产生的电压危险。钢轨通过钢轨电位限制装置与变电所设备接地母排相连,而变电所设备接地母排与地网相连。钢轨电位超过设定值时,钢轨电位限制装置动作,将钢轨与地网接通以保证人身安全并发出报警。

使用柔软导线将各金属部件(如门槛、固定门门框、立柱等)连接成等电位体,如图 10-29 所示。各金属部件的等电位连接是通过垂直的钢立柱来实现的,接地导线仅用于加强和立柱的连接。

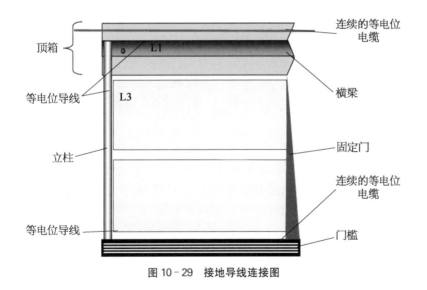

图 10-29　接地导线连接图

为了确保滑动门与屏蔽门结构等电位连接,沿顶箱安装不锈钢摩擦板,滑动门顶部设有导电碳刷装置,导电碳刷与其接触,并在其上摩擦滑行,实现滑动门在任何状态下的电气连通。

10.6　暖通

正常情况下,通风空调系统应为乘客创造良好的公共区和区间环境,为各种设备用房提供合适的设备运行环境,为管理人员创造舒适健康的工作环境;火灾情况下,有效控制烟气流动、排烟,协助人员疏散和救援;区间列车阻塞情况下,可提供必要的通风。和常规地铁车站相比,由于捷运车站在建筑形式、建设管理界面等方面的一些特点,本工程的旅客公共区通风空调及防排烟由航站楼统一设计。

10.6.1 功能及系统组成

1) 系统组成

系统由以下几部分组成:

(1) 区间隧道(含辅助线)活塞/机械通风兼排烟系统(简称隧道通风系统);

(2) 车站轨区排热通风兼排烟系统(简称排热通风系统);

(3) 设备管理用房通风、空调及排烟系统(简称小系统)。

2) 系统功能

(1) 隧道通风系统能满足捷运系统以下各种运行工况的功能要求:

① 正常运行工况。控制区间隧道的空气温度、湿度、气流速度及空气质量,为乘客提供过渡性舒适的乘车环境。

② 阻塞运行工况。列车阻塞在区间隧道时,对该区间隧道进行机械通风,提供列车空调系统运行所需的空气冷却能力,以维持列车内乘客可以接受的热环境。

③ 火灾运行工况。捷运系统内发生火灾时,根据火灾发生的具体情况,采取有效的排烟和控烟措施,诱导乘客安全撤离火灾区域,创造疏散和救援环境。

(2) 设备、管理用房通风空调系统应能根据工艺要求,提供空调或通风换气,满足设备运行条件,为管理人员提供舒适、健康的工作环境。

10.6.2 设计重点及难点

1) 捷运工程与航站楼工程的界面和接口

捷运车站在建筑形式、建设管理等方面与常规的地铁车站有一些不同。按照目前的运营管理模式,捷运系统和机场系统是相互独立的,但在使用和建筑格局上又是相互依存的。因此,针对通风空调系统的特点,进行界面和接口的划分。

2) 捷运系统通风空调系统方案

捷运系统在行车、车辆、客流等方面与地铁有所不同。

捷运系统正线分东线、西线。西线正线连接 T1 和 S1,东线正线连接 T2 和 S2,西线、东线分别通过联络线接 T4 预留站和车辆基地。西线、东线均采用双线,联络线采用单线。东线和西线独立运营,每条线正常运行时只有一列车,在航站楼与卫星厅之间采用"拉风箱"的运营方式。根据行车安排,单条线单向高峰小时运行 7.5 对、双向运行 15 对。同时,列车采用 4 节编组 A 型车。客流和行车较常规地铁少。

旅客方面,不同于地铁乘客仅需要提供过渡性舒适条件,其均为长时间逗留于空调区域并可能携带行李、匆忙赶路。需要仔细分析,制定合理的通风空调标准。

综上,在通风空调系统方案上需要进行比较研究,从而制定合理的设计方案。

3）既有工程的改造使用

本工程 T1 站土建部分已由先期工程建设完毕。受条件所限,现场实际条件与设计需求有一定出入。需要对现场进行勘察,在现有条件的基础上结合设计需求进行改造。

4）后续捷运系统预留工程

捷运系统西线、东线接 T4 预留站的联络线采用单线。通风及相关土建专业已按此进行设计,土建工程也接近实施完毕。过程中由于建设需求变化,在 T4 预留站和 S1、S2 站之间远期（四期）须建设复线。本期（三期）原设计车站北端区间风机房位置为 S2 与 T4 复线区间接入路径。

三期扩建工程实施时要考虑为四期工程做好必要的改造预留,其中 T4 预留站增设相关道岔及内部结构改造应在三期工程内实施,新增的土建结构规模在满足功能需求的前提下应控制到最小。考虑到四期 S2—T4 复线区间存在从北端接入车站的可能性,原北端设备区本期拆除,设备及管理用房调整至南端敞开段布置。

此次调整对通风空调系统影响较大,需要结合工程进度,统筹考虑三～四期的隧道通风系统需求并制定方案。

10.6.3 方案研究

10.6.3.1 捷运工程与航站楼工程的界面和接口

通风空调系统需要依据不同的使用要求、使用时间、负荷特性和房间布局等特点,合理地进行划分。针对其特点,捷运系统和航站楼系统在以下几类交叉部位进行了界面和接口划分:

1）公共区

捷运车站位于地下一层,正处于航站楼/卫星厅下方,已经经过机场安检的旅客直接从航站楼/卫星厅大厅出入车站站台,没有设置通常意义上的站厅层。同时车站站台层与上部空间直接连为一体或有较大的敞口,没必要也不便设置独立的站台层通风空调系统。考虑到以上问题,捷运车站公共区部分的通风空调及防排烟由航站楼设计单位统一设计,并由机场进行统一建设和管理。

2）设备区

部分车站（如 T2 站）由于规模所限无法将捷运系统所需的设备管理用房相对独立地设置于捷运站台层,而是与航站楼设备管理用房区域夹杂设置。机场方面也面临类似的困难。这种"你中有我、我中有你"的状态,对于庞大的通风空调管线协调是巨大的困难。针对此特点,此部分通风空调系统由捷运系统方提出需求,由航站楼方负责设计实施。

3）少部分设备及过路管线

捷运系统和机场系统均有部分设备、管线需要设置在或穿越对方区域,此类情况由有需要的一方提出需求,并和对方落实设计条件,己方负责设计。例如捷运系统各类风井、风道的设置,接运系统多联体空调室外机的设置,T1 站部分风管的设置,机场系统的管线须穿越轨行区等。

10.6.3.2　通风空调系统制式方案

通风空调系统的制式一般分为屏蔽门系统、闭式系统和开式系统。制式的选择应根据建设地的气候条件、运行能耗以及相应制式下地铁区间及车站的空气质量控制情况做出取舍。

《地铁设计规范》(GB 50157—2013)第 13.1.5 条规定:"3　在夏季当地最热月的平均温度超过 25℃,且地铁高峰时间内每小时的行车对数和每列车车辆数的乘积大于 180 时,应采用空调系统。""4　在夏季当地最热月的平均温度超过 25℃,全年平均气温超过 15℃,且地铁高峰时间内每小时的行车对数和每列车车辆数的乘积不小于 120 时,应采用空调系统"。上海夏季最热月平均 27.8℃,全年平均气温 16.1℃,同时本工程采用 4 节编组,远期高峰小时运行 15 对,从该规范来看不建议采用空调系统。

然而捷运站台是直接与航站楼空调区域相连接的,若采用开式系统,列车活塞风将对航站楼空调产生冲击,无法保证航站楼温湿度及空气品质要求。另外不同于地铁乘客是从室外进行车站,旅客本身是从空调区域进入捷运系统,采用开式系统捷运旅客的舒适性也没法保证。因此,本工程按设置空调系统设计。下面主要就屏蔽门和闭式制式做对比分析。

1) 屏蔽门系统的特点

目前屏蔽门系统技术已经比较成熟,被广泛应用于我国多个城市的地铁线路中,特别是一些使用空调时间较长的高温高湿地区。

与闭式系统相比,屏蔽门系统有如下特点:

(1) 站台公共区域设置屏蔽门与行车隧道隔离,安全性大大提高。

(2) 除列车停靠站台供乘客上下车外屏蔽门处于关闭状态,大大减少了因车站与隧道间空气对流的冷负荷损失,同时也提高了车站空气洁净度,列车进、出站带来的噪声也有所降低。

(3) 活塞效应对车站的影响将减至最低程度,改善了车站及航站楼的气流组织,可以较好地控制车站及航站楼的温湿度;而活塞效应本身得到加强,有利于隧道的活塞通风。

(4) 合理配置通风空调系统,在设备初投资、运行费用上会优于闭式系统。

2) 闭式系统的特点

目前,采用闭式系统(兼作开式运行)的轨道交通仍然还占据着一定的比例,特别是在空调季节较短的北方城市和早期建造的地铁。与屏蔽门系统相比其有如下特点:

(1) 由于列车活塞效应,携带了部分公共区冷空气进入隧道,空调季节隧道的平均温度要比屏蔽门系统低。

(2) 根据室外气候的变化,隧道通风系统可采用开式或闭式运行。

(3) 在闭式运行时,列车的活塞效应将车站的空气引入区间隧道内,同时将隧道的热空气引入站内,这样空调季节会导致公共区的冷量损失、空调系统投资和运行费用较高。

(4)受活塞风的影响,车站及航站楼的温度场、速度场和空气品质难较难控制。

综合考虑以上因素,基于屏蔽门系统在运行能耗、费用以及站台候车区的安全性、空调的舒适性、空气品质等方面的优势,最终采用了屏蔽门系统的环控制式。

10.6.3.3 隧道通风系统方案

1)区间隧道通风系统方案

区间隧道通风系统常见的布置包括双活塞风井方案和单活塞风井方案。现就这两种布置方案进行比较分析。

(1)两种布置方案。

① 方案一:双活塞风井方案(以下简称"双活塞系统")。

双活塞系统在区间两端对应每一隧道设置一活塞风井、配置一台隧道风机和相应风阀等设备,每端两台隧道风机可实现互为备用及事故工况下向同一隧道送风,车站隧道风机与区间隧道风机分开设置。该系统相对于单活塞布置方案的优点是隧道内温度较低,有利于隧道事故工况下隧道风速、温度的控制,车载空调器的运行能耗较低;由于双活塞系统比单活塞系统增加了隧道与室外的连通面积,列车运行阻力较小,但由于双活塞布置方案所占土建面积较大,会增加土建投资。

② 方案二:单活塞风井方案(以下简称"单活塞系统")。

单活塞系统每条线路只在车站一端设置活塞风道,只有一条活塞风道至地面,同时车站每端设置两台隧道风机互为备用,共用一处风亭。与方案一比较,该系统优点是活塞风井数量减少,活塞风井、隧道风机的位置灵活,控制风阀数量少;其缺点是隧道内换气数少,隧道内温度相对较高,行车阻力较大,增加列车运行的牵引能耗。

(2)方案选择。根据以上分析可以发现,单活塞风井的隧道通风系统与双活塞风井的隧道通风系统其阻塞或火灾时隧道风机的运行及其作用是完全一致的,只是切换阀门的设置不同。不过由于活塞风井的减少会降低正常运营时隧道内外的热湿交换量,因而会对隧道环境控制造成不利影响。设置两个活塞风井比只设一个活塞风井的隧道平均温度低,可间接降低排热及空调运行能耗,也可以减少列车运营的牵引能耗。相对应的双活塞方案土建投资较高。

考虑到捷运列车为双向穿梭运行,同一活塞风井既可以是出站端风井,也可以是进站端风井,如果只设置一座风井,风井的换气作用更不能充分发挥。同时,T1、T2 为尽端式车站,单座风井将对活塞风的泄压产生不利影响。最终,捷运区间隧道通风系统采用双活塞风井方案。

2)车站隧道通风系统方案

捷运工程车辆为 4 节编组,站台层有效长度为 100 m。结合 T1、T2 土建预留条件,最终确定 T1、T2 车站排热采用单端排风,新建的 S1、S2 车站排热采用双端排风。排热风机变频运行。

10.6.3.4　设备管理用房通风空调系统方案

常规地铁车站设备管理用房通风空调系统一般为全空气空调系统。冷源与公共区空调系统合用,在冷冻机房设置合用冷水机组,在地面设置冷却塔散热。捷运工程公共区已与航站楼大厅统筹设计通风空调系统。余下的设备管理用房也仅包括必要的强电、弱电和辅助房间,不再设置单独的管理房间,整体的用冷量较小。考虑到机房面积、管理运行模式和地面冷却塔的选址等问题,捷运设备用房最终采用多联分体空调+机械通风的方案。

10.6.3.5　既有工程的改造使用

本工程 T1 站土建部分已由先期工程建设完毕。T1 站上方为机场 0 m 层行李机房,车站设备管理用房的进、排风均设置于此。气体保护房间在气体灭火后的排气须直接排出至室外,而车站所在平面位置在行李机房靠中心处,排风管并不能直接排出室外,先期的土建预留也并未考虑此需求。经过对现场的多次勘测和通风方案的比选,制定了外加接力风机的方案,并选取了合理可行的管路路由以解决问题。

10.6.3.6　后续捷运系统预留工程

捷运系统 S1、S2 站至 T4 预留站采用复线方案后,原有设计需要修改,须同时兼顾三期的使用要求和四期的预留要求,同时对已建工程进行改造且施工工期不应影响捷运系统的通车运行。

1) 原方案

原隧道通风系统采用双活塞系统。分别在 T1、T2、S1、S2 南北两端设置活塞风道;T3 站南端离隧道峒口 65 m,因而只在车站北端设置活塞风道。在各车站的配线区域设置土建风道进行集中排烟。其系统原理图如图 10-30 所示。

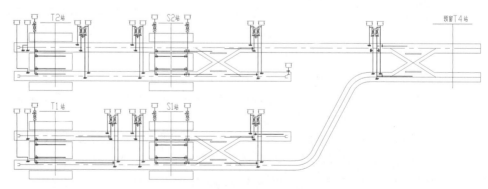

图 10-30　原方案系统原理图

2) 改造方案

近期加线后延伸 S2 站南端的存车线分别向南,接入 T4 站,但是洞暂时封堵;T3 站站台留待远期实施,近期不实施。由于工期原因,设置在 T3 站北端的隧道通风系统暂不实施,仅对已做好的区间隧道通风系统及其配套的附属用房和排风道进行改造,以预留好相关的土建条件。

T4 站范围内设置射流风机,辅助出入段线和正线的通风排烟。

原有车站区间隧道通风系统和车站排热风系统可根据新的线路、行车等重新进行设计计算(方案一);也可不再重新设计原有四站隧道通风系统(方案二),仅就为满足三期工程而设置的射流风机方案进行全线的事故工况验算,并对四期的土建预留需求进行计算。两方案的比较见表 10-1。

表 10-1 预留改造方案

比 较	改 造 方 案 一	改 造 方 案 二
对三期已建工程的影响	T4 改造,并可能引起本期原有四站的改造	不改造原有四站,仅改造 T3 站
对四期工程的影响	对原有四站的三期工程改造和废弃少	四期时需要对原有四站的三期工程进行改造和废弃,对运营有一定影响
时间周期	设计、改造周期长	设计、改造周期短

从表 10-1 可见,技术上方案一考虑较周全;但是周期长而工期紧,且四期大方案有一定的不确定性,不排除再改造的可能。方案二四期改造时可能会面临一些工期、运营方面的问题,如改造时须选择合适的季节(如冬季);改造时部分功能短时间缺失(通风、排烟),须做好工程筹划,加强运营管理等。但是该方案周期短,且减少了本期改造工程量。

综合考虑上述因素,最终采用改造方案二。其系统原理图如图 10-31 所示。

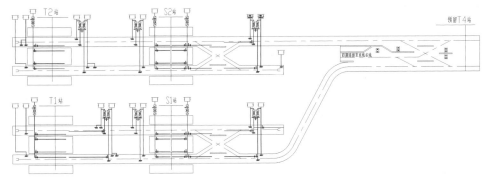

图 10-31 改造方案系统原理图

10.6.4 暖通设计

10.6.4.1 设计原则及标准

1) 设计原则

(1) 通风空调系统制式采用屏蔽门系统,且按屏蔽门一步到位设计。

（2）列车按 A 型车 4 节编组，车内空调由列车顶部车载空调器提供。

（3）地铁系统排烟设计是按一条线路、换乘车站及相邻区间同一时间只有一处发生火灾事故来考虑。区间火灾时，两风井间仅按滞留一列车设计。

2）设计参数

（1）室外设计参数。

夏季设备及管理用房空调计算干球温度 34.4℃，湿球温度 27.9℃。

夏季通风计算温度 31.2℃；冬季通风计算温度 4.2℃。

（2）站内设计参数。

列车内夏季空调计算干球温度≤27℃，相对湿度 55%～65%。

区间隧道正常工况最热月日最高平均温度≤40℃。

阻塞工况列车周围空气平均温度≤40℃，列车顶部最不利点温度≤45℃。

车站管理用房夏季空调计算干球温度 27℃，相对湿度 40%～65%。

变电所等夏季空调计算干球温度 36℃。

3）防排烟设计标准

（1）下列部位应设机械防排烟系统：

① 防烟楼梯间及其前室；

② 连续长度大于一列车长度的地下区间和全封闭车道；

③ 地下车站同一防火分区内设备及管理用房总面积大于 200 m² 或一个房间建筑面积超过 50 m²，且经常有人停留或可燃物较多时；

④ 长度超过 20 m 的内走道和连续长度＞60 m 的地下通道、出入口通道。

（2）采用的设计标准如下：

① 防烟分区的排烟量应根据其建筑面积计算。当排烟设备负担两个或两个以上防烟分区时，其排烟能力应按各防烟分区中最大分区的排烟量、风管（道）的漏风量及其他防烟分区的排烟口或排烟阀的漏风量之和（考虑 20% 的漏风量）计算，风压应满足排烟系统最不利环路要求。排烟风机的排烟量不应小于 7 200 m³/h。

② 设置机械排烟系统的内走道和地下通道，其机械排烟量不应小于 13 000 m³/h，排烟口距最不利排烟点的距离不应超过 30 m。内走道的机械排烟量根据走道加所有与走道相连的不排烟房间面积，按 60 m³/(h·m²) 计算（不包括消防泵房、废水泵房、蓄电池室、厕所、盥洗室、茶水室、清扫室、气瓶间和气体灭火房间）。

③ 列车火灾发热量按 10.5 MW 计，列车在隧道内发生火灾时，隧道断面风速应≥2 m/s，但不得大于 11 m/s。

④ 封闭空间排烟时应补风，补风风量不应小于排烟量的 50%，但不得大于排烟量；当有较大面积的自然开口时，可采用自然补风，但补风阻力不应高于 50 Pa。

⑤ 不具备自然排烟条件的防烟楼梯间应设置机械加压送风系统，楼梯间余压值为 40～50 Pa、前室余压值为 25～30 Pa。

⑥ 区间排烟风机应耐高温 280℃、1 h。排烟系统中烟气流经的辅助设备如风阀、消声器和软接头等应与风机耐高温等级相同。

10.6.4.2　通风空调系统设计

1）隧道通风系统设计

区间隧道通风采用双活塞风井系统,在 T1、T2、S1、S2 站两端分别设置两条活塞风道及相应的可逆转运行隧道风机,其中 T1、T2 左端为起始端,不设隧道风机、只设活塞风井。每条活塞风道的有效通风面积不小于 16 m²,每台隧道风机计算风量为 60 m³/s,隧道风机采用卧式安装,既可满足两台隧道风机独立运行,又可以相互备用。活塞风道、隧道风机等处设有电动组合式风阀,通过风阀的转换满足正常、阻塞、火灾工况的模式转换要求。

T4 预留站近期不实施,本期仅作为车辆进出停车场路径使用,考虑到隧道断面巨大、列车人员少,车站及配线范围内发生火灾时考虑火灾后换气通风;在车站范围内设置 4 组共 8 台可逆转射流风机。当本站范围内发生阻塞或火灾时,利用可逆转射流风机组织进行通风或火灾后排烟;当相邻地下区段发生阻塞或火灾事故时,亦可运行射流风机,辅助区间组织气流。远期则另行设计区间隧道通风和车站排热风系统,以满足车站区间的通风排烟要求,本期在车站范围内进行必要的土建预留。

车站轨行区排热通风系统独立设置。S1、S2 站采用双端排风,在车站站台层两端的风机房内设置车站隧道排热风机,每台风机计算风量为 30 m³/s;T1、T2 站采用单端排风,在车站站台层左端的风机房内设置车站隧道排风机,风机计算风量为 60 m³/s,每台排热风机配置变频器,采用变频运行。轨顶排热风道和站台下排热风道均采用土建式风道,通过集中风室把站台下和轨顶的排热风道连起来。排风口的位置应正对列车散热部位,轨顶和站台下的排风比例为 6:4;排热系统须考虑各排风口风量的均匀性。

2）设备管理用房通风空调设计

根据设备管理用房的布置情况,在满足各房间使用功能和不同使用时间、不同使用环境等要求的前提下,设置若干个小系统。系统采用多联体空调 + 机械通风方式,根据气候条件的不同开始相应模式。蓄电池室、泵房、气体消防室、茶水间、厕所、清扫间、垃圾间、通风机房等用房设置独立的通风系统。T2 站小系统由航站楼设计单位完成。

3）防排烟系统设计

当有排烟要求的设备及管理用房发生火灾时,由该区域的排烟风机将烟气经风井排至地面,送风系统兼作补风系统;当有气体灭火要求的设备及管理用房发生火灾时,房间进排风关闭,待灭火后开启排风系统排出废气。

设备及管理用房采用走廊排烟方式(走道面积计算时计入所有管理用房面积)。当设备及管理用房发生火灾时,启动走廊排烟风机进行排烟,由走廊与公共区连通处的补风口进行补风。

10.7　给排水及消防

10.7.1　功能及系统组成

1）系统功能

（1）捷运车站位于航站楼或卫星厅地下一层,结构和功能复杂、人流量较大,需要设置完善的消防措施,在发生火灾时能够快速、有效扑灭,减少火灾所造成的人员伤亡和财产损失。

（2）为维护捷运车站正常安全运营,区间峒口及风亭敞开段雨水、消防废水、事故排水、结构渗漏水等均须设置水泵提升,及时排放到室外市政排水管网。

（3）车辆基地设置完善的生活给排水设施,满足相关的工作人员正常工作和生产。

2）系统组成

捷运工程给排水及消防系统包括给水系统、污废水系统、雨水系统和消防系统等。

（1）车辆基地内设置生产、生活给水系统,主要供给冲洗绿化用水、盥洗间及茶水间等生活用水。

（2）车辆基地卫生间污水及维修作业产生的含油污水、洗车污水经沉淀、隔油等措施处理后,排入市政排水管网。

（3）车站结构渗漏水、冲洗废水及消防废水经收集后排入市政排水管网。

（4）消防系统包括室内消火栓系统、自动喷淋系统、灭火器配置、气体灭火系统和室外消防设施。

10.7.2 设计重点及难点

1）T2—S2 预留区间的给排水改造

二期建设时已建成预留 T2 指廊范围内的捷运区间结构段,长约 623 m,如图 10-32 所示。

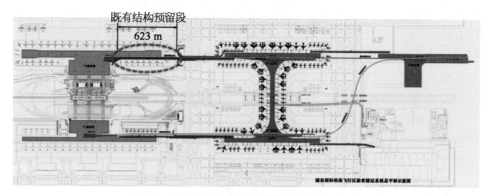

图 10-32 T2 既有结构预留段平面位置示意图

由于既有预留段区间结构为平坡,每隔 80～100 m 预留 2.0 m×1.5 m×1.5 m 集水井,隧道东侧设 400 mm 排水明沟连通集水井,排水沟互不连通。区间既有段上方为飞行区停机坪,没有相应的排水出路,考虑区间排水接至邻近车站排出。

但由于既有段轨道结构高度有限,道床面排水须特殊设计:道床面排水通过预留排水沟排入既有集水井内,潜水泵出水管排至小里程方向 T2 站主废水泵房废水池及大里程方向区间新建段最低点废水泵房废水池(行李地道合建段代建,不在捷运系统设计范围内),最终通过废水主泵房水泵提升,排至室外排水管网。

既有段区间横、纵向排水联系:两个集水井之间区段设挑水点,落水点处设横截沟排水。典型段示意图如图 10 - 33 所示。

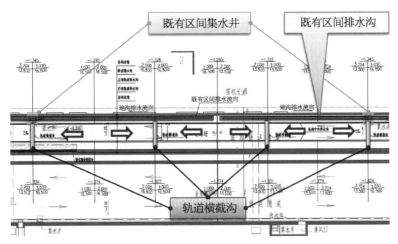

图 10 - 33　T2 既有段区间轨道排水典型段示意图

2）与航站区给排水相互关系

捷运车站位于航站楼或卫星厅地下一层,不设置独立的出入口,车站的给排水系统从航站楼或卫星厅接驳。

（1）从航站楼公共区生产、生活给水管网上引入一根 DN32 的给水管进入捷运车站设备区,设置水表计量。

（2）捷运消防泵房两路 DN150 给水引入管接自航站楼给水管,设置水表计量。

（3）捷运消防水泵结合器及对应的室外消火栓设置在航站楼区域,并设置相应的标志。

（4）捷运排水经水泵提升至室外后,排入航站楼室外排水管网,以室外压力井为界,压力井后为航站楼设计范围。

3）与飞行区给排水相互关系

捷运系统 S1—T4 区间设置 1 号、2 号两座区间疏散井,各自设置疏散出口通往室外飞行区。疏散井排水接入飞行区室外排水管网,疏散井出入口借由飞行区设置的室外消火栓保护。

10.7.3　方案研究

1）转辙机基坑排水

交叉渡线区域设有转辙机,并且基坑和沟槽深度一般比道床排水沟深,道床废水会进入转辙机基坑及沟槽中而积水,导致转辙机因浸泡在水中不能正常工作,影响线路正常运营。捷运转辙机区域排水分为以下两种方式:

（1）位于车站主废水泵房附近的转辙机基坑，道床排水沟做特殊优化处理，使轨道排水不进入转辙机坑，轨道排水及转辙机坑废水均就近排入废水泵房附近横截沟及沉沙坑，汇入泵站，废水便不会倒灌进入转辙机基坑，如图 10‑34 所示。

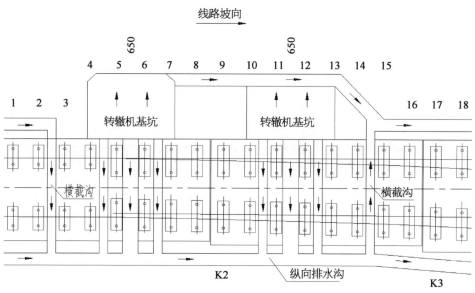

图 10‑34　转辙机基坑排水示意图（一）

（2）远离废水泵房的转辙机区域，结构板设集水坑($500 \times 500 \times 500$，mm），通过排水沟与基坑相连，在集水坑内设置小型自动潜水泵，当积水达到一定高度潜水泵会自动运行，将集水坑内收集的废水就近排入道床纵向排水沟，最终接入主废水泵房，保证转辙机基坑和沟槽不积水，如图 10‑35 所示。

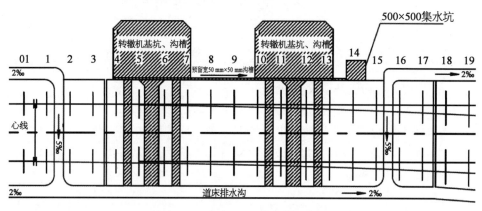

图 10‑35　转辙机基坑排水示意图（二）

2）浮置板道床排水

由于捷运车站位于航站楼或指廊下方，对隔振要求较高，车站内设置钢弹簧浮置板道床。浮置板道床在底部设置中心水沟，根据其他项目运行情况来看，中心水沟排水断面普遍较小,水沟易淤积堵塞且清理困难,影响道床排水,同时会腐蚀钢弹簧隔振器,影响减振效果及使用寿命。

设计时考虑接运车站断面较宽的优势,浮置板道床两侧同时设置纵向排水沟,加大水沟断面宽度为350 mm,道床顶设检查孔,在浮置板道床末端结构降板设置集水井及沉砂池,减少泥沙淤积,增强排水能力。设置横向沟将中心排水沟和与道床纵向排水沟连通,浮置板道床板底排水沟距轨面高差约800 mm,结构底板纵坡(4‰),道床侧沟底距轨面高差约560 mm。道床侧沟坡度(2‰)小于结构底板纵坡,在浮置板下游端的普通道床内进行排水纵向顺坡连接,利用坡度差将沟底标高逐渐抬升到与道床侧沟相同,如图10-36所示。

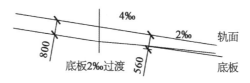

图10-36 浮置板道床与一般道床排水顺坡图

10.7.4 给排水及消防设计

10.7.4.1 主要设计标准

1) 给水用水量设计标准

(1) 工作人员生活用水量按50 L/(班·人)计(含开水供应),小时变化系数为2.5。

(2) 车辆基地道路浇洒及绿化用水量:浇洒道路按2.0 L/(m²·次),每天1次;绿化用水也按1.5 L/(m²·次),每天1次。

(3) 地下车站的消火栓用水量按20 L/s计,地下车站出入口通道、折返线及地下区间隧道消火栓用水量按10 L/s计。车辆基地检修综合楼室内消火栓用水量按15 L/s计,车辆基地室外消火栓用水量按25 L/s计。

(4) 车辆基地检修综合楼自动喷淋用水量按40 L/s计。

(5) 消防按全线同一时间内发生一处火灾计,消火栓系统火灾延续时间2 h,自动喷水灭火系统1 h。

2) 水质

(1) 生产、生活用水的水质,应符合《生活饮用水卫生标准》(GB 5749—2006)的规定。

(2) 生产用水的水质应根据生产工艺要求确定。

3) 水压

(1) 生活用水设备和卫生器具的水压,应符合《建筑给水排水设计规范》(GB 50015—2009)的规定。生产用水的水压按工艺要求确定。

(2) 地下车站消火栓充实水柱不小于10 m,最不利点消火栓栓口动压不应小于0.25 MPa;车辆基地室内消火栓充实水柱不小于13 m,最不利点消火栓栓口动压不应小于0.35 MPa;消火栓栓口处出水压力超过0.5 MPa时,应设置减压措施。

4) 排水量设计标准

(1) 生活排水量按生活用水量的95%考虑。

(2) 消防废水量按消防用水量的100%考虑。

(3) 生产排水量按生产工艺的要求确定。

（4）地下结构渗漏水量为 $0.1\ L/(m^2 \cdot d)$计。

（5）地下站露天出入口、敞开式风亭的雨水排放设计按上海市 50 年一遇的暴雨强度计算，集流时间按 5 min 确定。车辆基地地面雨水设计重现期标准采用 10 年一遇。

5）气体灭火系统

地下车站的环控电控室、通信设备室（控制室）、变电所、屏蔽门控制室等，以及地上控制中心的综合设备监控机房，设置 IG541 气体灭火系统。采用组合分配系统、全淹没的灭火方式，按每个组合分配系统同一时间只发生一次火灾考虑。

10.7.4.2 生产生活给水系统

（1）给水水源采用市政给水管网供给。

（2）采用生产、生活用水和消防用水分开的给水系统。

（3）生产、生活给水系统主要供车辆基地范围内的冲洗用水、盥洗间及茶水间等生活用水。

（4）卫生间采用非接触式和节水型卫生器具。

（5）在下列地方如淋浴房和洗手间洗手盆设置供热水系统。其中淋浴房热水系统采用太阳能供热、辅助电加热系统，洗手间洗手盆热水采用小型即热式电热水器。

10.7.4.3 排水系统

捷运排水系统主要包括两方面：一方面车站废水系统包括车站冲洗废水、消防废水和结构渗漏水等；另一方面雨水主要来自敞开的出入口、风亭、隧道区间等。雨水、冲洗废水、消防废水、结构渗漏水等收集后最终通过水泵提升排放至室外市政排水管网。捷运车站设备区不设置卫生间。车辆基地排水系统主要包括污水系统、废水系统和雨水系统。

在车站最低点设置车站主废水泵房，道床排水沟坡度同车站坡度，废水汇入最低点废水泵房处；在区间线路最低点设置区间废水泵房，排水沟坡度同线路坡度，废水由排水沟汇入废水泵房；在隧道区间峒口处设置雨水泵房，收集敞开段的雨水；风井、道岔转辙机坑及过轨电缆通道等局部低洼处设置集水坑及排水泵排水。捷运车站、区间、峒口排水系统泵房布置如图 10 - 37 所示。

1）区间峒口、风井敞开段雨水量设计

按上海市暴雨强度公式，暴雨重现期 $P = 50$ 年计。车辆基地地面排水按暴雨重现期 $P = 10$ 年计，集水时间按 15 min 计。

上海市暴雨强度公式为

$$q = \frac{1\,600 \times (1 + 0.846 \lg P)}{(t + 7.0)^{0.656}} \left[L/(s \times 10^4\ m^2)\right]$$

式中 t——集水时间（min），按如下公式计算：

$$t = 1.445 \times \left[m_1 L_s / i_s^{1/2}\right] \times 0.467$$

式中 m_1——地表粗糙度系数，取 0.013；

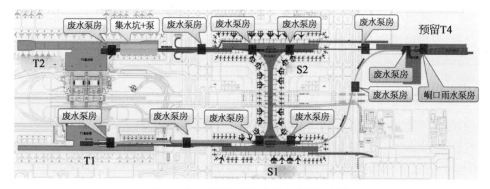

图 10-37　捷运车站排水泵房位置示意图

L_s——坡面流的长度(m);

i_s——引流段坡度。

敞开段雨水设计流量

$$Q_R = \Psi \times q \times F[\text{L}/(\text{s} \cdot \text{hm}^2)]$$

式中　Ψ——径流系数,取作 0.9;

　　　F——汇水面积(hm^2)。

雨水泵房设计流量以 1.2 倍雨水量计,即雨水泵房设计流量 $Q_泵 = 1.2Q_R$。

2) 车站排水系统设计

(1) 车站主废水泵房。车站废水泵房设在车站或线路实际最低点处,在车站站台板下底部的主体结构板上设置纵向排水沟,以不小于 2‰坡度排往废水泵房,坡底预留 200×200 mm 排水孔至废水泵房集水池。在车站轨行区,沿道床两侧各设置纵向排水沟,坡度不小于 2‰,最低点处设置 500 mm×500 mm 沉沙坑(坑底设置沉泥篮),并埋设 DN250 球墨铸铁管至废水泵房集水池。

废水泵房内设置 2 台废水泵,$Q = 135$ m^3/h,$H = 17$ m,$N = 18.5$ kW,平时互为备用和轮换工作,消防或必要时同时工作。排水泵流量按消防时排水量、结构渗水量之和确定,废水池有效容积按照不小于废水泵 15~20 min 出水量确定,废水由潜水泵提升至地面压力检查井减压后排入市政排水管网。

捷运车站主废水泵房配置见表 10-2。

表 10-2　捷运车站主废水泵房配置一览表

序号	泵房位置	废 水 泵 参 数	数量	配置情况
1	T1 站	$Q = 135$ m^3/h,$H = 17$ m,$N = 18.5$ kW	2	一用一备,紧急全开
2	T2 站	$Q = 135$ m^3/h,$H = 17$ m,$N = 18.5$ kW	2	一用一备,紧急全开
3	S1 站	$Q = 135$ m^3/h,$H = 16$ m,$N = 18.5$ kW	2	一用一备,紧急全开
4	S1 站	$Q = 135$ m^3/h,$H = 16$ m,$N = 18.5$ kW	2	一用一备,紧急全开
5	S2 站	$Q = 135$ m^3/h,$H = 17$ m,$N = 18.5$ kW	2	一用一备,紧急全开
6	S2 站	$Q = 135$ m^3/h,$H = 17$ m,$N = 18.5$ kW	2	一用一备,紧急全开
7	T4 站	$Q = 135$ m^3/h,$H = 17$ m,$N = 18.5$ kW	2	一用一备,紧急全开

（2）区间废水泵房。区间隧道采用明沟排水，便于疏通，在区间线路坡度实际最低点设废水泵房，区间废水泵房与区间联络通道结合设置。区间废水池设在联络通道下方，通过预埋在道床下的横向排水管收集纵向明沟的废水，并接入泵房集水池。

区间废水泵房内设两台排水泵，平时互为备用，必要时两台同时启动。排水泵的总排水能力按照消防时的排水量、结构渗漏水量之和计算，集水池的有效容积按不小于最大一台泵 15~20 min 的流量计算。废水经提升后，由区间接至相邻车站，通过车站端部风井敷设至室外，经地面压力检查井减压后，就近接入市政排水管网。

T2—S2 预留区间每段预留的集水坑设置两台潜水泵，$Q = 18\ \text{m}^3/\text{h}$，$H = 15\ \text{m}$，$N = 3.0\ \text{kW}$，平时互为备用，必要时两台同时启动。废水经提升后，由区间接至相邻 T2 站及新建段废水泵房（行李地道段代建）。

捷运区间废水泵房配置见表 10-3。

表 10-3　捷运区间废水泵房配置一览表

序号	泵房位置	废 水 泵 参 数	数量	配置情况
1	T1—S1 区间	$Q = 36\ \text{m}^3/\text{h}$，$H = 40\ \text{m}$，$N = 15\ \text{kW}$	2	一用一备，紧急全开
2	S1—T4 区间	$Q = 36\ \text{m}^3/\text{h}$，$H = 29\ \text{m}$，$N = 11\ \text{kW}$	2	一用一备，紧急全开
3	S2—T4 区间	$Q = 36\ \text{m}^3/\text{h}$，$H = 26\ \text{m}$，$N = 11\ \text{kW}$	2	一用一备，紧急全开

（3）峒口雨水泵房。在 T4 站区间峒口处设置雨水泵房，收集出入段线 U 形槽敞开段雨水。水泵总排水能力按 50 年暴雨重现期和计算的集流时间确定，并按 100 年暴雨重现期校核。集水池的有效容积按不小于最大一台排水泵 5~10 min 的出水量计算。U 形槽接地点处设置横截沟，防止地面雨水流入雨水泵房，实现高水高排、低水低排。峒口处设置三道雨水横截沟拦截雨水，横截沟宽度和深度充分利用轨枕间隙和道床高度，集水池进口处加设篦子，防止杂物进入集水池。

泵房设 4 台雨水泵，三用一备，$Q = 380\ \text{m}^3/\text{h}$，$H = 15\ \text{m}$，$N = 30\ \text{kW}$，根据液位先后启动，暴雨时同时使用，并可以定期自动切换使用，压力排水管道就近接至地面市政雨水管网。

捷运峒口雨水泵房配置见表 10-4。

表 10-4　捷运峒口雨水泵房配置一览表

泵房位置	废 水 泵 参 数	数量	配置情况
T4 区间峒口	$Q = 380\ \text{m}^3/\text{h}$，$H = 15\ \text{m}$，$N = 30\ \text{kW}$	2	三用一备，紧急全开

（4）局部排水泵房。设在敞口风亭、站台板下层、过轨电缆通道的局部排水

泵房,用来排除雨水、冲洗废水、结构渗漏水等。每处设两台潜水排污泵($Q =$ 10 m³/h, $H = 6$ m, $N = 1.1$ kW),一用一备,紧急全开,并可自动切换运行。转辙机处设置 500 mm×500 mm×500 mm 集水坑,通过设置小型潜水泵将积水排入道床排水沟,最终汇入废水池。

(5)排水泵控制。废(雨)水泵房水泵根据液位控制启停,由 BAS 进行监控,采用就地手动控制、液位自动控制及 BAS 远程控制的方式,控制室显示排水泵的启、停、故障、手自动状态信号以及废水池的水位信号。

3)车辆基地排水系统设计

(1)车辆基地维修作业产生的含油废水、洗车废水经沉淀、隔油等措施处理后,与卫生间污水一起经污水监测井后排入市政污水管网。

(2)车辆基地内建筑屋面雨水系统的排水能力按上海市 10 年一遇的暴雨强度计算确定,屋面雨水工程与溢流设施的总排水能力不应小于 50 年重现期的雨水量。

(3)车辆基地内道路雨水采用排水沟及雨水口的形式收集,雨水经收集后最终排入围场河。

(4)因车辆基地周边无完善的排水系统,雨水排放系统采用重力排水与泵站排水相结合的形式,平时雨水通过重力排水管接入围场河,当围场河水位较高时,排水管受河水水位顶托排水能力不畅时,通过水位控制启动雨水泵站水泵,通过水泵提升排放雨水,保证车辆基地运营安全。雨水泵站参数如下:采用一体化预制泵站,2 个筒体并联,共 4 台雨水泵。每个筒体设置雨水泵 2 台,一用一备,紧急情况下全部开启。单台水泵参数为 $Q = 1\ 350$ m³/h, $H = 10$ m、$N = 55$ kW。

4)管材

室内给水主管采用符合生活饮用水卫生标准的钢塑复合管,公称直径(DN)≥100 时采用机械沟槽式或卡箍连接,DN≤80 时采用螺纹连接;生活给水、热水支管可采用 PPR 管,热熔连接。室外生活给水管 DN≥100 时采用给水球墨铸铁管,承插连接;DN≤80 时采用 PE 管,热熔连接。潜水泵出口压力排水管管道采用经防腐处理的内外热镀锌钢管,丝扣(DN≤80)或沟槽(DN＞80)连接。室外埋地雨、污水管采用环刚度 8 级的 HDPE 双壁缠绕管,橡胶圈柔性密封连接。室内污废水管道采用静音阻燃硬聚氯乙烯(UPVC)管。

10.7.4.4 消防系统

1)车站消防系统设计

捷运车站消火栓用水量 20 L/S,地下区间消火栓用水量 10 L/S,室外消火栓用水量 30 L/S,火灾延续时间为 2 h。捷运车站消防系统与航站楼消防系统以屏蔽门为界,屏蔽门内车站设备区属于捷运车站消防系统,车站公共区属于航站楼消防系统。

(1)捷运车站消防泵房与航站楼分开独立设置,在 T1、T2、S1、S2 站分别设置消防泵房,每个消防泵房设置两台消火栓主泵、两台消火栓稳压泵。平时管网压力由稳压装置维持，火灾时启动消火栓主泵，由消火栓主泵加压供水。T2 站消防泵房供水范围为区间隧道，因此 T2 消火栓主泵流量为 10 L/S。

从车站消防泵房引入两根 DN150 消火栓进水管进入车站设备区，消火栓总管布置成环状。环状消防给水管网采用阀门分成若干独立段，当某段损坏时，停止使用的消火栓不应超过 5 个。

设备区消火栓的布置按保证同一防火分区有两只水枪的充实水柱同时到达任何部位，水枪充实水柱不应小于 10 m，最不利点消火栓栓口动压不应小于 0.25 MPa，消火栓的间距不大于 30 m，采用单口单阀消火栓，消火栓箱内均设有自救式消防卷盘一套。

在航站楼及卫星厅外设置相应数量的消防水泵接合器，在其周围 15～40 m 范围内设置供水量相当的室外消火栓。

地下区间隧道消防用水由相邻车站供水。地下区间每条隧道分别从地下车站两端工作区消防给水环状管网上引入一根 DN150 消火栓给水干管，车站和区间隧道的消防管网相连，使全线形成一个完整的环状消防给水管网；接至区间消防管道进入区间隧道前应并联安装手动、电动蝶阀，两条隧道内消防给水管道在区间中部联络通道处连通。

地下区间及折返线设置单口单阀消火栓，不设消火栓箱，不配水龙带。在相邻车站两端及联络通道内设置 2 套消防器材箱，内设 2 根消防水龙带及 2 支多功能水枪，供区间消防时使用。消火栓栓口处出水压力超过 0.5 MPa 时，应采用减压稳压消火栓。

捷运车站消火栓主泵配置见表 10-5。

表 10-5　捷运车站消火栓主泵配置一览表

序号	泵房位置	消 火 栓 泵 参 数	数量	配置情况
1	T1 站	$Q = 20 \text{ L/S}, H = 27 \text{ m}, N = 11 \text{ kW}$	2	一用一备
2	T2 站	$Q = 10 \text{ L/S}, H = 47 \text{ m}, N = 11 \text{ kW}$	2	一用一备
3	S1 站	$Q = 20 \text{ L/S}, H = 32 \text{ m}, N = 15 \text{ kW}$	2	一用一备
4	S2 站	$Q = 20 \text{ L/S}, H = 31 \text{ m}, N = 15 \text{ kW}$	2	一用一备

（2）车站按严重危险级布置手提灭火器，选用扑救 A、B、C 类火灾和带电火灾的磷酸铵盐干粉灭火器。

（3）地下车站的环控电控室、通信设备室（控制室）、变电所、屏蔽门控制室等，以及地上控制中心的综合设备监控机房，设置 IG541 气体灭火系统。采用组合分配系统、全淹没的灭火方式，按每个组合分配系统同一时间只发生一次火灾考虑。

2）车辆基地消防系统设计

（1）室外消防给水利用地块内环状给水管网系统直接供水。室外消火栓平时运行工作压力不应小于 0.14 MPa，火灾时最不利室外消火栓出流量不应小于

15 L/s,供水压力从地面算起不应小于 0.1 MPa,布置间距不大于 120 m,保护半径不应大于 150 m。

(2) 室内消火栓给水由消防泵房消火栓加压泵供给,设 2 台消火栓主泵、2 台稳压泵,均互为备用,同时设一座有效容积 150 L 的气压罐。在每个消火栓泵的出水管上设置带有空气隔断的倒流防止器。平时管网压力由稳压装置维持,火灾时启动消火栓主泵,由消火栓主泵加压供水。

(3) 自动喷淋系统给水由消防泵房喷淋加压泵供给,设 2 台喷淋主泵、2 台稳压泵,均互为备用,同时设一座有效容积 150 L 的气压罐。在每个喷淋泵的出水管上设置带有空气隔断的倒流防止器。平时管网压力由稳压装置维持,火灾时启动喷淋主泵,由喷淋主泵加压供水。

捷运车辆基地消防水配置见表 10-6。

序号	消防泵	消防泵参数	数量	配置情况
1	消火栓泵	$Q=15$ L/S,$H=52$ m,$N=15$ kW	2	一用一备
2	消火栓稳压泵	$Q=1.2$ L/S,$H=62$ m,$N=2.2$ kW	2	一用一备
3	喷淋泵	$Q=40$ L/S,$H=68$ m,$N=45$ kW	2	一用一备
4	喷淋稳压泵	$Q=1.2$ L/S,$H=78$ m,$N=2.2$ kW	2	一用一备

(4) 在消防水泵房附近设置 5 套消防水泵接合器,在其周围 15~40 m 范围内设置供水量相当的室外消火栓。

(5) 车辆基地手提灭火器选用扑救 A、B、C 类火灾和带电火灾的磷酸铵盐干粉灭火器。每个组合式消防柜设 MF/ABC5 磷酸铵盐干粉灭火器 4 具。独立设置的手提灭火器宜设置在灭火器箱内,顶部离地高度不应大于 1.5 m,底部离地不宜小于 0.08 m。灭火器箱不得上锁。每处灭火器设置 2 具。

3) 气体灭火系统

通信信号设备室、设备监控及 FAS 机房设置 IG541 气体灭火系统。气体灭火保护区外设置壁挂式气体灭火控制器,手/自动转换开关、紧急释放按钮(启动按钮)、释放指示灯、警铃、声光报警器等均接入气体灭火控制器,各气体灭火控制器通过通信或硬线方式接入车站控制室的火灾报警控制器(FAS 控制器),FAS 控制器实现对气体灭火管网系统的集中控制。

IG541 混合惰性气体灭火系统设自动控制、手动控制和机械应急操作三种启动方式。

4) 消防泵控制

(1) 消火栓主泵。设两台消火栓泵,一用一备,由 FAS 进行监控。采用管网压力自动启动、现场就地控制、车控室远程控制(启、停)并显示设备工作状态、消火栓旁设置消防启泵按钮、控制柜机械应急启动,消防主泵应自带低频巡检功能。当工作泵发生故障时,能自动切换开启备用泵。

（2）消火栓稳压泵。设两台稳压泵，一用一备，由 FAS 进行监视。采用管网压力控制、现场就地控制，控制室显示设备的工作状态。当工作泵发生故障时，能自动切换开启备用泵。

（3）喷淋主泵。设有两台水喷淋泵，一用一备，由 FAS 进行监控。采用管网压力控制、现场就地控制、车控室远程控制（启、停）、报警阀压力开关自动启动、出水管压力开关自动启动、控制柜机械应急启动，消防主泵应自带低频巡检功能。当工作泵发生故障时，能自动切换开启备用泵。

（4）喷淋稳压泵。设两台稳压泵，一用一备，由 FAS 进行监视。采用管网压力控制、现场就地控制，控制室显示设备的工作状态。当工作泵发生故障时，能自动切换开启备用泵。

5）管材

室内消火栓管道、自动喷水灭火系统管道采用内外热浸锌钢管，公称压力为 1.6 MPa。当管径≤DN50 时，采用螺纹或卡压连接；当管径＞DN50 时，采用柔性沟槽式连接或法兰连接。室外埋地消防管采用球墨铸铁管，承插式柔性接口，公称压力为 1.6 MPa。

10.7.5　防杂散电流措施

（1）车站内金属给排水管道及设备，应采取防止杂散电流腐蚀的措施。给水及消防引入管应在主体结构内外侧各设一段 2 m 长给水塑料管（工作压力≥1.0 MPa）。

（2）给排水管道穿越轨道下方时尽可能采用非金属绝缘管材。当必须采用金属管材时，采用加强防杂散电流的措施，在穿越部位两侧设置绝缘法兰。

（3）管道固定支架与管道之间、管卡与管道之间设置绝缘橡胶垫片进行绝缘处理。

10.7.6　给排水及消防与相关专业间接口及界面划分

1）与机场航站楼界面

捷运车站给排水及消防系统与航站楼车站给排水及消防系统以屏蔽门为界，屏蔽门内车站设备区为捷运设计范围，车站公共区为航站楼设计范围。

2）与建筑和土建接口

给排水及消防系统（包括气体灭火系统）的所有设备和管道孔洞、预埋件、预埋套管、设备吊钩、荷载，以及对设备房间的要求等资料，提供给建筑和土建专业，建筑和土建专业负责预留和预埋。

3）与轨道接口

给排水及消防系统的各类管道和沟槽穿越道床时，须预埋或预留相关管道和沟槽；道床明沟排水进入废水池处的排水管沟，由轨道专业确定排水形式。上述资料提供给轨道和建筑专业，轨道和建筑专业负责预留。

4）与通风空调专业接口

向通风空调专业提供气体灭火系统对保护区风管、风阀等设备的设置和控制要求。

5）与动力照明专业接口

各类排水泵不带电控柜，动力照明与给排水专业的分界点在水泵设备本体接线端处。各类电动阀门（AC 220 V）由动力照明专业供电，分界点在电动阀门接线端子处。本专业向动力照明专业提供气体灭火系统对保护区的供电要求。

6）与 FAS/BAS 专业接口

车站和区间排水泵由 BAS 专业在车控室显示状态并接受水池高、低水位报警信号。车站和区间主废水泵采用 BAS 远程控制。BAS 专业与给排水专业的分界点在各电控柜接线端子处。

本专业向 FAS/BAS 专业提供气体灭火系统保护区的报警和控制要求。

FAS 系统应能通过设置在消火栓附近的启泵按钮将信号传至车控室并自动启动消防泵，并将消防泵、水流指示器、信号阀门、压力开关等设备状态信号传至车控室。消防水管电动蝶阀由 FAS 系统控制，FAS 专业和给排水专业的分界点在设备信号接线端子处。消防泵采用低频巡检，由 FAS 进行监控，巡检结果由电控柜反馈给车站控制室。

7）与市政接口

T1 站、车辆基地消防给水分界点为室外市政给水管道接驳处，与自来水公司的分界点为水表井（含）；T2、S1、S2 站消防给水分界点为上述车站消防泵房外墙处，上游管道由航站楼及卫星厅负责。

T1、T2、T4 站，区间及车辆基地排水分界点为市政排水管网的接驳处；S1、S2 站排水分界点为压力排水管出车站后压力井（含该井）；压力井后下游管道与市政排水管网的接驳由航站楼及卫星厅负责。

8）与人防界面

捷运系统范围内不考虑设置人防掩蔽系统。

10.8 控制中心

10.8.1 功能及系统组成

1）系统功能

（1）为捷运系统集中管理调度中心。

（2）负责制定车辆运行计划和调度、保障列车按计划运行。

（3）负责捷运范围内各系统、设备的协调及其维护、保障。

2）系统组成

控制中心主要集中设置捷运公共设备部分，由大屏幕、控制台等组成。

大屏幕包括 LED 显示屏部分（LED 显示单元、单元供电电源）、控制系统部分（包括控制主机、数字视频处理、数据分配和扫描设备、通信、系统显示、管理软件等）、智能监控系统和低压配电系统等。

10.8.2　设计重点及难点

1）控制中心的定位

控制中心的定位需要从以下多方面进行考虑：

（1）应考虑捷运系统的作用。捷运系统是满足大量旅客短距离输送需求而建立的、对通行时间要求较高的旅客专用通道。

（2）应该研究捷运系统的特点，将捷运系统和普通地铁进行比较。考虑将捷运系统设置在机场的特殊性，其具有机场信息系统的特点，又和地铁信息系统相类似，但又有不同。针对不同的机场捷运系统，要分析研究其与传统地铁的差异化。

（3）需要研究捷运系统的管理。机场捷运系统的设立，需要考虑机场的特殊性。如捷运系统设置在路侧还是空侧；若设置于空侧的，是否需要区分国内和国际等因素。

通过上述分析，基本可以得出控制中心的定位，包括与航站楼、TOC（航站楼管理中心）和 AOC（空管中心）的关系等。

2）控制中心的选址

首先要考虑选址原则，再进行选址方案比选。

（1）选址原则。控制中心的选址，主要考虑以下原则：

① 对机场地块规划用途的影响；

② 与周边环境的协调性；

③ 与机场其他建筑分、合建的合理性；

④ 车辆及人员进出控制中心的便利性；

⑤ 从控制中心进出捷运通道的交通便利性；

⑥ 控制中心的经济技术性；

⑦ 控制中心工作人员的工作环境。

（2）选址方案。选址方案比选一般包括独立建设还是和其他建筑合建。从国内外的情况分析，多以合建为主。

从合建角度，存在和航站楼合建或者和车辆基地合建两种情况，从根本上还要从有利于运营管理角度进行研究分析。从国内已建成的机场捷运系统如北京首都机场捷运系统、香港机场捷运系统来看，普遍采用和车辆基地合建的方式。

3）控制中心的规模

主要取决于大屏幕显示系统和控制台席位的设置。

（1）大屏幕显示系统。要综合考虑大屏幕显示系统的规模，就必须要考虑显示屏显示的内容及功能。

（2）控制台席位设置。席位设置要考虑既满足管理使用要求，又能满足集约化建设管理的需要。

10.8.3　方案研究

1）控制中心的定位

为合理确定控制中心的定位，设计方案首先分析了捷运系统的作用。接着对捷运系统的管理进行分析，主要从捷运系统设施的特点、捷运系统管理的特点、捷运系统管理的重点和捷运系统管理的分界面等方面对捷运系统管理进行了较为详细客观的分析。随后对捷运信息系统的设置进行了分析。捷运信息系统包括通信、信号、FAS、BAS、门禁、屏蔽门等。本着集约化管理、系统精简、合理适用的原则，对捷运系统各信息子系统进行了合理设置。

由上得出结论：为了实现对捷运相关弱电系统的管理，建立控制中心，提供弱电系统管理的场所，从而实现捷运系统各项管理功能。

最后得出捷运控制中心的定位如下：

（1）捷运控制中心是航站楼／卫星厅管理的延伸。本工程是根据捷运系统运行特点，设立捷运控制中心进行独立管理的。

（2）捷运控制中心是浦东机场航站楼／卫星厅控制中心的一个下属子中心，其根据航站楼控制中心的相关指令和要求，负责制定车辆运行计划和调度、保障列车按计划运行。

（3）捷运控制中心是捷运专属系统的控制调度中心，其负责捷运范围内各系统、设备的协调以及维护、保障。

2）控制中心的选址

控制中心的选址主要包括选址原则和选址方案。

（1）选址原则。主要从用地、周边环境、与其他建筑分／合建合理性、车辆出入便利性、经济性和工作环境等方面进行考虑。

（2）选址方案。比选了三个方案，包括：

方案一：在已建成的 T1 或 T2 内划出供捷运控制中心使用的空间。

方案二：结合拟建的 S1 或 S2，增加一块供捷运控制中心使用的空间。

方案三：结合车辆基地，增加一块供捷运控制中心使用的空间。

最后通过比选，从有利于运营管理角度出发，推荐采用方案三。

3）控制中心的规模

控制中心规模取决于大屏幕规模和控制台席位设置。

（1）大屏幕显示系统。要综合考虑大屏幕显示系统的规模，就必须首先考虑显示屏显示的内容及功能。显示屏显示内容及功能如下：

综合显示屏主要用于信号系统显示捷运工程车站及线路情况、区间行车信息、轨旁设备情况及电视监控图像等，电力监控系统在控制中心不设专用的显示屏，系统配置、设备状态以及报警以桌面显示为主。牵引供电系统的直流供电状况以及网开关的状态合并显示在信号系统显示区域内。

电视监控系统还可根据实际需要以手动或自动轮循方式，将控制中心调度员所监视图像显示到综合显示屏的大屏幕。在某个系统或某个车站出现异常情况时，显示屏可将该系统或车站的异常情况放大，同时调集与之有关的其他信息集中显示，供调度人员及时处理。

其次要考虑大屏幕显示的规模。

调度大厅内，实际需要采用多少显示屏来组成屏幕墙，这与显示的内容有关。

行车调度在综合显示屏上显示整条线路列车运行的模拟图,让调度人员实时了解在线列车的运行情况以及道岔、信号机等轨旁设备的状态。

CCTV 系统从各车站的数字图像信号中选送图像至大屏幕显示。一般每个站台至少需要 1～2 个画面。

SCADA 系统在控制中心不设专用的大屏幕显示器,系统配置、设备状态及报警以桌面显示为主。

牵引供电系统的直流供电状况以及网开关的状态合并显示在信号系统的综合显示屏上。

最后根据捷运系统的规模进行综合显示屏的显示规划和规模设置。

经过需求分析和讨论,最终确定大屏幕显示面积为 7.2 m(宽)×2.025 m(高)。

(2) 控制台席位设置。调度大厅席位设置以"集中监控、人-机结合"为原则,采用科学的人机工程学,为运营指挥人员提供舒适、和谐的调度平台。

调度大厅席位总体布局应以行车指挥为核心,并便于各运营调度人员、总调间信息沟通,满足日常调度工作和应急指挥的需要。

经过需求分析和讨论,最终设 4 个调度席位,从左到右依次为调度员席位、调度长席位、调度员席位和司机组长席位。

(3) 控制中心规模确定。通过确定大屏幕和控制台席位,最后确定控制中心建筑面积在 14.3 m(长)×6.9 m(宽)=98 m² 左右,具体布置如图 10-38 所示。图中,大屏幕采用小点间距 LED 屏,设置在调度大厅正前方,大屏后方作为检修通道。

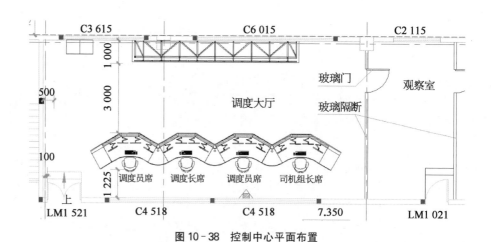

图 10-38 控制中心平面布置

10.8.4 控制中心设计

10.8.4.1 大屏幕

1) 整体设计要求

全彩色显示屏规格为 P1.25 室内小间距全彩色,显示尺寸设计为 7.2 m

（宽）×2.025 m（高）= 14.58 m²。

显示屏视频控制设备具有 HDMI、HD - SDI /SDI、AV、VGA、DVI、YPbPr /YCbC 等接入功能，视频控制采用分布式视频拼接器，应满足 36 路同时输入并同时显示 16 路不同信号接口的视频信号。

显示单元及整个系统具有很好的抗电磁干扰性能，符合国际电磁兼容标准，满足国际化标准组织颁发的 ISO /IEC 标准。

显示系统采用恒流源驱动控制，具备 PWM 功能，脉宽可调。

显示单元内部设计有独立散热循环，散热设计可以保证显示单元内外环境温度的均衡，确保显示单元系统稳定运行。

系统工作稳定可靠，抗干扰能力强，可连续工作 7 × 24 h，控制系统软件操作界面人性化设计，操作简单。

显示单元独立控制，单点故障不影响整屏使用，单元支持带电热插拔，单元更换后无须通过系统校正就可实现模块级的白平衡自适应校正，保证整屏显示的均匀一致。

LED 显示屏具有抗震能力，防护等级达到 IP33。

系统配电采用放射式和树干式结合的配电方式，能够将因局部电源故障带来的黑屏面积减少到最小。配电系统有防雷、短路、断路、过流、过压、欠压以及漏电保护措施。配电柜应具备防水、防锈、防腐能力，并具备稳压、防雷功能；强行打开时，能自动报警。当系统发生严重错误时能自动关闭并报警，保证系统运行时的安全性和可靠性。

显示系统采用双路通信备份设计，一路通信故障不影响屏幕的正常使用。

2）系统功能

（1）信号处理功能。可以处理各种不同视频输入：兼容 PAL、NTSC 电视信号，兼容 SDTV、HDTV 信号，兼容计算机信号和 DVD 机、摄像机、录像机、有线电视等通用视频源，允许叠加字幕以及其他视频特技；可以同时保证 36 路信号输入，并在屏幕上同时显示 16 路不同信号接口的视频信号。

（2）显示功能。显示屏幕可以划分为多个显示区域、独立显示不同内容，也可同步显示同一内容，屏幕可进行任意画面的分割、切换显示，画面可任意叠加、缩放。

（3）智能监控功能。显示系统应具备远程监控功能，能够自动开关屏幕，实现远程控制，无人值守；显示系统具有故障监控及预警功能，系统可进行自我诊断，对可能发生的潜在故障记录日志，并向操作员发出报警信号，同时将数据传回控制室，以便工作人员采取相应措施。

3）配电系统

LED 显示屏应具有独立的配电系统，配电系统采用三相五线制供电、保证三相平衡，尽量减少对电网的冲击影响，同时还应配备过流、短路、断路、过压、欠压、温度过高等保护措施以及相应的故障指示装置。

LED 显示系统具备防潮、防尘、防高温、防腐蚀、防燃烧、防静电、抗震动、抗雷击功能，整个系统具有烟雾报警和温升报警功能。

4) 结构设计

显示屏外观装饰采用 3 mm 铝板表面喷塑形式,封边材质颜色应与装修风格一致,保证整体效果的美观大方,与调度大厅整体建筑协调一致。

显示屏采用后拆卸维修方式,钢结构设计须考虑后部维修马道及维修的预留空间,后部检修平台宽度不小于 550 mm。

框架结构内填泡沫条密封防水,缝隙内涂硅胶(一周),采用保温隔热、轻质阻燃的彩钢夹心板,外包铝板。

5) 总体显示要求

主要显示内容为捷运系统的 ATS 信息和视频监控图像。应设置一套专门的切换控制装置,方便控制大屏幕显示 ATS 信息。

综合显示屏应具有预存的多种基本显示模式,可以通过切换控制装置任意切换。

10.8.4.2　控制台

控制台采用四席位。控制台上的显示设备包括通信、信号、FAS、BAS、门禁、屏蔽门和电力监控等。

1) 总体要求

操作台作为运营调度业务各类系统设备的支撑,要符合一体化操作理念,符合人因工程学要求的硬件统一设置空间和人机交互环境,使运营调度更为规范和便捷、环境更为协调和美观。

一体化操作台设计应符合人因工程学要求,操作台的工艺设计及桌面布置应考虑如下因素:工作负荷判定、屏面布置与人体视野视区、操作台设备设置与操作手可及范围、人体受限空间尺寸、工作范围布局、工作环境、线缆路径安排、设备表面材质及颜色和机柜设置等等。确保调度员在同一环境长时间连续工作中具有一定舒适度、减少疲劳,在突发事件出现时能及时获知,并在短时间内做出正确反应。

一体化操作台实施时,应基于系统集成和设备整合条件统一设计。

2) 台面设计

设置四个操作工位,每个工位采用内弧形设计,满足 4～8 台液晶显示器的摆放需求。外弧面尺寸不小于 2.5 m,相邻两工位之间采用 60°转角柜拼接;在控制台两端配置尺寸不小于 0.9 m 的文件柜,台面可摆放电话机等设备(打印机单独放置)。

工作台面的高度在地面以上 730～750 mm 某一固定值,台面深度为915 mm,台面下方净空为 700 mm。

台面板前沿口宜采用"R"形设计,增加操作员舒适度。

台面应有钢制支撑结构,且不应有损坏及目视下的开裂现象。

台面下方应安装采用高度牢固制作工艺的抽屉式键盘托架,键盘托架要求能同时容纳标准计算机键盘和鼠标。

台面边角处应为圆弧设计,避免操作人员碰伤。

台面对各系统的设施设备可进行统一标牌识别。

台面的键盘、鼠标应通过标签或颜色识别,排线应整齐。

台面必须具备较强的防潮能力。

3）结构设计

采用拼接组合形式,按模数设计,以便组合安装和运输。

操作台采用高质量的钣金材料,除工作台面之外的主体结构和结构面板全部采用 1.2～1.4 mm 或以上厚度的冷轧钢板,并配合流线型、模块化、圆角防撞设计,安全美观,满足 7×24 h 工作需要。

采用标准紧固件连接,要求互换性、通用性强。

所有金属件均要求经过酸洗、磷化、热镀锌处理,表面根据整体效果要求进行静电粉末喷涂。

操作台的承载墙高度为 300 mm 左右,厚度不小于 170 mm,内部可走线或放置小型设备,顶盖板具有直径不超过 1 mm 的通风圆孔,以保证整个墙体的自然通风散热功能。

设计台内走线槽和接线端模块(包括电话接口、网络接口、电源插座等)。充分考虑设备的可接入性,便于安装、操作和维护。

监控控制台的各部位面板均可方便取下,保证提供最佳的可接入性,便于内部设备的安装和维护。监控控制台的承载墙两侧,安装强电和弱电接口面板,要求安全美观、无裸露线缆,方便值班人员临时取电和进行数据维护。

4）供电设计

除 ATS 显示屏外,操作台上布置的设备供电应统一由 UPS 专业提供,ATS 显示屏由信号系统专用 UPS 提供,电源配给应由设计方和集成方根据具体情况进一步细化方案。

应使用 AC220 V±10％V 的交流电源,由 UPS 提供,重要设备(如 ATS 工作站)不应使用非标电源插座板和电源线,防止接错事故。

电源线采用 2.5 mm² 以上 RVV 多芯铜线,电缆(线)的外护套应绝缘、低烟、无卤、阻燃。

10.8.4.3　其他设施

控制中心其他设施包括稳压电源等,稳压电源设于车辆基地一层设备机房。稳压电源主要用于提供大屏幕稳定可靠的三相低压电源。

第11章
捷运系统车辆基地

11.1 功能定位及系统组成

11.1.1 常规地铁车辆基地的功能需求

浦东机场捷运系统采用地铁车辆制式,其实际上是一个完整而独立的地铁系统,捷运系统设计过程中应考虑地铁系统(包括车辆和土建、机电系统)所有的运用检修任务及相应的物资仓储任务。

1) 车辆运用检修任务

(1) 全线配属车辆的编组、停放、运用、整备、清扫洗刷、消毒、日常检查和列车动态检测。

(2) 全线配属车辆的乘务工作。

(3) 全线配属车辆的厂修、架修及各级定期检修保养和检修保养后的车辆试验。

(4) 车辆的临修及列车救援工作。

2) 各系统的检修任务

(1) 工务、建筑、供电、机电、通信、信号以及自动化设备和系统的运用、巡检、抢修和管理。

(2) 工务、建筑、供电、机电、通信、信号以及自动化设备和系统的维修、检修、部件修理和管理。

3) 物资仓储任务

各系统、各专业的材料、配件、备品、设备、机具、工器具及劳保用品等的采购、存放、发放和管理工作。

11.1.2 系统组成

本工程车辆基地承担列车均衡修及以下修程、日常维护和临修工作,承担全线各系统相关设施的日常维护和定期维修工作,承担全线材料、配件、设备和机具等的存放、发放和管理工作。

捷运车辆基地由出入段线、道岔区和检修综合楼组成,检修综合楼由低修程检修库、临修/镟轮库、中心仓库和辅跨组成。辅跨共两层,设置了车辆检修间、维修工区、控制中心和办公生活用房。

11.1.3 捷运系统运营模式研究

与常规轨道交通系统相比,捷运系统相对独立,为机场内部交通,无法纳入城市轨道交通线网内,不能利用城市轨道交通网络资源进行统筹,所以车辆基地运用检修任务小而全,难以形成规模。针对这一形势,可以从研究运营模式出发,充分利用社会资源,从而安全可靠、经济可行地落实车辆基地功能。

目前国内常见的运维模式包括自主运营模式、部分委托运营模式和完全委托运营模式三种。

1)自主运营模式

运营和维护一体化管理,由机场集团自建机构负责全线的运营、维护。

此模式管理环节简单,易于掌控,但对专业人员的数量和质量要求较高,同时须配齐保障运营的所有设施设备,在规模较小的情况下不够经济。

2)部分委托运营模式

运营和维护分离,机场集团自建机构负责行车调度指挥、客运组织管理等工作,而将设施设备的日常维护和定期检修委托给专业机构,机场集团对其行使监管权。

此模式管理灵活,运营初期机场集团只负责运营,维护工作由具有成熟管理经验和专业技术资源的专业单位完成,可精减机构设置。但运营和维护管理受不同单位管辖,须加强对外委单位的管理、协调和监管工作,以确保系统可靠运营。

3)完全委托运营模式

将运营和维护全部委托给具备资质和成熟经验的轨道交通运营机构,机场集团对其行使监管权。

此模式可充分利用第三方成熟的管理经验、专业技术水平、人力物力资源,在初期选择合适的运营维护单位、运营过程中加强监管是机场集团工作重点。

综上分析,机场集团无轨道交通系统的运营维护管理经验,而组建一支成熟可靠的运维团队需要投入较大的人力、物力及财力,并可能在前期运营维护管理中发生因经验不足引起的失误。在此基础上,通过调研国内外相关案例,机场集团选择采用完全委托运维模式,将捷运系统运营维护管理整体打包委托给上海申通集团旗下的申凯公司。

11.1.4 车辆运用检修方案社会化分析

捷运工程规模小,T3未启动前配属车为7列,T3启动后配属车为9列,车辆大、架修任务量小。车辆基地若设置全套的维护维修设施,显然是不合理、不经济的。

车辆的运用整备部分(含车辆的运用、停放、列检、月检、列车清洗作业、列车救援)作业任务量大、作业频繁,是车辆基地的基本功能,直接影响到整个系统的安全、可靠,应在车辆基地内完成。车辆检修部分(车辆各级检修修程)是一个涉及多领域、多工种、多部门的系统工程,检修质量将直接影响车辆的性能以及安全运行,故对车辆维修专业化程度要求较高。目前社会上具有合格资质和实力的、能承担车辆维修的单位较多,有较好的市场化条件,故本项目车辆厂架修和部件修外委,车辆基地不设厂架修和部件修功能,仅承担列车的日常维护和临修工作。

11.1.5　综合维修中心社会化分析

工务、建筑、供电、机电、通信、信号以及自动化设备等各系统设施设备种类多而复杂,运营检修工作涉及的专业多,如果本项目针对各系统设置规模和功能大而全的检修机构,并配备齐全的专业检修人员队伍和检修维护设备、特种车辆及相应的维修车间,会大大增大工程建设投资,而且在运营初期,设备运营年限短,故障率低,检修工作量相对较少,检修人员及设备利用率低,造成资源浪费。因此,本项目各系统的检修维护外委,合理利用社会力量,车辆基地仅配置最基本的各系统工区及办公用房。由于建筑、机电等通用专业在机场的其他范围也有大量应用,其检修工作可交由机场的建筑和机电维保部门统一承担。

备品备件及易耗品具有用量大、周转快、专业性强等特点,不具备社会化存储供应,因此车辆基地设中心仓库、库房及堆场。同时结合上海发达的物流业以及上海地铁庞大的物资存储能力,可适当减少一些社会来源广泛、供应及时材料的备品量,从而减小仓库及堆场的面积。

11.2　方案研究

捷运工程具备线路短、配属车辆少等特点,如车辆基地按照常规轨道交通进行设计,会存在检修量小而规模大、占地多、设备设施资源浪费等情况。本次设计立足于捷运系统本身特点,依据"维护社会化、集约高效、适用精简、高可靠性"的原则,对配属车辆、检修修程、功能性股道合并及取消等方面进行研究,从而制定满足功能需求的紧凑型车辆基地方案。

11.2.1　车辆检修制度

根据浦东机场全天候运行的需求,捷运系统全天不间断提供服务。捷运车辆如按常规轨道交通修程进行日检,所有车辆每日须轮替上下正线,将大大增加行车调度难度及出入场线压力,且须增加配属车辆数量。有必要对车辆检修制度进行研究,在确保安全可靠的前提下,更好地适应机场捷运系统的需求。

随着车辆制造技术及制造工艺的发展,可靠性有极大提高,车辆关键部件故障率和安全性可满足多日检的要求。通过先进的车辆在线检测手段,车辆受电弓、轮轨等关键车辆零部件的动态信息可实时被监控,检修人员通过日检人工目测的检修方式将逐渐成为辅助手段。通过对国内外地铁检修模式及车辆供应商的调研,我国香港和日本东京地铁实行 A、B 检运用维修制,其中 A、B 检最小间隔在一周左右,因此延长日检时间间隔具备可实施性。

均衡修已在地铁车辆检修中得到了越来越多的应用。均衡修是指对车辆原有的双周双月检、定修修程统筹整合、分解,将定修内容拆分到月检中,形成新的检修规程;并将集中几天完成的维修工作分布到车辆运行空窗时间完成,提高车辆检修效率和周转;同时,通过将常规设计的周月检线、定修线合并成均衡修线,股道数可相应减少,压缩规模。

通过综合考虑,经与车辆供应商研究,捷运工程车辆采用"三日检 + 均衡修"的日常维护及架修、大修的定期检修制度(表 11-1)。

表 11-1　车辆检修制度

检修级别	检修周期		平均检修时间(d)
	按时间	按里程(万 km)	
大　修	10 年	150	34
架　修	5 年	75	19
均衡修	1 个月	1.25	1.5
列　检	每 3 d		2 h

11.2.2　车辆配属数量

本工程运用车数近期 4 列、远期 6 列,运用车数远远低于常规地铁项目。备用车和检修车数量如按常规方法计算,备检车数量通常为运用车数的 15% ~ 25%,备检车为 1.5 列,取 2 列,但通过对各种工况的深入分析,当一列车送外进行 19 ~ 34 d 的大修或架修时,基地仅有 1 列备检,这一列车须在这段时间内同时满足列车轮换列检、均衡修、临修、备用的功能,有一定的难度和风险。

作为浦东机场主要旅客运输工具,机场集团要求捷运系统具备高达 99.9% 的可靠性,须确保运行列车的供应,故备检车数增为 3 列,以增加调车的灵活性、满足各种工况的用车需求。

11.2.3　功能性股道整合

通过对国外机场捷运系统的调研发现,捷运系统普遍存在线路短、配属车辆少的特点,车辆基地通常不按常规"一功能一线一库"的模式布置,而是采用各功能性股道合并或列车解体检修等手段,以及所有车辆和系统的维保等工作综合在一栋建筑体内的布局,从而缩小规模。本项目借鉴国外案例,结合浦东机场车辆基地规划用地仅能满足布置 2 条股道线路的实际情况,对车辆基地内各运用检修线路进行整合。

捷运系统 24 h 不间断、双线拉风箱运营,在正常工况下,高峰时期列车往返运营,非高峰时期停车站待运,并按计划每三日列车轮流下线列检,备用列车上线运营。在区间进行维护工况下,停运区间的列车可临时停放在正线 2 条地下停车线,所以车辆基地无须设专门的列车停放线。

1) 列检线、均衡修、洗车线整合

按一班制检修、每月工作日为 22 d 计算,列检、均衡修的列位需求分别为列检 0.82 列位,均衡修 0.49 列位,洗车 0.27 列位,总计 1.58 列位。因场地条件限制,无法设置机械洗车线,只能采用人工洗车。考虑到列检、均衡修、人工洗车对土建的需求基本相同,也都需车辆供电,故将三个功能整合为一股道 2 列位,前端列位用于列检,后端列位用于均衡修和人工洗车作业。

2) 临修线、镟轮线、车辆吊装线整合

浦东机场定位为国际机场,对捷运列车安全、舒适的运行有较高要求,故车辆基地配备了临修线和镟轮线。经对临修和镟轮作业的工艺需求、使用频率等的分析,同时结合镟轮设备前后各一列车长的线路长度条件,将临修线和镟轮线进行整合,临修列位设于镟轮线的前端,避免了列车进出临修列位对镟轮设备的影响,同时因镟轮设备使用频率低,通过合理安排,基本无干扰。

临修/镟轮线向南引出至库外,作为车辆吊装线。车辆吊装线仅在新车交付、车辆外运检修时才使用,利用频率较低,不影响镟轮/临修线的正常使用。

3) 静调线整合

为减少车辆股道间调车作业,低修程检修线、镟轮/临修线的后一列位均具备静调作业的条件。静调电源柜设在两股道间,控制面板上设有切换按钮。静调作业在何列位进行,须结合安防要求确定。

4) 牵出线与出入段线整合

车辆基地无日常列车停放功能,仅在列车回基地列检、区间维护或救援特种车辆上正线的工况下才使用出入段线。出入段线使用频率低,对正线运营影响小。基地内通过功能性股道整合,仅设两股道,且临修/镟轮线使用频率低,两股道间调车作业少。因此设计将牵出线与出入段线整合,不单设牵出线,利用出入段线进行场内调车,通过合理的行车调度,场内调车对正线运营无影响。

11.2.4 检修库内受流方式分析

本捷运工程受土建预留空间限制,正线地铁车辆采用接触轨供电方式。针对接触轨供电模式,车辆基地内车辆受流方式主要有以下两类:

1) 室外三轨 + 停车线三轨 + 检修库滑触线模式

基地内无车辆检修作业区域包括出入段线、站场区域、停车线等,采用接触轨供电方式;列检库和周月检库等有供电需求的库线,采用滑触线供电;为确保安全,接触轨供电区域采用铁丝网与其他区域物理隔离,进行全封闭式管理,接触轨无电时方可进入。

滑触线供电方式下检修库只能设单边作业平台,不便于列车的检修;且列车出入库作业环节多,相关设施须设置安全联控,降低工作效率。

2) 出入段线接触轨和接触网转换 + 车辆基地全接触网模式

该模式在出入段线处设置弓轨转换区,进入车辆基地的列车在此转换受电方式,降下集电靴,升起受电弓,由接触轨供电改为接触网供电,车辆基地按常规设计。列车进入正线时,升起集电靴受流,降下受电弓,由接触网供电改为接触轨供电。

本工程 24 h 不间断运营,收发车能力需求小,基地内未设置停车线,如低修程检修线设置滑触线,单侧设检修平台,无法满足列车检修和洗车等作业需求,同时还须配置滑触线操作人员和监护员等相关人员。当车辆有一个集电靴受流,则全列集电靴均处于高压状态,不能保证人员安全。

综上分析,本车辆基地采用出入段线设接触轨和接触网转换区域、车辆基地全接触网供电模式。

11.2.5 区间系统维护

捷运系统对系统可靠性、安全性等方面较常规城市轨道交通有更高的要求,区间系统维护也是一个重要的影响方面。

常规轨道交通正线系统维护多在夜间正线车辆停运回基地后进行,正线运营和系统维护互不干扰。而捷运工程为全天候运行,正线各系统维护安排在低谷时段(24:00—6:00)进行,此时段各区间仍为单线穿梭运营,因此在设计时各系统特别是信号系统、供电系统须满足单区间或单线进行隔离、停运维护的可实施性,同时运营区和维护区在道岔区无法全隔离,须采取临时安全措施,以确保维护人员的安全。

本系统线路规模小,正线设有 2 条地下停车线,基地无停车线,故在制定区间系统维护时须统筹考虑系统维护的效率、正线运营的需求、停运列车停放需求等因素。在车辆基地设计时也应综合考虑区间系统维护时的停车需求。在保证运营高可靠性的前提下,减少人力及设备投入。

11.2.6 安检方案研究

整个机场区域分为空侧和陆侧两部分,所有人员和物品由陆侧进入空侧须进行安检。浦东机场又将空侧按安防等级划分为隔离区和控制区,由隔离区至控制区还须再次进行安检。

本工程车辆基地位于空侧。基于车辆基地的方案,对如何划分隔离区和控制区进行了深入研究比选。

1)方案一

(1)方案内容。以出入段线转换轨端点为界,转换轨以北至正线段纳入控制区,转换轨及以南的车辆基地区域纳入隔离区,并在转换轨区域设安检平台及相关设施。

(2)方案优点。主要生产活动空间、场外道路等位于同一安防区,列车的换线作业、各类人员、工具、运输车辆的移动不受区域限制,可自由、有效地开展工作。

(3)方案缺点。跨区域的安检设于转换轨区域,列车或人员进入控制区在此进行安检。2 条出入段线均有发车功能,安检平台若分设于出入段线的两侧,则须设置 2 套安检人员和安检设施,且须增加用地范围,影响周边整体布局;若安检平台位于 2 条出入线之间,因出入段线处三轨供电,安检人员和须进入正线进行维护检修的人员进出此区域存在不安全因素,且受线间距限制,平台有效空间不足,不利于安检工作 24 h 不间断的人员工作和生活需求。

2) 方案二

(1) 方案内容。将综合维修楼内的临修/镟轮库、边跨辅助房间、消防环路划为隔离区,其他区域包括低修程检修库、站场区域划为控制区。隔离区与控制区的隔离方案包括:

① 低修程检修库与临修/镟轮库之间用铁丝网进行隔离,中间通道处设门禁和视频监控系统;

② 低修程检修线的前后通道均设红外线报警和视频监控系统,列车移动出库(上正线或移线)须对前一列位区域进行人员和工具等的清空并进行安检;

③ 临修/镟轮库线前通道设红外线声光报警、视频监控系统,列车移动出库(场内移线)须做人员清空并进行安检;

④ 在辅助房间北端设安检用房,所有司机、维修管理人员、工具、物料进入控制区均须进行安检;

⑤ 在敞开段入口处设红外线声光报警系统和视频监控系统,以确保场内调车车辆和外侵人员进入控制区;

⑥ 综合维修楼东西两侧及南端墙的所有开门,均设有门禁和视频监控系统。

(2) 方案优点。解决了方案一的安全隐患,同时改善了安检人员的日常工作生活条件。

(3) 方案缺点。

① 低修程检修库和站场区域与临修/镟轮库、辅助检修间和办公场所不属一个安全区,列车、人员、备品材料、工器具、运输车等跨区需安检,增加了工序流程。

② 场内的环道属控制区。正常工况下,综合检修楼除列车进出大门及南端一处通道外,其他所有对外通道均为常闭工况,仅作为特殊工况下的消防疏散。

由上可见,方案一对车辆基地内的日常运营组织干扰较小,但其安全隐患不容忽视,存在一定的风险。方案二对基地内的日常运营组织干扰较大,并增加了一定的防护和监控设施,但有效地解决了安全问题,改善了安检人员的工作环境。鉴于本车辆基地规模很小,增加的工序对场内生产活动的影响还属于可接受范围,且不影响正线的正常运营。最终确定安检采用方案二。

11.3 车辆基地设计

11.3.1 选址

车辆基地位于线路末端,接轨预留捷运 T3 站。根据机场总体规划布局,车辆基地地处南滑行道南侧,紧邻 T3 预留航站楼,由东侧规划停机坪、南侧围场河路、西侧临时蓄车场所围成的狭长地块内,现状为荒地。基地长约 885 m,宽 64.1~72.6 m,用地面积约 68 332 m²。

11.3.2 建设规模

车辆基地由站场区和综合检修楼组成。综合检修楼涵盖车辆检修、系统维护、仓库、办公用房等功能需求。库内配置低修程检修线、临修/镟轮线,2 股 4 列位。低修程检修线主要用于列车的列检、均衡修、外部清洗、内部清洁、车底吹扫、静调、一般性故障处理等作业。临修/镟轮线主要用于列车的临修、大型部件换件、不落轮镟轮、静调及临时停放列车等作业。站场区设 1 股道特种车存放线,主要用于轨道车、平板车等特种车辆的停放。车辆吊装线因安防要求位于车辆基地外侧。

车辆基地主要技术经济指标见表 11-2。

表 11-2　主要技术经济指标

序号	名　称	单位	数　量	备注
1	配属车	列/辆	一期 7 列/28 辆,二期 9 列/36 辆	
2	低修程检修线	股/列位	1/2	
3	临修/镟轮线	股/列位	1/3	
4	轨道车停放线	股	1	
5	车辆吊装线	股	1	位于陆侧
6	铺轨长度	m	2 029	
7	建筑面积	m²	10 801	
8	绿化面积	m²	34 489.8	
9	占地面积	m²	68 332	

11.3.3　总体布置

1) 总平面布置原则

(1) 总平面布置以车辆检修为主体,综合考虑综合维修的功能需求和工作性质,根据场址地形条件和机场空侧区域特殊要求,按有利生产、方便管理和方便生活的原则进行统筹安排。

(2) 总平面布置中,本着"相对集中、分区设置"的原则,在保证工艺功能需求的基础上,尽可能功能组合、集中设置。

2) 总平面布置方案

车辆基地由出入段、综合检修楼和消防环道组成。线路从预留 T3 站后接出,通过一组交叉渡线,接车辆基地综合检修楼库线。

综合检修楼内自西到东依次布置低修程检修线、临修/镟轮线和辅助房间。特种车停放线平行布置于出入段线的东侧,特种车存放线边设置堆场。

地铁车辆吊装线位于车辆基地的南端陆侧区域,由临修/镟轮线从综合检修楼内引出。

根据机场安防要求,基地周边设双层围界与陆侧隔离,基地南端设有机场南 2 安检口,所有进入机场空侧的人和物资均须经过安检。故捷运基地不再单独设置出入口,仅在综合检修库入口设简易门卫。基地内设环形消防通道,消防通道与空侧巡检道合并设置。

11.3.4　车辆检修工艺及设施

1）运用检修设施

综合检修楼由低修程检修库、临修/镟轮库、中心仓库和辅跨组成。辅跨共两层,设置了车辆检修间、维修工区、控制中心和办公生活用房。

（1）低修程检修库。库内设一股道两列位,每列位设柱式检查坑和双侧中、高平台,采用接触网供电。库线设音响、标志灯及声光报警显示,以确保作业安全。

（2）临修/镟轮库。库内可停放2列车辆,线路前端列位为临修线,设固定式架车机。库中设镟轮机床,镟轮机床前后长度可满足停放一列车长度要求。

（3）特种车停放线。用于停放轨道车、平板车等特种车辆。轨道车的日常整备维护作业在综合检修楼内进行。

（4）车辆吊装线。位于车辆基地的南端陆侧区域,由临修/镟轮线引出。外运地铁车辆完成吊装经安检后进入综合检修楼。

（5）辅助生产房间。车辆检修间设于综合检修楼的辅跨。主要设有空调检修、部件检修、蓄电池检修等检修用房,及工具间、检修工班、运输车辆存放间、车辆清洁工班等辅助生产用房。

2）综合维修工区

综合维修工区主要设施包括供电检修工区、通号检修工区、信号检修工区、机电工区、信号工区、工区班组和办公用房等。

3）中心仓库

中心仓库设于综合检修楼的后端,临修/镟轮库的线路和10 t起重机延伸到中心仓库,用于存放转向架和装卸大型备品备件。

中心仓库紧邻车辆基地安检卡口,材料运输便捷。在轨道车存放线附近设置堆场,用于存放工务和土建备料。

4）其他设施

（1）办公生活设施。在检修综合楼二楼设置有办公用房、班组用房、更衣室、休息室、就餐区、淋浴间等生产生活辅助设施。基地内不设食堂、医疗卫生室,由机场统筹设置。

捷运系统控制中心设于检修综合楼辅跨二楼内。

（2）列车动态调试。受场地条件限制,车辆基地无法设试车线,采用正线进行列车的动态调试。

根据运营组织方案,捷运系统提供全时段、24 h不间断服务,但其在低谷时段实行单线穿梭运行,具备利用一条停运线进行试车的条件。

综上所述,随着城市轨道交通系统的技术进步,其安全可靠性、舒适性越来越高,可适用于机场捷运系统。基于机场捷运系统的特殊性,要考虑其与普通城市轨道交通的异同。综合考虑总体需求、车辆性能、运营组织和设施规模等,车辆基地的功能需求要做深入的研究,从运营维护模式和功能任务整合入手,在车辆检修制度和功能设施的共用等方面做出切合实际情况的设计,从而使车辆基地达到合理高效的要求。

附录

机场空侧旅客捷运系统
工程项目建设指南

1 规范性参照文件

下列参照文件,凡是不注日期的文件,其最新版本(包括所有的修改单)可用于本文件:

MH/T 5104 民用机场服务质量

MH/T 7003 民用航空运输机场安全保卫设施

MH 7008 民用航空运输机场安全防范监控系统技术规范

GB 50490 城市轨道交通技术规范

建标-104 城市轨道交通工程项目建设标准

CJJ/T 114 城市公共交通分类标准

GB/T 50833 城市轨道交通工程基本术语标准

2 总则

2.1 目的、用途、适用范围

2.1.1 为适应我国大型机场空侧捷运系统快速发展的需要,提高空侧捷运系统工程项目决策、建设和管理水平,合理控制建设规模和投资,合理降低运营和维护成本,制定本建设指南。

2.1.2 本建设指南可以作为国内枢纽及大型机场编制、评估和审批空侧捷运系统"项目建议书""项目申请报告""预可行性研究报告"和"可行性研究报告"的参考依据,也可以作为审查国内枢纽及大型机场空侧捷运系统工程项目初步设计、监督检查整个建设过程、建设标准和项目后评价的参考尺度。

2.1.3 本建设指南适用于空侧捷运系统的钢轮钢轨制式。

2.2 指导思想及规划设计年限

2.2.1 空侧捷运系统规划建设,应充分认识客流特征,根据客流特征组织运输;坚持以人为本,保障旅客使用便捷;选用安全可靠、简洁可行的系统方案,为运行提供最多的可能性,为应急疏散提供最大的可靠性;充分考虑运行维护的社会化、市场化,选择经济、实用、可靠、舒适且便于维护的制式;预留系统扩展和升级的物理空间。

2.2.2 空侧捷运系统规划应纳入机场总体规划中,满足航站区的近期建设、远期发展的延伸拓展空间。规划设计年限:近期为 10 年,远期为 30 年。

· 条文说明 ·

《民用机场总体规划规范(MH5002)》中,规划目标年:近期为 10 年,远期为 30 年;《民用机场工程项目建设标准(建标-105)》中,采用建设目标年替代规划目标年。空侧捷运系统规划、设计、建设目标年宜按此规定执行。

2.2.3 空侧捷运系统工程项目建设,宜与机场航站区工程项目建设同步开展,并根据发展需要,做好工程预留。

2.3 规划及设计阶段

2.3.1 机场总体规划编制期间,宜并行开展空侧旅客捷运系统专业规划。机场建设工程项目建议书(含预可行性研究报告)、可行性研究报告中,旅客捷运系统内容应作为独立章节纳入其中。

· 条文说明 ·

(1) 机场空侧捷运系统规划是机场总体规划的一项专业规划,其规划原则:依据总体规划、支持总体规划、超前总体规划、回归总体规划;其基本目标:达到"三个稳定——线路走向稳定、运输需求与运输组织稳定、车站衔接稳定;一个落实——车辆基地功能定位及规划用地落实;一个明确——线路建设时序明确"的基本目标。并以此为基础,开展预可行性研究和可行性研究工作。

(2) 项目建议书(含预可行性研究报告)、可行性研究报告,作为独立章节纳入机场建设工程的相应报告中。可行性研究报告一般内容可参考《城市轨道交通工程项目建设标准(建标-104)》,同时增加"需求分析""空防安全""应急救援""制式比选"等内容,具体包括:项目建设必要性和建设条件;建设年限和工程范围;总体布局与线站分布;运输需求、客流分析与运输组织;运营与维护管理;系统及车辆制式比选、限界;系统构成与工程方案;技术难点和可实施性;空防安全、系统安全与应急救援;环保与节能;征地拆迁和工程筹划;投资(预)估算(建安费);建设和运营管理体制;以及对捷运项目的工程、环境、投资、运营的安全与风险等不确定性评价等。投资(预)估算;资金筹措;社会效益和经济评价;以及有关环境影响评价、地质灾害评价、地震安全性评估、土地使用评价、社会稳定风险评价等专题报告,纳入机场建设工程统一完成。

2.3.2 空侧捷运系统工程项目经济评价,宜纳入机场新建、航站区改扩建中统一开展;其中固定资产折旧年限,可参照《城市轨道交通工程项目建设标准(建标-104)》"第八十六条"执行。

· 条文说明 ·

《城市轨道交通工程项目建设标准(建标-104)》"第八十六条":

"城市轨道交通的固定资产折旧年限,宜参照下列规定:

土建工程:隧道为 100 年;高架桥为 50 年;房屋为 35 年;声屏障为 15 年;轨道为 25 年;轨道特殊减振设施为 30 年;

运营装备:车辆为 30 年;车辆基地的维修设备为 18 年;供电与给排水设备为 25 年;通风设备与自动扶梯为 20 年;站台屏蔽门 15 年;通信、信号、环境监控、电力监控、防灾与报警等控制系统设备均为 15 年;自动售检票系统设备为 10 年。"

2.3.3 空侧捷运系统工程项目设计,宜包括方案设计、初步设计和施工图设计。

· 条文说明 ·

机场建设工程项目中,航站区设计一般包括方案设计阶段。为保证空侧捷运系统工程项目中各专业与航站楼、卫星厅、交通枢纽等设计的总体性和完整性,应同步开展方案设计工作,保证初步设计顺利进行。方案设计具体目标,可参考《城市轨道交通工程项目建设标准(建标-104)》总体设计,即落实外部条件、稳定线路站位;明确功能需求,确定运行模式;理顺流程流量,明确车站型式、流线、配线,制定横向接口;统一技术标准,分割工程单元;筹划合理工期,控制投资总额,并形成方案设计文件,指导各单项工程的初步设计。

3 建设规模与项目构成

3.1 建设规模

3.1.1 空侧捷运系统应根据机场总体规划,依据机场运行方式、旅客特征和客运需求确定工程规模、运营规模。其项目构成应满足机场运营模式和客运需求。

· 条文说明 ·

工程规模是车站数量和土建工程规模,线路数设方式长度和规模;运营规模是车型和制式选择、列车编组和运行密度等运营模式,配套系统设备及车辆基地等规模。

3.1.2 建设规模宜符合下列规定:

(1)线路和土建工程应在不影响机场运营的条件下,按近期规模建设,并充分考虑机场空侧捷运系统的发展,进行必要的土建工程预留;

(2)车辆配置和编组应根据近期规模实施,并预留远期编组数增加的条件;

(3)车辆基地的用地范围应按远期设计规模划定并控制,列车检查、保养、检修设施及房屋建筑宜按近期规模建设;

(4)各子系统运营设备宜按近期配置,合理兼顾设备使用寿命的周期。

3.2 项目构成

3.2.1 空侧捷运系统工程项目构成可分为工程基本设施和运营装备系统两大部分:

(1)工程基本设施,包括线路运营总图和土建工程设施。

① 线路运营总图,属工程设施的基础项目,包括需求分析、运输组织、线路、限界。

② 土建工程设施,包括轨道、路基、桥梁、隧道、车站以及主变电所、控制中心及车辆基地的土建工程部分。

(2)运营装备系统,包括车辆、供电、通风空调(含采暖)、通信、信号、给排水与消防、防灾与报警、机电设备监控、自动扶梯和电梯、站台屏蔽门、旅客信息等系统设备及其控制管理设施,车辆基地的维修设备,以及空防设施等。

3.2.2 土建工程设施和运营装备应根据功能需求合理选择,分期实施,适度配置,并做好包括技术经济分析的多方案比较。

4 运输需求、运输组织与运营、维护管理

4.1 运输需求

4.1.1 空侧捷运系统规划建设,首先应根据机场总体规划、旅客特征和客运需求,确定捷运系统在机场中的功能定位,是主导作用或是辅助作用;除此外,还应考虑其他运输要求,包括部分物流功能。

·条文说明·

有些机场是采用多种空侧运输方式共同承担旅客运输的,包括步行通道、摆渡巴士等;有些机场则全部由捷运系统来承担。当空侧旅客捷运系统只是整个机场地面运送旅客的方式之一时,需分析捷运系统在机场旅客空侧运输量中所占的比例,以及旅客来源。空侧旅客捷运系统承担的旅客种类、数量越多,其在机场运行的重要性就越高。

浦东机场捷运系统规划时,通过分析各种旅客使用捷运系统的需求,区分中转旅客、国内旅客、国际旅客的不同需求,最终确定浦东机场卫星厅旅客均要使用空侧捷运系统,包括国际、国内、到港、离港、中转等。

4.1.2 运输需求应根据其功能定位开展分析,目标是用尽可能简洁的系统,满足旅客使用需求。需求分析主要包括流程分析、流量分析和服务水平分析。

·条文说明·

与一般轨道交通不同,捷运系统的旅客需求分析不是一个简单数量分析,应分析不同旅客流程的需求,还要考虑服务水平的要求。旅客量不大的流程并入其他流程,不再由捷运系统承担。例如国内中转旅客的出发段流程就可以尽早完成中转手续后,与国内始发流程归一起。

需要说明的是,捷运系统需求分析的基础是机场的总体规划和客流预测,捷运系统需求分析是在此基础上,进一步细化和组合,也是一种客流策划。

4.1.3 流程分析宜包括人员流程及部分货物流程,其中,人员流程包括旅客流程、工作人员流程,以及旅客容错流程。

(1) 旅客流程:直达旅客流程、中转和经停旅客流程、贵宾流程。

(2) 工作人员流程:空勤人员(航空公司)、地勤人员(机场、民航管理、联检、航空公司、其他)。

·条文说明·

机场空侧捷运系统是机场旅客流程的组成部分,应考虑整个流程的组织,空侧捷运车站、车厢的功能使用、流程、流线组织等均需要纳入航站楼或卫星厅的整体功能、流程、流线组织中。

机场空侧捷运系统需要区分不同出行目的的乘客:国际/国内旅客、到港/离港旅客,工作人员(机场管理人员,航空公司人员等);由于客流区分管理的需要,捷运系统需要对不同旅客进行隔离规划,而隔离的关键是对客流流向的渠化。

流程分析是空侧捷运系统与一般城市轨道交通最大的差别之一,远比城市轨道交通复杂得多。不同机场的空侧捷运系统,其潜在要服务的流程种类和数量都可能不同。需根据机场性质决定,是国际、国内航班兼顾,还是以国内或国际航班为主,是中转型还是门户型,或者二者兼而有之。

浦东机场捷运系统规划时分析的旅客流程有 81 种,考虑终端需求还要再增加分析 20 种流程,流程达到 101 种。

4.1.4　流量分析应在机场客流预测的基础上,对所有旅客、人员构成数量细分、归并,针对高峰小时流量需求,提出各种流量的解决方案,确定空侧捷运系统运输范围及数量;在此基础上,结合航班波特点、非常规旅客因素等影响因素,分析、策划空侧捷运系统的高峰小时旅客量。

· 条文说明 ·

1. 机场客流预测的分析

机场客流预测,主要受机场规划运行方式的影响,需要考虑以下因素:机场处理能力、航站楼系统处理量、航空公司市场份额、航空公司在航站楼之间的分配方案、高峰小时旅客量估算、机型组合方案、航班计划小时分布、机位系统使用方案。

2. 高峰小时旅客量分解

旅客分解的量会跟随机场各楼的旅客分配、航班计划安排等因素,动态调整。高峰需求量事实上还要考虑"尖峰"因素,即在比 1 h 更少的时间单位内所产生的"尖峰"客流,例如 0.5 h 累积的单位客流量。因此,在针对不同机场的运行情况,应注意细化分析。

目前,浦东空侧捷运系统按高峰小时旅客量分析设计,一些专家建议今后改为高峰半小时旅客量作为分析设计依据,以应对短时旅客到达超高峰(如 3 架及以上的大型、超大型客机在 20 min 时段内集中到达)的需要。

3. 高峰小时旅客量归并

机场空侧旅客有多种流程并存,并不是每一种流程都要设置专门的运输服务。只要满足机场运行管理的基本要求,将多个细分流程的量归并到几类大流程上。因此,这个过程实际上是对客流需求的主动管理与引导,以达到简化捷运系统配置的目的。

4. 可能使用捷运系统的客流通道类别

捷运客流通道大致可以归类为三种划分方式。按照连接航站区设施划分,包括航站楼与卫星厅、航站楼与航站楼、航站楼与周边陆侧设施、卫星厅与卫星厅;按照客流通道数量划分,包括单通道或多通道;按照流量产生的节点数量划分,包括单一的点对点、串联式的多点、发散式的一点对多点。不同通道会有不同的旅客量,它决定了是否在通道上建设捷运系统的必要性,也决定了捷运系统的复杂程度。

5. 高峰小时旅客量影响因子

航班计划的到港、离港特征,是对客流在时间分布上的主要影响因子,这就如同城市里的上下班高峰一样,会出现两个方向上的不均衡。对机场而言,就会体现为早上出现一波或几波出港高峰,晚上则是一波或几波到港高峰,这决定了捷运系统每日运输计划时间安排上的合理性要求。

机场有航班计划之后,还要考虑航班波的组成情况,必要时还需根据航班波性质进行再拆分,以便空侧捷运系统能针对不同航班波进行细分配置,不同性质的航班波可能重叠,也可能错位。例如,浦东机场作为国际枢纽机场,其卫星厅的运作需要同时考虑国际、国内旅客,因此航班波也呈现出国际、国内不同的特征,空侧捷运系统必须同时适应两种航班波的特征。反之,捷运系统连接的卫星厅,如果只承担国际或国内旅客,系统配置就可相应简化。

最后,还有一些非常规旅客流程的影响因素,例如非常规旅客的因素有航空公司服务人员、机场管理人员、机组人员、旅客走错后的返程、旅客购物或游玩等。

6. 物流的考虑

这里主要是考虑空侧捷运系统连接卫星厅与主楼的情况。空侧捷运系统是比较好的运输通道,而且卫星厅内的商业、服务设施存在相关物品的进出需求,包括货物进出、固体废弃物、餐厨垃圾等。

一般处理卫星厅物流的主要原则,建议:空侧捷运系统原则上不承担卫星厅物流,避免对旅客造成不便,也有利于航站区管理;若确实需要使用空侧捷运系统,也需严格限定物流种类,例如应急类物品或如同旅客随身携带行李的大小相等物品;另外,还需严格限定运输时段,例如在客流相对较小的时段。

4.1.5 服务水平评价指标包括服务时间和空间两部分,宜参照相关民航标准执行。其中时间标准中,空侧捷运系统发车间隔不大于 5 min。车站空间宜满足 IATA 中机场航站楼参考手册建议的 B~C 级服务标准;车内定员宜按《城市轨道交通工程项目建设标准》附录一中舒适、良好评价标准考虑,即 3~4 人 /m²。

·条文说明·

机场服务水平评价指标主要有服务时间和空间两类。在分析时间服务水平时,需要区分不同流程的时间控制目标要求,综合各种流程,找到控制性的流程总时间目标值。而空间服务水平的分析,是从舒适性角度,考虑如何控制车站、车厢的乘客密度,要避免乘坐捷运系统有"挤地铁"的感受。

确定服务水平的意义在于空侧捷运系统的基本需求来自机场容量和旅客流量,但它运行和服务方面的需求也需加以确定。当旅客使用捷运系统和机场其他服务设施的时候,系统提供服务水平的高低会直接影响到旅客对其便利性和舒适性的评价。在规划阶段要重视服务水平和运营维护成本之间的权衡。

空侧捷运系统服务水平主要分析指标包括:发车间隔控制范围、列车运行时间、载客密度、车站和车厢环境(舒适性)。其中载客密度影响旅客乘行环境,更重要的是影响对机场客流负载能力;发车间隔影响旅客流程总时间及旅客等候感受;乘坐环境营造,要与机场服务标准保持一致。

衡量空侧捷运系统服务水平指标宜选取旅客始发流程、中转流程时间,对标 IATA 标准、国家民航局标准、机场对外执行标准或目标水平,综合研究捷运系统服务水平的适应能力。在某些情况下,可能出现捷运系统服务水平再怎么提高,也难以满足对标要求,这就需要返回到机场总体规划层面进行重新研究。

浦东机场空侧捷运系统时间服务标准制定中,参考研究的标准包括旅客始发服务标准(登机手续办理截止时间按国内 45 min、国际 45 min);旅客中转服务标准(表 1),包括《民用机场服务质量(MH/T 5104)》、IATA 的最短标准转机时间(minimum connect time,MCT)标准;各环节服务标准(包括联检、安检及中转值机等环节时间)。

表 1　旅客中转服务标准 MCT 标准　　　　　(min)

中转类型	国际转国际	国际转国内	国内转国际	国内转国内
中国民航标准	≤75	≤90	≤90	≤60
IATA 标准	≤60	≤60	≤45	≤45

在总的始发、中转服务时间标准控制要求确定后,对旅客在整个出行环节里的消耗时间进行测算,这其中包含了机场航站楼内的旅客组织管理环节所耗费的时间。浦东机场空侧捷运系统对分析流程中涉及的国内始发、国际始发、国际转国际、国内转国际、国内转国内旅客需使用捷运系统时,允许捷运系统使用的"总时间"控制在 10 min 内。根据《民航机场服务质量(MH/T 5104)》的规定,捷运系统 95% 的旅客等候时间不应超过 5 min,因此规定捷运系统发车间隔不能大于 5 min。

4.2 运输组织

4.2.1 空侧捷运系统规划建设中,应以安全、可靠、高效为出发点开展运输组织设计,提出合理的运输组织方案和线路规划要求。运输组织设计主要包括:发车间隔、运行速度、行车模式、运行模式、车站形式与车站流线、车站配线、车能设计等。

4.2.2 发车间隔在满足不大于 5 min 前提下,宜按照机场航班计划,针对不同时段提供不同的发车频率。

4.2.3 列车运行速度宜按《城市轨道交通技术规范(GB 50490)》《城市轨道交通工程项目建设标准(建标-104)》执行。

运行速度包含两个方面的指标:一是最高运行速度,它决定了旅客总的出行时间,但一般不会有太多选择,因为最高运行速度往往是与系统制式相关;二是速度曲线,除了直接影响能耗和旅客乘坐舒适性外,还有一点需要特别注意,就是对列车进站时要求的站后安全距离要求将有所不同,这也就带来对捷运系统用地需求的影响。

4.2.4 行车模式可采用穿梭模式、循环模式,根据航站区规模及布局,选择尽可能简洁的方案,提高可靠性。

4.2.5 运行模式应满足正常运行、降级运行、维护运行、应急运行四种需求。

4.2.6 车站形式与车站流线设计,宜结合车厢、站台、航站楼(卫星厅)流线一体化的分析,并满足以下因素:旅客隔离;车站上、下客流线与机场旅客到、离港流线的衔接;楼/楼非常规旅客流程;以及捷运系统不同运行模式下流程组织等。

·条文说明·

捷运系统车站形式,一般以旅客上下车站台层的布局形式进行定义,主要可分为三大类,包括一岛式站台形式、两侧式站台形式、岛-侧式站台组合形式。

车站上下客流线一方面要与车厢使用对应,可能要区分国际、国内车厢。另一方面还要与机场航站楼建筑楼层使用对应,有些航站楼是三层式布局,有些是两层式布局,要区分国际、国内。除了正常的旅客流程外,还需要考虑一些非常规的旅客流程,例如旅客走错的流程如何"纠正"、旅客闲逛的流程如何"组织"等,可能这些流程的量很小,但在规划设计阶段要做出必要的考虑,为机场的运行留有必要的余地。

捷运系统在保证正常运行模式的同时,还规划有维护、降级、应急等运行模式,规划时需要对每一种运行模式下的旅客流程组织方案进行核实,确认是否都梳理清楚了,适当的时候可以与机场运营管理单位进行沟通。

车厢与站台的流线取决于航站楼的流线安排,而且首先要以满足旅客流线的使用便捷为前提。浦东机场捷运系统是要处理卫星厅的国际、国内、到达、出发流程组合后的 4 类主要旅客流线,在完成大的流程研究后,流线深化研究时发现车厢、站台、航站楼流线一体化的分析方式是很必要的,只有放在一起进行协调,才能满足将来旅客使用和机场运营管理的需求,才能稳定捷运系统与机场航站区设施的设计前提,因此将浦东机场捷运系统旅客流线系统内研究,转化为捷运系统车厢-站台-航站楼的顺序衔接研究。

4.2.7　车站配线应满足空侧旅客捷运系统各种运行模式,保留系统扩展需要。并考虑捷运系统 24 h 运行的检修转换需要。

24 h 不间断运行是空侧捷运系统特殊的要求,而一般轨道交通系统夜间都需要全部停运用于检修维护。为满足捷运系统 24 h 运行,不同轨道或不同区段需要轮换停运检修,这就需要在车站增设配线(渡线),使得列车能转换轨道运行。

4.2.8　运能设计除应满足运能与高峰小时客流的匹配外,还宜结合国际、国内旅客不同数量,不同时段发车间隔需求,综合分析不同车型制式、发车间隔、载客密度、编组数量等参数及条件下的运输方案和运输能力,为系统选型及系统设计提供技术数据。

一般城市轨道交通运能设计在小间隔发车、小编组列车或大间隔发车、大编组列车之间选择。

对于捷运系统而言,发车间隔比较均衡,只在夜间航班极少时才可能扩大发车间隔。

运能设计需要平衡发车间隔大小与列车编组数的关系,不同运输方案下的两者组合关系不同,对将来的运行成本影响也不同。发车间隔过大影响旅客的等候感受,但过密的发车可能是不经济的。

列车编组除了要满足总客流需求,在遇到需要区分国际、国内旅客的情况时,还要进一步细化国际、国内车厢的分配数量。

4.3　运营维护管理

4.3.1　运营维护管理包括列车运行组织与管理、车站服务与安全管理、设备运行及维修管理、空防安全管理。

4.3.2　运营维护管理模式应考虑专业化、社会化、市场化原则。具体可分为整体外包模式、合资管理模式、分包模式。各种模式的差异体现在责任界面、管理界面及成本内涵的不同,需要综合机场自身的企业发展和管理目标进行选择。

捷运系统的运营维护管理涉及相当多的技术。对于机场而言,一般都不具备相应的能力。若机场组建一支运维管理队伍,首先要解决人力资源问题,只有配备专业、结构合理且相对稳定的运维队伍,才能保障捷运系统的长期可靠运行。浦东机场捷运系统运维采购了当地的社会化资源。

在中国,大型机场所在城市往往都规划或已建成比较成熟的轨道交通网络,且已延伸到机场内,因此捷运系统的运维管理可以考虑通过向这些轨道网络运营商购买服务的方式解决。目前,国内市场上还有一个新趋势,越来越多的轨道交通设备制造企业正在逐步增加轨道系统后期运营维护的服务,这也是将来捷运系统运维管理的一个可选项。

在选择运维管理模式时,为捷运系统引入专业运维商还要充分考虑市场环境,要避免一家运维商的"垄断",影响机场管理方对捷运系统的成本、管理控制。

4.3.3 空侧捷运系统与机场的运营维护管理界面,主要集中在车站、区间、维修基地。应从空间管理、系统衔接及运行指挥的角度进行分析确定。

4.3.4 空侧捷运系统管理的空间界面,宜从有利于旅客组织管理、设施管理等角度来分析并划分。

· 条文说明 ·

不同的机场有不同的管理特点,界面的划分也不同。浦东机场捷运系统的界面划分方案中分析了"按站台层划分界面""按屏蔽门划分界面"两种方案。从旅客流程的角度来看,旅客由航站楼至捷运系统车站站台层候车应该是一个完整的过程,统一由航站楼管理;由站台进入车厢后,则由捷运系统管理,界面更为清晰。

4.3.5 空侧捷运系统建设实施中,可分为通用子系统和专用子系统两个部分。通用子系统可与机场资源共享,纳入机场航站区设施建设运维,如车站内的供配电、照明、环控、自动扶梯、电梯等。专用子系统需要进行独立配置,如信号、牵引、轨道、车辆、综合控制等。

· 条文说明 ·

空侧捷运系统项目中,车站、区间内大部分通用机电系统的物理界面与航站楼是紧密相连的,如车站供配电、照明、环控、电梯、自动扶梯等,都可以直接纳入机场航站楼系统,此外,还有部分专用的控制系统(包括通信系统、综合控制系统等)也可以纳入机场系统中,与捷运系统运行控制中心形成专门的接口条件,以充分利用机场运维资源,简化捷运系统配置。而捷运系统自身的专用系统(包括信号、牵引、轨道、车辆等)则以独立设置为主,以适应专用系统所对应的特定需求。

4.3.6 空侧捷运系统的运行指挥系统应纳入机场运行指挥系统中。

· 条文说明 ·

浦东机场运行指挥模式是按照"统一指挥、分区管理"来确定机场运行中心(AOC)、航站楼运行中心(TOC)、交通信息中心(TIC)、市政设施管理中心(UMC)各个中心相互之间的总体关系。与捷运系统直接关联的主要是 AOC 和 TOC,AOC 为机场运行控制中心和飞行区区域运行管理的主体,是机场日常管理的总协调和机场应急指挥的中心,TOC 为机场航站区区域运行管理的主体。根据机场的管理模式,捷运系统的运行指挥系统纳入浦东机场指挥系统中,与 AOC、TOC 都产生关联,在 AOC、TOC 中设置捷运系统协调管理席位,受 AOC、TOC 管理。

5 线路与车辆、限界

5.1 线路

5.1.1 空侧捷运系统线路在长大陡坡地段,不宜与平面小半径曲线重叠。当正线线路坡度或连续提升高度大于表 2 的规定值时,根据列车动力配置、线路具体条件和环境条件,均应对列车各种运行状态下的安全性,以及运行速度进行全面分析评价。

表2　正线线路长大陡坡限定值

正 线 线 路	钢轮/钢轨系统车辆	
	旋转电机车辆	直线电机车辆
线路坡度(‰)	30	50
连续提升高度(m)	16	20

·条文说明·

《城市轨道交通工程项目建设标准(建标-104)》"第二十四条——条文说明":

"'线路长大陡坡地段'系指列车运行在连续上坡时,可能导致列车不能正常牵引运行而造成运行速度下降过低,或在故障条件下,发生列车停车再启动的困难。在该坡道下坡运行时,可能需要控制速度运行,以免制动力不足而失控,为此应检查列车下坡时应有充分的制动力,其电阻制动力与空气制动力之和应大于下滑力,此外还要考虑电机温升的安全。上述问题随车辆性能和环境条件的差异而不同,尤其应注意在高架线路或受气候条件影响,轮轨黏着条件有较大差异。虽然对于'线路长大陡坡地段'在城市轨道交通的有关规范和标准中没有确切定义和规定,对于选线设计人员难以定性判断,为此根据近年来的各城市有关人士的研究,初步提出表2作为一般条件下长大坡道的控制值,当线路设计参数大于表2规定时,需作安全验算。

'线路长大陡坡'应避免与平面小半径曲线重叠,主要是考虑尽量避免两种不利条件叠合而恶化线路运行条件。当列车进入圆曲线后,曲线外轨较内轨长,使车辆转向架内外侧的车轮踏面发生横向滑动和纵向滑动,导致黏着系数下降,甚至会出现动轮空转而降低列车运行速度。"

5.1.2　线路经过地带,应划定捷运系统交通走廊的控制与保护范围,具体规定可参考《城市轨道交通工程项目建设标准(建标-104)》"第二十八条"执行。

·条文说明·

《城市轨道交通工程项目建设标准(建标-104)》"第二十八条":

"一、在城市轨道交通建设走廊应以城市轨道交通线网规划为依据,对建成线路和规划线路应确定控制保护地界,并应纳入城市用地控制保护规划范畴。

二、轨道交通控制保护地界应根据工程地质条件、施工工法和当地工程实践经验,确定规划控制保护地界,但不应小于表3的规定。

表3　控制保护地界最小宽度

线路地段	控制保护地界计算基线	规划控制保护地界
建成线 路地段	地下车站和隧道结构外侧,每侧宽度	50 m
	高架车站和区间桥梁结构外侧,每侧宽度	30 m
	出入口、通风亭、变电站等建筑物外边线的外侧,每侧宽度	10 m
规划线 路地段	以城市道路规划红线中线为基线,每侧宽度	60 m
	规划有多条轨道交通线路平行通过或线路偏离道路以外地段	专项研究

三、在规划控制保护地界内,应限制新建各种大型建筑、地下构筑物,或穿越轨道交通建筑结构下方。必要时须制定必要的预留和保护措施,确保轨道交通结构稳定和运营安全,经工程实施方案研究论证,征得轨道交通主管部门同意后,可依法办理有关许可手续。

四、在城市建成区,当新建轨道交通处于道路狭窄地区时,在规划控制保护地界内,其工程结构施工应注意对相邻建筑的安全影响,并应采取必要的拆迁或安全保护措施。

五、在规划线路地段,应以城市道路规划红线中线为基线,控制保护地界为两侧各 60 m;当规划有两条轨道交通线路平行通过,或线路偏离道路以外地段,该保护地界应经专项研究确定。

六、高架及地面线在市政道路红线外的征地范围,桥梁宜按结构投影面为准,路基以天然护道外 1 m 为准,并根据现场具体情况协商确定。"

5.1.3 线路工程主要技术标准应符合表 4 规定。

表 4 线路主要技术标准

基 本 车 型		A	B
		一般地段/困难地段	
最小曲线半径(m)	正 线	350/300	300/250
	联络线	250/200	200/150
	车场线	150	110/80
最大坡度(‰)	正 线	30/35	30/35
	联络线	40	40
	车场线	1.5	1.5
竖曲线半径(m)	正 线	5 000/3 000	5 000/2 500
	联络线	2 000	2 000
钢轨(kg/m)	正 线	60	60
	联络线	50	50
	车场线	50	50
道岔(No/Vo)	正 线	单开 9/35	单开 9/35
	车 场	单开 7/25	单开 7/25 或单开 6/20

注:① 正线包括支线范围,联络线包括车辆出入线。
② No 指道岔号,Vo 指道岔侧向通过速度(km/h)。
③ 对特殊困难地段线路工程的技术标准,应按国家现行有关技术规范执行。

5.2 车辆及限界

5.2.1 空侧捷运系统车辆类型,应选择满足使用需求、技术安全可靠、舒适、经济且运营维护有保障的制式及类型,同时要充分考虑运营维护的社会化、市场化环境。

· 条文说明 ·

1. 比选原则

(1)满足功能需求是基本要求,在满足客运需求的前提下,选择经济、实用、可靠、舒适且便于维护的制式。

(2) 选择成熟可靠产品是关键,应具备国内规模产业和市场支撑的条件。选用技术成熟先进、备品来源和维修能力可靠、性价比合理的车辆。

(3) 关注使用的便利性、经济性是重中之重,由于捷运系统的规模较小,宜充分考虑运营维护的社会化、市场化因素。

2. 分析要素

(1) 车辆类型的比选分析要素至少要包括客运需求匹配、线路条件、可靠性、舒适性、车辆供货及维护资源、经济性(市场成熟度)等。

(2) 经济性因素,不仅包括建设(采购)成本,更重要的是包括运营维护成本。空侧捷运系统不收费,长期的捷运系统运营投入将主要消耗机场获得的利润。因此,运营维护成本(也包括运营保障可靠性)因素,是比选确定必须关注的重点问题。

(3) 钢轮钢轨系统采用的是在国内比较成熟的市场化技术,其主要系统单元,如轨道、列车控制技术、道岔、车辆、牵引系统、信号系统等,由于设备的标准化使得产品普及率较高,大规模应用可以大幅降低系统后期使用成本,尤其是能在一个公开市场采用竞争方式招标采购。同时,国内大型机场中,基本都已引入或规划引入了城市轨道交通,这也是捷运系统规划和系统制式比选中十分重要的优势条件。

5.2.2 车辆主要技术要求、安全设施规定、主要技术规格,可参考《城市轨道交通工程项目建设标准(建标-104)》"第三十三条""第三十五条""第三十六条""第四十条"执行。

·条文说明·

(1)《城市轨道交通工程项目建设标准(建标-104)》"第三十三条":

"车辆构造速度应高于车辆设计最高速度的10%或10 km/h。车辆设计最高速度应满足列车最高运行速度,并允许出现瞬间超速5 km/h。"

(2)《城市轨道交通工程项目建设标准(建标-104)》"第三十五条":

"列车端部车辆应设置专用前端门或指定侧门为乘客紧急疏散门,并应配置下车设施。在正线区间隧道或高架桥的建筑限界内应预留乘客逃生和救援的通道和空间位置,并应符合下列规定:

一、当采用驾驶室前端门专用疏散模式时,应利用轨道中心(或轨旁)道床面作为应急疏散通道。

二、当采用指定侧门疏散模式时,在区间单线圆隧道内,应设置应急平台,宽度不应少于550 mm;同时利用轨道中心作为应急疏散通道。"

(3)《城市轨道交通工程项目建设标准(建标-104)》"第三十三条":

"车辆的安全设施应符合下列规定:

一、车辆应设置列车运行自动保护装置以及通信、广播、应急照明、避雷等安全设施,必须设置乘客与司机的对讲通信设施;必要时,可在驾驶室设置对每个车厢的电视监视系统。

二、车辆内应设有灭火器具、报警装置以及必要的防护设施。

三、车辆内部结构应具有良好的耐火性、绝缘性。电缆应采用阻燃型无卤电缆,其他部件应采用阻燃材料。

四、车辆构造强度应满足车辆在构造速度运行时超员的荷载要求。"

5.2.3 车辆除应满足《城市轨道交通技术规范(GB 50490)》要求外,还需满足机场空防对车厢隔离的要求。

· 条文说明 ·

浦东机场空侧捷运系统规划时,针对车厢功能的划分,主要考虑了两方面因素:一是机场对不同类型旅客的隔离管制要求;二是不同类型旅客量的波动,针对浦东机场不同时段国际、国内旅客量的不均衡性,浦东机场空侧捷运系统通过设置国际/国内可转换车厢区以适应旅客量的波动。

5.2.4 车辆内可设少量座席供特殊旅客使用,其余皆考虑站席。

5.2.5 对各类车型应规定相应的车辆限界、设备限界和建筑限界,A、B 型车的限界应符合国家现行标准《地铁限界标准》CJJ 96 的有关规定,其他车型的限界可按《地铁限界标准》CJJ 96 规定的计算方法确定。

6 土建工程

6.1 轨道及路基工程

6.1.1 轨道工程可参考《城市轨道交通工程项目建设标准(建标-104)》"第二十六条"执行。

· 条文说明 ·

《城市轨道交通工程项目建设标准(建标-104)》"第二十六条":

"一、轨道结构应有足够强度,具有良好的稳定性、耐久性和适当的弹性,应有利于养护维修,确保列车安全、快速、平稳运行。在新建的路基、隧道、桥梁上铺设轨道,应考虑工程沉降、徐变的时间要求。

二、轨道应采用 1 435 mm 标准轨距。轨道结构及主要部件应符合城市轨道交通列车运行技术要求。区间曲线最大超高为 120 mm,车站内曲线超高为 15 mm,允许未被平衡横向加速度分别为 0.4 m/s^2 和 0.3 m/s^2。

三、在隧道内和高架桥上宜铺设无缝线路和混凝土整体道床,并应具有良好绝缘性能和对杂散电流的防护措施。在道岔铺设地段应避开结构沉降缝(或施工缝)。在振动超标地段,应采取有效的减振、降噪措施。

四、高架桥跨越铁路、河流、重要路口或小半径曲线地段应采取防脱轨措施。

五、在轨道末端应设车挡,其结构强度应按列车 15 km/h 撞击速度设计。

六、在区间线路的轨道中心或轨旁的道床面,应设有逃生、救援的应急通道,应急通道的宽度不应小于 0.55 m。"

6.1.2 路基工程可参考《城市轨道交通工程项目建设标准(建标-104)》"第二十七条"执行。

· 条文说明 ·

《城市轨道交通工程项目建设标准(建标-104)》"第二十七条":

"二、路基和支挡结构应有足够的强度和稳定性,并应满足防洪、防涝的要求;路基造型应简洁美观,并应与城市环境相协调。

三、路基与桥梁墩台应严格控制下沉,路基与高架桥衔接的分界点可设在桥下净空 1.5~2.0 m 处。"

6.2 车站建筑与结构工程

6.2.1 车站建筑应与航站楼或卫星厅等一体化规划设计,以确保将来运行使用的可靠性和灵活性。捷运系统站台层布置形式包括单侧式站台、双侧式站台、岛式站台和一岛两侧式站台。通过旅客类型、运行方案、运行模式分析,确定站台布置形式。

· 条文说明 ·

一般轨道交通车站的主要设施包括站厅、站台、通道(自动扶梯、电梯、楼梯、走廊等)、售检票设施、设备用房和管理用房等。空侧捷运系统一般不会设置专门的站厅层,而是融合到航站楼或卫星厅建筑内。

浦东机场卫星厅的站台原型是"一岛两侧式"站台,但在规划设计过程中,一方面对上下交通的流线衔接做了特殊处理,另一方面站台轮廓线与卫星厅建筑形态进行了协调,具体包括以下一些内容:

(1) 站台旅客流线严格区分国际、国内区,并分别对应卫星厅国际区、国内区,同时严格区分进出港流线,以减少旅客上下车的干扰。浦东机场卫星厅国内旅客区为混流区,即进出港旅客是混流的,但在捷运系统站台层按照岛式站台用于到港旅客、两个侧式站台用于离港旅客。

(2) 考虑旅客集中上下车的因素,在站台的竖向交通布置上,规划考虑适当的余量。浦东机场卫星厅站台划分为 6 个区域,每个区域均按照 4 部自动扶梯 + 2 部垂直电梯考虑,这样可以为后期运行留有足够的使用空间。这些投入是适应浦东机场卫星厅建筑布局需要的,从未来捷运流程组织角度看,也为不同工况的处理创造了条件。

6.2.2 车站站台,可参考《城市轨道交通工程项目建设标准(建标-104)》"第五十三条"执行。

· 条文说明 ·

《城市轨道交通工程项目建设标准(建标-104)》"第五十三条":

"二、站台宽度应满足乘降区宽度以及楼梯、自动扶梯和立柱的总宽度要求。

三、站台高度应比车辆地板面低 50~100 mm,并根据车辆、车门类型分析选定。

四、站台边缘与静止车辆(车门处)之间的安全间隙,直线站台宜为 80~100 mm。曲线站台应不大于 180 mm。

五、在站台边缘应加设安全警示线。若设置半高屏蔽门局部护栏等安全防护设施,应在初期安装定位。

六、站台屏蔽门(或护栏)及附加设施,均不得侵入车辆限界,并应留有 25 mm 的安全间隙。

七、站台长度应满足远期列车停靠和乘降要求。"

6.2.3 车站站台乘降区宽度应满足旅客候车和乘降的要求,设计宽度宜按 IATA"机场航站楼参考手册"建议的 C 级服务标准,作为站台乘降区旅客密度标准。

· 条文说明 ·

IATA"机场航站楼参考手册"建议的服务标准中,服务水平 C：1.5～2.5 m^2/人；城市轨道交通站台乘降区旅客密度标准为 2.0～3.0 人/m^2。

6.2.4　结构工程,可参考《城市轨道交通工程项目建设标准(建标-104)》"第五十八条"执行。

· 条文说明 ·

《城市轨道交通工程项目建设标准(建标-104)》"第五十八条"：

"一、主体结构及其相连的重要构件,其安全等级应为一级,按可靠度理论设计时,设计基准期为 50 年,结构耐久性设计应符合结构设计使用年限为 100 年的要求。

二、结构形式应与线路敷设方式相协调,并根据工程地质、水文地质及周围环境条件选择安全可靠、经济合理的施工方法和结构型式。

三、对于穿越通航的江、河、湖泊的隧道,应考虑未来 100 年河床断面受冲淤的变化对隧道安全的影响,根据国家水利及航运部门要求,按国家水利部门批准的,对防洪、防汛、防潮汐的评价要求,合理拟定隧道顶部的覆盖层厚度,制定穿越堤防的工程措施,跨江隧道两端的岸边适当位置或车站临江端必须设置防淹门。

四、结构设计应满足强度、刚度、稳定性、耐久性和抗震要求,并采取杂散电流防护措施。当地下结构处于含水地层中时,还应满足抗浮要求。

五、高架桥应注重结构造型和桥梁景观,应结合城市规划及所处地段环境,合理选择梁式、跨径、墩台和基础型式,应力求构造简洁、构件标准化,便于施工。宜推广采用预制架设的设计、施工方法。

六、桥梁跨越铁路、公路、城市道路时,跨径、墩台布置及桥下净空应满足相关设施的限界要求,并预留一定的裕量。跨越排洪河流的高架桥桥下净空应按 1/100 洪水频率标准进行设计；技术复杂、修复困难的大桥、特大桥应按 1/300 洪水频率标准进行检算；跨越通航河流时,其桥下净空应根据航道等级确定,满足现行国家标准《内河通航标准》GB50139 的要求。

七、结构工程抗震设防烈度必须符合国家规定的权限审批、颁发的文件规定,应根据当地政府主管部门批准的地震安全性评价结果确定。

八、地下结构工程应按当地政府主管部门核定的人防设防等级要求,进行结构强度核算。对特殊的结构工程设计、施工方案应作安全性专项审查。

九、地下结构的防水应符合以防为主,刚柔结合,因地制宜,综合治理的原则,并以结构自防水为主,附加防水为辅。高架桥面应设置连续、整体密封、耐久的附加防水层。

十、地下结构防水等级,车站主体和出入口应为一级,结构不得渗水、表面无湿渍。车站风道、风井及区间隧道应为二级,结构不得漏水、表面可有少量湿渍。"

7　机电系统及设备

7.0.1　机电系统及设备的选配,应符合下列要求：

(1) 机电设备应选择技术成熟、安全可靠、节能高效、环保卫生、维修简便的产品。

（2）设备选择应首选性价比合理的国内产品，适当引进国外的关键设备和先进技术，并做好统一技术标准和相关接口，有利系统设备集成化、模块化及网络兼容性，并逐步提高国产化比例。

（3）初期设备数量应按近期需要配置，并预留远期设备加装位置。根据近、远期运量增长的需要，结合设备使用寿命周期，以及设备安装条件的可能，研究合理配置方案。

（4）设备和电缆的安装不得侵入设备限界和紧急疏散通道的地面和空间，还要考虑安全保护和防盗报警的措施。

7.0.2　供电系统应满足捷运系统高可靠性、可用性需求，可参考《城市轨道交通工程项目建设标准(建标-104)》"第六十条"执行；并应合理安排与航站楼、卫星厅供电系统资源共享及分担界面。

·条文说明·

《城市轨道交通工程项目建设标准(建标-104)》"第六十条"：

"一、外部电源方案可采用集中式、分散式或混合式。各城市应根据本市电网构成的不同特点，经过技术、经济比较进行选择。中压网络电压等级可采用 35 kV、20 kV、10 kV。

二、主变电所应从城市电网取得两路独立电源，并做好电缆敷设路径选择，其中至少有一路应为专线电源。每座主变电所设两台主变压器，其容量按近、远期用电负荷设计，可分期实施；占用面积按远期设计控制。

三、牵引变电所的分布应满足远期高峰运营的需要，并有两路独立电源，整流机组容量按近、远期运量的牵引负荷计算。当系统中任何一座牵引变电所故障解列时，应靠其相邻牵引变电所的过负荷能力，保证列车正常运行。

四、注入公用点的谐波电压、谐波电流应符合现行国家标准《电能质量、公用电网谐波》GB/T14549 的规定。牵引网系统的标称电压应为直流 750 V 或 1 500 V。

五、降压变电所应有两路独立电源，设两台配电变压器，其容量应满足当一台变压器故障解列时，由另一台变压器承担本所全部一、二级负荷。对高架车站，可采用箱式变电所。

六、地下车站及隧道应设应急照明与疏散指示标志，其应急照明持续供电时间不应少于60 min。

七、其他

（一）地下车站的照明应采用节能设施，其照度应符合现行国家标准《地下铁道照明标准》GB/T16275 的规定。地面车站与高架车站的照度可按相关民用建筑设计标准执行。

（二）城市轨道交通供电系统应设电力监控系统，对主变电所、牵引变电所、降压变电所、牵引网等进行控制、监视和测量。

（三）城市轨道交通的杂散电流的腐蚀防护，应符合现行国家标准《地铁设计规范》GB50517 及现行行业标准《地铁杂散电流腐蚀防护技术规程》CJJ49 的规定。接地宜采用自然接地体和人工接地体组成的综合接地方式。

（四）电气设备及材料应选用体积小、噪声小、低损耗、防潮、防火、阻燃、低烟、无卤、不自爆、维护少、安全、节能的定型产品。

（五）电缆在地下敷设时应选用阻燃型低烟、无卤的电缆；应急照明、消防设施的供电电缆，明敷时应选用低烟无卤耐火型电缆或矿物绝缘类不燃电缆。"

7.0.3 信号系统应根据系统的行车模式、运行模式进行配置,合理控制系统配置标准和规模,满足高可靠性、可用性要求,并参考《城市轨道交通工程项目建设标准(建标-104)》"第六十一条"要求设置。

· 条文说明 ·

《城市轨道交通工程项目建设标准(建标-104)》"第六十一条":

"一、信号系统配置应根据行车组织和运营要求、线路状态及车辆性能等条件,满足行车密度和列车运行安全的要求,满足故障运营或紧急状态下运行的需要。

二、信号系统宜采用计算机网络技术、数字通信技术,并易于实现自低水平等级向高水平等级的升级。系统水平的升级应尽量减少废弃工程。

三、在全封闭线路上,必须配置列车自动防护系统,应配置列车自动监控系统,宜配置列车自动驾驶运行系统及相应的车辆段(场)信号系统。系统的地面电缆和轨旁设施,宜尽量避开在轨道中心设置,或采取必要措施,确保乘客紧急疏散通道畅通。

四、在全封闭线路上,根据运营需求,可配置列车全自动运行(无人驾驶)系统。"

7.0.4 通信系统,通风、空调与采暖系统,给水、排水与消防系统,火灾自动报警系统,环境与设备监控系统,自动扶梯、电梯,站台屏蔽门等系统,可参考《城市轨道交通工程项目建设标准(建标-104)》"第六十二条~第六十六条"要求设置;应合理安排与航站楼、卫星厅各系统资源共享及分担界面。

· 条文说明 ·

(1)《城市轨道交通工程项目建设标准(建标-104)》"第六十二条":

通信系统应符合下列要求:

一、城市轨道交通宜设置独立的通信系统,系统应满足城市轨道交通对语音、数据和图像等信息传送的需要。

二、通信系统宜由专用通信系统、商用通信系统、警用通信系统组成。专用通信系统可由传输、无线通信、公务电话、专用电话、闭路电视监视、广播、时钟、电源、乘客信息、网络管理等子系统组成。

三、传输子系统应利用光纤,采用光传输设备组网为通信各子系统,以及信号、供电、防灾报警、环境与设备监控、自动售检票等专业的信息提供可靠的传输通道。

四、无线通信子系统主要包括正线无线通信和车辆段(场)无线通信,本系统宜采用数字集群移动通信技术。

五、公务电话子系统宜采用程控自动电话交换机组网,其设备应符合国家规定制式系列。亦可利用公用电信网组建。

六、专用电话子系统应包括调度电话、站内专用电话、站间行车电话及轨旁电话。

七、闭路电视监视子系统应提供列车运行、防灾救援、设备安防及旅客疏导等方面的视频信息。

八、广播子系统包括车站广播和车辆段(场)广播系统。车站广播应向乘客提供列车运行、安全及向导等服务信息,同时向工作人员发布指令和通知。

九、乘客信息子系统宜由控制中心、车站及车载等设备组成,为站内和列车内的乘客提供列车运行、公告、紧急疏散指示等运营信息,以及新闻、商业广告等公共信息。

十、商用通信系统、警用通信系统宜与专用通信系统同步建设、统筹实施、资源共享。

(2)《城市轨道交通工程项目建设标准(建标-104)》"第六十三条":

"通风与空调应符合下列规定:

一、隧道排热通风应尽可能利用自然冷源,采用活塞通风。当采用活塞通风不能达到排除余热、余湿要求时,应设置机械通风。

二、地下车站通风与空调系统可采用开式运行、闭式运行。若采用站台屏蔽门式系统应经过方案论证。

三、地下车站设置空调系统必须符合下列条件:

(一)当车站采用机械通风时,站内夏季的空气计算干球温度超过30℃。

(二)当地夏季最热月平均温度超过25℃。

四、当地下车站设置空调系统时,车站公共区设计干球温度:在双层车站中,站厅宜比地面室外低2℃,站台宜比站厅低1℃;在单层车站中,站台宜比地面室外低2~3℃,但不应高于30℃,相对湿度均为45%~70%。每人的新鲜空气量不应小于12.6 m³/h,且新风量不应少于系统总风量的10%。

五、区间隧道夏季最热日的日平均温度,应符合下列规定:

(一)列车车厢不设置空调时,不得超过33℃。

(二)列车车厢设置空调,车站不设置屏蔽门时,不得超过35℃;车站设置屏蔽门时,不得超过40℃。

(三)隧道通风系统的通风量应保证隧道内换气次数每小时不应少于3次供应人员的新鲜空气量要求:当采用活塞通风或机械通风时,不应少于30 m³/h;当采用闭式循环运行时,不应少于12.6 m³/h。

六、通风与空调设备传至车站站台和站厅的噪声不得超过70 dB(A),传至地面风亭的噪声应符合现行国家标准《城市区域环境噪声标准》GB 3096 的规定。

七、地下车站及区间隧道内必须具备事故通风及防烟、排烟系统功能。"

(3)《城市轨道交通工程项目建设标准(建标-104)》"第六十四条":

"给排水与消防应符合下列规定:

一、给水系统

(一)给水系统应满足生产、生活和消防用水对水量、水压、水质和水温的要求。坚持节约用水、综合利用的原则,选用技术成熟、经济合理的节水和节能设备。

(二)给水水源应优先选用城市自来水,否则可采用其他可靠的水源。

(三)车站给水系统应采用生产、生活与消防分开的给水系统。生活用水的水质、水压和用水量应符合现行国家标准的规定。生产用水的水压和用水量按工艺要求确定。

(四)消防用水应按如下规定:

1.地下车站及区间隧道应由城市自来水管引入两路消防给水管,并设置为环状管网的消火栓给水系统。如地下车站只有一路自来水水源,应由相邻地下车站再引一路,两站水源互为备用。

2. 地面、高架车站及地面建筑的消防给水系统的设置应按现行国家标准、规范的规定执行。消防用水量:地下车站为 20 L/s;人行通道、折返线及区间隧道为 10 L/s。

二、排水系统

(一)城市轨道交通工程各种污水排放,必须符合现行国家标准《污水综合排放标准》GB 8978 的规定,并分类集中、排入城市排水系统。

(二)地下工程开口部位的雨水量按口部汇水面积及当地 50 年一遇的暴雨强度计算确定。

(三)在地下车站内的低洼处、自动扶梯的基坑、厕所、露天出入口及敞开风口等应设排水泵房组成车站排水系统。

(四)区间隧道应沿轨道设置纵向排水沟,在线路最低点、隧道洞口应设排水泵站;地下折返线检修坑等不能自流排水的低洼处应设局部排水泵房。"

(4)《城市轨道交通工程项目建设标准(建标-104)》"第六十五条":

"设备运转的监控系统包括火灾自动报警系统(FAS)、环境与设备监控系统(BAS)、综合监控系统(ISCS),均应以功能需要,经济实用为原则配置相关设施,并以全线装备的整体水平均衡选择,并符合下列要求:

一、车站、控制中心、车辆段、停车场、主变电所应设 FAS。FAS 按全线同一时间发生一次火灾的原则,系统按中央级和车站级两级监控方式设置。车站内每个防烟分区为一个报警区域。

二、FAS 实现对车站消防广播、警铃、消防水泵、防火卷帘等相关消防设备的自动控制;并由控制中心或车站及时发送火灾报警信息及控制命令。

三、FAS 与通信系统公用广播及闭路电视监视系统互联,并具有火灾事故广播的优先级。

四、BAS 监控的对象包括:车站公共区及主要设备管理用房的环境参数,隧道通风、车站采暖、通风空调、空调水系统及采暖热源、车站及区间给排水、自动扶梯及电梯、照明、事故电源等设备。

五、正常运行工况由 BAS 监控的防排烟、送排风等设备及与消防相关的其他机电设备,在火灾发生时,BAS 接受 FAS 发送的火灾信号并启动相应的火灾运行模式,实现相关防排烟设备的联动。

六、IBP 盘作为紧急情况下车站 BAS 系统的后备措施,可直接通过 BAS 控制器控制现场设备按规定的模式运行,并显示模式的运行状况,具有最高控制权。

七、为适应轨道交通监控系统的发展趋势,宜将变电所自动监控 PSCADA、BAS、FAS 等子系统集成为综合监控系统,建立统一的监控层硬、软件平台,实现相关各子系统之间的信息共享和协调联动功能。

八、综合监控系统面向的对象为控制中心的行调、电调、环调、维修调度及车站值班站长、值班员;系统采用两级管理、三级控制分层分布式结构;系统应由信息管理层、控制层及设备层构成。可将 3、4 个站作为一个区域,设区域数据服务器和数据库,其他车站仅设工作站。

九、综合监控系统应具备对监控对象的模式控制、群组控制及重要设备的点控功能。相关的安全联锁功能由控制层实现,控制层应具有相对独立工作的能力。

十、综合监控系统可采用工业以太网标准独立组网或共用通信骨干网通信级网络结构。

十一、弱电控制系统宜考虑 UPS 电源系统合理整合，以实现资源共享，降低电源系统的投资。"

(5)《城市轨道交通工程项目建设标准(建标-104)》"第六十六条"：

"电梯、扶梯的设置应符合下列规定：

一、车站站台设置的自动扶梯数量和楼梯宽度的总量，应根据高峰小时客流量，按各口部提升高度及其客流不均衡系数计算确定，并满足乘客紧急疏散能力。

二、当两台自动扶梯平行设置时，应设置备用自动扶梯或楼梯，其楼梯宽度不宜小于1.8 m，并统筹考虑为行动不便的乘客服务的相应设施。

三、当出入口或换乘通道的水平距离超过 100 m 时，宜增设自动步道。

四、作为事故疏散用的自动扶梯，其电源应按一级负荷供电，并具有逆向运转功能。

五、垂直电梯及其箱体结构宜采用透明材料，或设置电视监控、电话报警等安全防范设施，但不能作为紧急疏散用。

六、垂直电梯在站台上的开门方向不宜面向站台边线，否则应采取防挡安全措施。"

8　车辆基地及运行控制中心

8.1　车辆基地

8.1.1　车辆基地是空侧旅客捷运系统维护与维修的主要场所，负责车辆系统和其他子系统的运营维护和维修任务，宜配备必需的维护设备及维修设施。捷运系统维修基地的规划建设宜考虑以下几方面：

(1) 不同的维护管理模式需要不同的维修基地。

(2) 宜考虑维护维修的社会化、市场化。

(3) 考虑 24 h 运行的需求，不要求所有列车入库停车。

(4) 维修基地不宜设于地下。

(5) 满足空防管理要求。

8.1.2　车辆基地选址，应以机场总体规划为基础，考虑地上、地下设置条件，综合比选在陆侧区域或空侧区域选址的可行性。

8.1.3　车辆基地的主要职能是车辆的检修，不同的车辆检修制度是决定基地规模大小的主要因素。宜积极引入"均衡修 + 互换修 + 委外修"的检修制度和模式，有效控制维修基地规模。

8.1.4　车辆基地宜考虑模块化、集约化的功能分区和布局，并应遵循机场设施的空防管理要求。

· 条文说明 ·

捷运系统车辆基地的基本功能构成可包括四个功能模块：

(1) 日常维护检查模块：满足车辆、机电系统及土建设施的日常维护检查。

（2）吊装运输模块：满足大型设备（如车辆的外送大修）所需提供的设备吊装运输功能。

（3）安检功能模块：满足列车及运行维护人员、设备安检功能需要。

（4）办公生活模块：满足车辆基地运行维护人员必需的办公生活需要。

8.2　运行控制中心

8.2.1　运行控制中心是系统运行控制的中枢，负责系统的运行组织和调度，以及应急指挥。空侧捷运系统运行中心应纳入 AOC、TOC 的监控范围，并与航站区 TOC 划分管理区域和管理界面。

8.2.2　运行控制中心数量与选址应考虑项目特点，包括：运行控制中心是否需要冗余设计、系统实际运营维护需求、运行控制中心与机场 TOC／AOC 关系密切度等。

9　安全防护与空防安全

9.1　安全防护、应急疏散及救援

9.1.1　空侧捷运系统安全防护设施的设置应符合下列规定：

（1）贯彻安全第一的宗旨，保证人的生命与健康安全，保证列车和设备运营的安全。

（2）防灾贯彻"预防为主，防消结合"的工作方针，结合机场消防、安全等部门的要求。制定安全系统与紧急救灾预案，采取各种有效的预防和救灾措施，确保运营期间的行车和设备安全。

9.1.2　应建立预防、报警、疏散、救援的安全系统，并纳入机场应急指挥及救援体系中。

（1）预防或阻止灾害、事故的发生和蔓延，并具备一定的预防设施和灭灾自救能力。对车辆和设备的事故源头加强预防和防护，对人身安全保护采取防范措施。

（2）设有自动报警和自动灭火装置，当灾害和事故发生时，能提供可靠的通信设施，及时启动自动报警和灭火系统设备，得到机场应急控制中心（AOC）统一指挥，尽快得到外援。

（3）在轨道区具备无障碍的乘客逃生通道和应急照明，有紧急疏散导向标志。在车站内的楼梯、通道和出入口具有足够的疏散能力。

（4）外部救援人员能快速进入现场，并具备营救设施和救援条件。

9.1.3　系统防灾、疏散应遵循以下原则：

（1）全线防灾只考虑同一时间，只发生一处灾害，一种灾情。并以"自救为主，内外结合"为原则，设置独立的防灾、救灾安全系统。

（2）土建工程和车辆（含部件、电缆）均应采用耐火、阻燃材料。

（3）列车运行中发生火灾，只要动力系统未受破坏，不得在区间停车，列车应驾驶到车站，从站台疏散乘客。

（4）列车在区间发生故障，应由另一列车（清客后）救援推送（牵引）至就近车站疏散，随后送入就近车站的待避线／存车线停放。

（5）故障列车被迫区间停车，可采用就地疏散方案，车辆或隧道内应备有下车设施，并按应急预案规定，有序地组织乘客从列车下车，向轨道区疏散。

（6）乘客疏散经过的轨道区应属于安全区，并应具备以下条件：

① 接触轨或接触网设有停电保护设施而及时停电,轨道上无任何列车运行。

② 隧道内设有应急照明、事故通风与排烟系统的设备已被自动控制系统启动。

③ 轨道中间或旁侧设有通向车站的步行通道,有利于乘客逃生和外来救援。

(7) 在两条平行的单线区间隧道内,其长度大于 600 m 时,应在相邻隧道间设置横向联络通道。联络通道内应设置甲级防火门。

(8) 在长大区间隧道内,应充分研究最不利情况下的救援和疏散模式。按设计运行密度计算,出现在同一区间、同一方向上有 2 列或 3 列车同时运行时,应在区间中间设置中间风道或直通地面的专用疏散出口,或其他安全疏散措施。

(9) 当区间配置通往地面的逃生口时,需协调与飞行区或者航站楼的逃生口布点,应避开飞行区的飞机或工作车辆运行区域。区间救援时,必须考虑空防管理的要求,当捷运系统同时运载有国际、国内旅客时,旅客疏导至相应安全区域后,应安排临时的空防管理措施,对其进行引导。

9.1.4 车站的应急疏散及救援应与航站楼、卫星厅统筹考虑。

· 条文说明 ·

空侧捷运系统疏散路线应在航站楼规划设计时统筹考虑。车站发生的突发事件可能有三种情况:一是车站本体发生险情;二是当列车发生险情需进站疏导旅客;三是承担区间发生险情所引发的旅客疏导和救援。无论哪种情况,均要设置专门的应急路径进行疏导和救援,车站所配置的站台屏蔽门、车站门禁设施均要满足上述应急功能需求。

9.1.5 机场应制定空侧旅客捷运系统全线中断、停运情况下的应急旅客运输策略及预案,通过机场飞行区、航站区、航空公司等协作联动,采用非捷运方式,实现空侧旅客应急运输,并将应急运输控制在一定的范围和时段内。

· 条文说明 ·

如果机场突发大规模航班取消,联系卫星厅的空侧捷运系统出现极小概率的系统瘫痪,可以利用既有摆渡巴士,按远机位出发流程单向摆渡运回主楼。

候机楼内的空侧捷运系统出现极小概率的系统瘫痪时,可通过加强航站楼内旅客组织,使原本搭乘捷运系统的旅客,改为楼内步行交通方式。

9.1.6 防灾及人防设施的设置,可参考《城市轨道交通工程项目建设标准(建标-104)》"第七十九条"要求设置。

· 条文说明 ·

《城市轨道交通工程项目建设标准(建标-104)》"第七十九条":

"一、地下车站至少有两个独立出入口直通地面,宜设在地面建筑倒塌范围之外,或具有倒塌防护措施。车站站台的竖向紧急疏散通道,采用为楼梯和自动扶梯组合设置时,其中自动扶梯应配置一级供电负荷,每个站台上的楼梯数量不宜少于 2 台,并分开设置。

二、地下车站、出入口和通风亭的结构,应按一级耐火等级设计,地面开口部应具有防淹措施。地面及高架车站及建筑结构,按国家现行有关防火设计规范的规定执行。

三、为保证列车运行安全,必须设有完善和可靠的通信、信号系统。

四、机电设备应采用质量可靠、技术合理的设备,并符合国家有关标准要求。对有可能危及人身安全的电器设备,应采取安全防护措施。

五、地下车站和区间隧道应设消火栓给水系统,地面及高架车站的消防给水系统应按现行国家标准《建筑设计防火规范》GB 50016 执行。

六、地下车站及重要电器设备房间内,应设置防灾报警与灭火装置,并建立防灾监控系统。无人值守的地下变电所、通信、信号机房和发电机房等重要电器设备房间,应设自动灭火装置。

七、车辆基地应设救援设施,负责全线的救援工作,并接受控制中心指挥。

八、地面及高架线路应采取防淹、防雪、防滑、防暴风、防雷击等措施。

九、隧道洞口及露天出入口应设排雨水泵站;对穿越(通航)的江、河、湖水域的区间隧道应在离开水域的两端适当位置设置防淹门。

十、城市轨道交通工程应以交通功能为主。根据城市人防系统规划范围及设防要求,轨道交通的地下线地段,应兼顾设置人防设施。地下结构工程应符合当地政府主管部门核定的人防等级要求和平战结合的原则进行设防,并应与防灾系统统一管理。"

9.2 空防安全

9.2.1 空侧捷运系统须满足机场空防安全的需求。空防安全的管控,采用分区-分块-分层次的隔离管理模式。

9.2.2 空防安全管控,应遵循以下原则:

(1)捷运系统人员活动是在固定的范围内,针对捷运系统空防安全管控应制定不同的空防安全区域、区块及跨区标准。

(2)人员进入控制区域活动,应在空防系统的受控范围内。

(3)捷运系统应遵循机场空防对人、物品的管理原则,建立人与物品的关系,不仅要杜绝安全事故的发生,还应杜绝"事故征候"。

9.2.3 空防安全管控,应重点关注:

(1)"分隔"的管控要点,把系统运维人员与旅客分开,把捷运系统所在区域的人员与机场其他区域的人员分开。

(2)划分管理分区,包括站台区属于航站楼,隧道区间属于捷运系统,车辆基地属于捷运系统;车辆基地内部还可划分为几个区块管控。

(3)界定分区的界面,包括隧道区间与机场飞行区之间的连接口(疏散口)。

9.2.4 空防安全管控执行标准为机场相关隔离区管制标准,应符合以下要求:

(1)系统位于隔离区内,进入系统的所有旅客和工作人员均已经过安检,安检标准完全一样。

(2)系统分为运行区和维护区等两个隔离区,两个隔离区对运营维护工具、设备的管理制度不同。

(3)空防检查对象:旅客、工作人员、访客等,及其携带的物品。

(4)适用物理范围:车站、车辆基地、区间隧道和高架、车辆。

9.2.5 车站空防安全管控措施包括:

(1)站台采用全封闭屏蔽门,站台区与轨道区域隔离。

(2) 站台区端部设置门禁系统,对进出人员进行身份认证管理和记录。门禁系统应符合《民用航空运输机场安全防范监控系统技术规范(MH 7008)》的要求。应设置证件、智能卡、生物识别等身份识别系统,并应能同时满足人工和技术查验方式。

(3) 设置视频监控系统,并符合《民用航空运输机场安全防范监控系统技术规范(MH 7008)》的要求。

9.2.6 区间空防安全管控策略及措施包括:

(1) 捷运系统的正线区间、维修基地出入线都有与飞行区产生交叉的界面,主要考虑三种情形:

① 策略一:高架型或敞开型的区间,主要是防止人员攀爬侵入到非授权的区域。

② 策略二:地下隧道的区间,主要是防止人员通过应急疏散口侵入至非授权的区域。

③ 策略三:当地下捷运系统在灾害发生需要通过区间疏散旅客时,旅客到达地面出口后可能意外侵入非授权的区域,要防止造成"二次破坏或伤害"。

(2) 空防管理考虑以下措施:

① 人员可能容易侵入的区域,按机场空防要求,加装必要的隔离设施和必要的监控设施。

② 应急疏散口宜设置于远离飞机滑行的区域,结合地面一些设施布置,加装门禁管控系统,门禁系统应符合《民用航空运输机场安全防范监控系统技术规范(MH 7008)》要求。

③ 应急疏散口若是露天的,可在地面设置标志,引导旅客限定在指定范围内等待救援。

9.2.7 车辆基地空防安全管控准则及措施包括:

(1) 车辆基地是一个独立的隔离区,对它的管控主要从两个方面来考虑:一是基地的工作人员未授权不能进入其他隔离区;二是外部人员未授权不能进入车辆基地。车辆基地对人员、物资管理的基本准则如下:

① 进入车辆基地所有人员和物品需要通过安检,其空防要求基本与乘机旅客相同。

② 集中进货或大件物品进入车辆基地经与安检部门协商,事先制订相关规则。

③ 小型化的可随身携带的检修工具,应采用"定制管理",闭环控制。

(2) 具体措施及设施包括:

① 车辆基地周界应设置安全围栏(墙),其设置要求应符合《民用运输机场安全保卫设施(MH/T 7003)》中5.2.2和5.2.3的要求。

② 车辆基地出入口应设置X射线检查设备、通过式金属探测门、手持金属探测器等设备,对进出的人员及携带物品实施安全检查。

③ 应设置X射线检查设备、爆炸物探测设备等货物安全检查设备。

④ 应设置安检值班室、备勤室和X射线机操作室。

⑤ 应设置可疑物品处置装置,如防爆球、防爆罐、防爆毯等。

⑥ 宜设置安全检查信息管理系统。

⑦ 车辆基地应设置视频监控系统,并符合《民用航空运输机场安全防范监控系统技术规范(MH 7008)》的要求。

9.2.8 空侧捷运系统中,同一列车同时运输国内、国际旅客时,车厢、车站对国际/国内的旅客采取分隔措施,因此车厢也应纳入空防安全管理的范畴。

10 环保和节能

10.0.1 机场旅客捷运系统环境保护设施的设置宜按《民用机场工程项目建设标准(建标-105)》,并参照《城市轨道交通工程项目建设标准(建标-104)》"第八十"要求设置。由于捷运系统车站和区间往往与航站楼、卫星厅建筑结合得较为紧密,建筑内、建筑地下、建筑顶部都有实施的可能,因此捷运车辆运行过程中对航站楼卫星厅的振动、噪声影响要予以重视。原则上首先从项目规划、选线方案、车辆选型上进行考虑,第二步则是机场根据捷运途经的不同区域对振动、噪声控制的目标需求,在工程措施上考虑减振降噪措施,包括建筑结构与捷运土建结构的关系、增设结构减振设备等。

· 条文说明 ·

《城市轨道交通工程项目建设标准(建标-104)》"第八十条":

"一、城市轨道交通线路所经过地段,应根据环境保护要求,采取减振、降噪等有效措施,并符合现行国家标准《城市区域环境噪声标准》GB3096和环境影响评价报告;设施范围应比需要防护地段两端向外延伸50 m。

二、高架线路距建筑物的距离应综合考虑安全、消防、噪声、振动、日照和景观等因素;地下车站内部环境和装修材料,应满足环境保护和劳动卫生的要求。

三、城市轨道交通系统及其所有部件在系统运行时须具有与现场环境的电磁兼容性,其所产生的电磁辐射应符合现行国家标准《电磁辐射防护规定》GB 8702和《环境电磁波卫生标准》GB 9175的规定。

四、高架桥的造型应形体轻巧、视觉通透,并应采取减振、降噪措施。当采用声屏障时,应与周围环境和景观相协调。

五、城市轨道交通的生活污水和生产废水应分类处理,集中排放至城市管网,并应符合国家现行有关排放标准的规定。"

10.0.2 空侧捷运系统节能宜参照《绿色航站楼标准(MH/T 5033)》及《城市轨道交通工程项目建设标准(建标-104)》"第八十一条"规定执行。

· 条文说明 ·

《城市轨道交通工程项目建设标准(建标-104)》"第八十一条":

"一、城市轨道交通建设应坚持以节约土地、节约资源、减少能耗为基本原则。对节能应统一规划,各系统间应协调配合,在满足相同功能要求的前提下,尽量降低系统和设备自身的能量损耗。

二、根据客流预测,做好行车组织设计。保证运能的前提下,合理选择车型,研究列车编组和行车密度的合理配置,提高运营效率,降低运营成本。

三、优化线路纵断面设计,尽可能将车站设在纵断面的凸形坡段上,根据实际条件,应用节能坡设计,并进行列车牵引计算校核运营的经济性。

四、控制车站规模,地下车站应减少埋深和层次,控制建筑层高,控制车站体量,控制空调通风合理负荷,空调风管应选用保温隔热材料。

五、浅埋车站应尽量采用自然通风、引入自然光源。积极推广采用自然通风、排烟模式的浅埋隧道方案。有条件地段宜采用高架线方案,同时做好环境设计。

六、城市轨道交通应根据具体条件,研究太阳能、风能和冰蓄能等能源利用开发。合理确定各场所照明标准,车站照明与广告照明统一规划,采用高效节能灯具,室内表面适当采用高反射比的材料。

七、机电设备应优先选用高效、低耗、节能型的产品;对照明、自动扶梯、空调通风设备等实施智能控制;电缆布设应接近最短路径。

八、合理确定用水标准,对污水、废水、雨水宜进行回收处理,转换为中水利用。”

附件　术语与定义

1　一般术语

机场空侧旅客捷运系统 airport airside rapid transit system（RTS）

机场空侧旅客捷运系统（以下简称“空侧捷运系统”）是服务安检后的机场旅客运输系统,一般多应用于集中式航站楼模式（航站楼＋卫星厅）的空侧连接。

旅客航站区 airport terminal area

机场内以旅客航站楼为中心的,包括站坪、旅客航站楼建筑和车道边、停车设施及地面交通组织所涉及的区域。

正常运行模式 normal operation mode

指列车按运行图的运行模式。

降级运行模式 degraded operation mode

指系统的部分设备使用受限或故障后,降低或减少系统功能的运行模式。

维护运行模式 maintenance operation mode

指用于维护作业的运行模式。

应急运行模式 emergency operation mode

指用于紧急情况发生时,如系统故障或大面积旅客滞留,通过制订的应急预案,实施的运行模式。

城市轨道交通 urban rail transit

采用专用轨道导向运行的城市公共客运交通系统,包括地铁、轻轨、单轨、有轨电车、磁浮、自动导向轨道、市域快速轨道系统。

单轨交通 monorail transit

采用电力牵引列车在一条轨道梁上运行的中低运量城市轨道交通系统,根据车辆与轨道梁之间的位置关系,单轨交通分为跨座式单轨交通和悬挂式单轨交通两种类型。

有轨电车 tram

与道路上其他交通方式共享路权的低运量城市轨道交通方式,线路通常设在地面。

自动导向轨道系统 automated guideway transit system

在混凝土轨道上,采用橡胶轮胎,并通过导向装置,自动导引车辆运行方向的轨道交通系统。

2 运输需求、运输组织与运营维护

客流 passenger flow/ridership

在一定时间内乘客的流量、流向和旅行距离信息的总称,包含时间、地点、方向和流量四个要素。

断面客流量 ridership volume

在一定时间内,沿某方向通过某线路断面的乘客数量。

高峰时间 peak time

一天中客流量最大的时段。

高峰小时 peak hour

一天中客流量最大的一小时。

线路高峰小时系数 peak hour flow rate/peak hour factor

在一条线路上高峰小时客流量与全日客流量之比。

客流断面 cross-section flow/traffic section/passenger flow section

为预测或调查统计客流量而选取的同一线路上某相邻两站间路段的断面。

客流方向不均衡系数 directional disequilibrium factor for passenger flow

在一条线路上,高峰小时时段内,客流量较大方向的最大客流断面客流量与较小方向的最大客流断面客流量之比。

客流断面不均衡系数 sectional disequilibrium factor for passenger flow

在一条线路的同一方向,最大客流断面的客流量与所有断面客流量的平均值之比。

站间断面客流 passenger volume between stations

在单位时间内线路上某相邻两站之间单程或往返的乘客人数。

突发客流 outburst passenger flow

在特殊情况下或某一时段内,发生的超常规的客流。

客流预测 ridership prediction

根据客流调查数据,对未来客流的变化趋势做出科学的估计与测算。

客流密度 passenger flow density

线路日客运周转量与线路长度之比,即单位线路长度所承担的日客运周转量。

高峰小时单向最大断面客流 unidirectional peak hour maximum passenger volume

高峰小时时段线路某一个方向客流最大区间对应的断面客流量。

行车组织 operation organization

根据列车运行计划,利用车辆、设备、线路及车站设施组织并指挥列车运行的过程。

运行控制中心 operation control center

对空侧捷运系统运行实施集中监控和管理的场所。

起点站 origin station

列车按调度指令开始单程载客运行的车站。也称始发站。

终点站 terminal station

列车按调度指令结束单程载客运行的车站。

中间站 intermediate station

起点站和终点站之间的车站。

折返站 turn-back station

按列车交路进行列车折返作业的车站。

行车间距 headway distance

先行列车与跟踪列车车头前端之间的距离。

安全行车间距 safe headway

为避免前行列车与后续列车首尾相撞而必须保持的最小行车间距。

行车调度 train dispatching

行车调度员监控和指挥列车运行的作业。

列车运行图 train operation plan / train diagram

列车运行时间和空间关系的图解,表示列车在各区间运行及在各车站停车或通过状态的二维线条图。

折返 turn-back

列车改变行驶线路和行驶方向的返回运行作业。

站前折返 station-front turning-back

列车在运行区间内的折返作业。

站后折返 Post-station reentry

列车在运行区间外的折返作业。

列车交路 train routing

根据运营组织和运营条件的变化,调度指挥列车按规定区间运行、折返的运营模式。

停站时间 dwell time

列车到站开门至关门离站的时间。

发车间隔 departing time interval

同一线路的相邻两列同向列车驶离起点站的时间间隔。

最高运行速度 maximum operating speed

车辆所允许的能够实际载客安全运行的最高速度。

运营速度 operation speed

列车在运营线路上运行时,包括运行时间、停站时间、折返时间的平均速度。

旅行速度 traveling speed

列车从起点站发车至终点站运行(包括停站时间)的平均速度。

运营单位 operation organization

从事空侧捷运系统运营的机构或企业。

运营管理 operation management

为保障空侧捷运系统正常安全运营所进行的行车组织、车站作业组织、客运组织、运价与票务管理、安全管理等一系列活动。

运营组织 operation organization

运营单位对列车运行、车站行车和客运、列车调度、机电设备系统运行实施的有序管理。

运营安全 operation safety

运营中能够使危险、故障等发生的概率小到可以忽略的程度,以及它们所造成的对人与物的损失能够控制在可接受水平的状态。

调度指挥 dispatching and directing

组织和指导企业运营生产过程的核心工作,主要包括行车计划编制、现场调度指挥等。

3 线路、限界与车辆

正线 main line

列车载客运营的线路。

辅助线 auxiliary line

为保证正线运营而设置的不载客列车运营的线路。

渡线 transition line

引导列车从一条线路转移到另一条线路的设施,一般由两组单开道岔及一条连接轨道组成。

出入线 inlet/outlet line

车辆基地与正线的连接线路。也称出入段(场)线。

试车线 test line

对车辆进行动态性能检测的线路。

检修线 maintenance line

用于车辆检查、维修的专用线路。

停车线 parking line

用于正线运行中列车临时停放的线路。也称存车线。

联络线 connecting line

连接两条独立运营线路的辅助线路。

运营线 operation line

列车沿固定路线和车站正常载客运行的线路。

站间距 station spacing

两相邻车站计算站台中心之间的线路长度。

线路设施 route facilities

在轨道交通线路上设置的相关建筑物、构筑物、设备及标志等的总称。

限界 gauge

保障空侧捷运系统安全运行、限制车辆断面尺寸、限制沿线设备安装尺寸及确定建筑结构有效净空尺寸的图形及相应定位坐标参数称为限界。分为车辆限界、设备限界和建筑限界三类。

车辆限界 vehicle gauge

车辆在正常运行状态下形成的最大动态包络线。

设备限界 equipment gauge

基准坐标系中,在车辆限界外,考虑其未计及因素。包括一系或二系悬挂故障状态和安全间距的动态包络线,是限制轨旁设备安装的控制线。

建筑限界 construction gauge

建筑限界是位于设备限界外考虑了沿线设备安装后的最小有效断面。任何沿线永久性固定建筑物,包括施工误差值、测量误差值及结构永久变形量在内,均不得向内侵入的控制线。

建筑限界宽度 width of construction gauge

轨行区内线路中心线至两侧建筑物的横向净距。

建筑限界高度 height of construction gauge

轨行区内轨顶面至建筑物的垂向净距。

车辆 vehicle

在线路上可编入列车运行的单节车。

列车单元 train unit

至少包括一台动车的车组,从列车中解列后可独立行驶的最小行车单元。

列车 train

若干列车单元连挂而成的车列。

列车编组 train formation

组成一列车的车辆数。

列车广播系统 broadcasting system in carriage

向车内乘客播放乘车信息、列车运行信息及其他相关信息的设备总称。

列车信息显示系统 information display system in carriage

向车内乘客显示乘车信息、列车运行信息及其他相关信息的设备总称。

车内乘客报警系统 alarm system for passengers in carriage

在紧急情况下,乘客与驾乘人员联络的设备总称。

列车视频监视系统 video monitoring system in carriage

监视并记录车厢内乘客动态的闭路电视设备总称。

车内净高 clear height in vehicle

车厢地板面至车厢顶棚的最大高度。

地板面高度 height of floor in vehicle

空车时,车厢地板面与轨面的高差。

车门宽度 opening width of door

车门开启后的最大宽度。

有效站立面积 standing area in carriage

车厢内可供乘客站立的总面积。

额定站立密度 rating standing density

在额定定员工况时,客室内单位有效站立面积上允许站立的人数。

额定站位数 rating standing volume

根据客室有效站立面积和额定站立密度,计算出的站立人数。也称站席数。

额定载客量 rating carrying amount

车厢内座席数与额定站位数之和。也称定员。

4 土建工程

轨道 track

承受列车荷载和约束列车运行方向的设备或设施总称。

轨道结构 track structure

轨道设备或设施中用于车辆支承和导向并将列车荷载传向下部结构的组合体。

轨距 track gauge

钢轮钢轨系统中,轨面以下规定距离处左右两股钢轨内侧之间的距离。

超高 superelevation / cant

钢轮钢轨系统中,曲线段线路内外钢轨轨顶的高差。

轨面 top of rail

轨道顶面。钢轮钢轨系统中,一般指两股钢轨顶面的公切线;磁浮系统中,轨面指磁极面;跨座式单轨交通中,指轨道梁走行面中心点的位置。

钢轨 rail

直接支承列车荷载和引导车轮行驶的型钢。

道床 ballast bed / track-bed

支承和固定轨枕,并将列车荷载传向路基面或桥梁、隧道等其他下部建筑结构的轨道组成部分。

道岔 turnout / switch

车辆从一股轨道转入或越过另一股轨道的线路连接设备。

车挡 buffer stop / bumper post

防止列车驶出线路末端的安全阻挡装置。

车站 station

供列车停靠、候车和乘降并设有相应设施的场所。

地面车站 at grade station

轨道设在地面上的车站。

高架车站 elevated station

轨道设在高架结构上的车站。

地下车站 underground station

轨道设在地面下的车站。

站厅 station concourse

在车站出入口和站台之间，供乘客购票、检票或换乘的场所。

站台 platform

车站内供乘客候车和乘降的平台。

岛式站台 island platform

设置在上下行线路之间，可在其两侧停靠列车的站台。

侧式站台 side platform

设置在上下行线路两侧，只能在其一侧停靠列车的站台。

站台高度 platform height

站台面与轨道顶面的高差。

站台计算长度 calculated length of platform

供乘客上、下列车乘降平台的使用长度。无屏蔽门的车站站台计算长度为首末两节车辆司机室门外侧之间的长度加停车误差，有屏蔽门的车站站台计算长度为站台屏蔽门的长度。

侧站台宽度 side platform width

侧站台宽度为车站站台和乘降区的最小宽度。

车站结构 station structure

由车站的梁、柱、墙、板、拱等主要承重构件组成的结构物。

区间隧道 interval tunnel

车站之间形成行车所需空间的地下构筑物。

设计使用年限 designed lifetime

对构筑物由设计规定的在一般维护条件下不需大修仍可按其预定目的使用的时期。

5 机电系统及设备

主变电所 high voltage substation

由城市电网引入高压电源,转换为城市轨道交通用中压电源的专用高压变电所。

牵引变电所 rectifier substation

将中压交流电降压并整流为牵引用直流电的变电所。

降压变电所 lighting and power substation

将中压交流电降压为动力及照明用低压交流电的变电所。

牵引降压混合变电所 combined substation

既提供牵引电源又提供动力照明交流低压电源的变电所。

牵引供电系统 traction power supply system

给列车提供电能的全部电力装置的总称。

供电制式 power supply mode

指牵引供电系统中采用的电流制式、电压等级及供电方式等。

集中式供电 centralized power supply mode

由专门设置的主变电所集中为各牵引变电所及降压变电所等供电的供电方式。

分散式供电 distributed power supply mode

由沿线分散引入的城市中压电源分别为各类变电所供电的供电方式。

混合式供电 combined power supply mode

同一条线路供电系统中部分采用集中式供电、部分采用分散式供电的供电方式。

接触网 contact wire system

向电动车辆输送牵引电能的供电网。分为架空接触网和接触轨两种方式。

接触轨 contact rail system

敷设在走行轨一侧通过受流器为电动车辆授给电能的导电轨系统。由导电轨、绝缘支架或绝缘子、绝缘防护罩、辅件等组成。

中压供电网 medium voltage power supply network

把中压电能配送到各牵引变电所、降压变电所的供电网络。

双边供电 two-way feeding

一个供电区间由相邻两座牵引变电所共同供电的供电方式。

单边供电 one-way feeding

一个供电区间只由一座牵引变电所供电的供电方式。

动力照明供电系统 power lighting feeder system

为动力及照明设备提供低压交流电的供电系统。

车站照明系统 station lighting system

为车站提供照明的电气系统。

应急照明 emergency lighting

因正常照明的电源失效而启动的照明,应急照明包括疏散照明、备用照明。

疏散照明 escape lighting

作为应急照明灯的一部分,用于确保疏散通道被有效地辨认和使用的照明。

专用通信系统 special communication system

用于运营指挥、企业管理、乘客服务等的专用通信设施、设备的总称。主要包括传输、无线通信、公务电话、视频监视、专用电话、广播、时钟等子系统。

传输系统 transmission system

为各专用通信子系统和其他专业提供语言、数据、图像信息传输通道的系统设备。

无线通信系统 radio system

为运营及管理部门的移动人员之间、移动人员与固定人员之间提供无线通信手段的系统设备。

公务电话系统 public service telephone system

为一般公务通信和内部用户与公用电话网用户电话联络的系统设备。

视频监视系统 closed circuit television system

为控制中心调度员、车站值班员、列车司机等提供有关列车运行、变电所设备、防灾、救灾及客流状态等视频信息的系统设备。

专用电话系统 dedicated telephone system

为控制中心调度员、车站、车辆基地的值班员指挥行车、运营管理及确保行车安全而设置的专用电话设备。包括调度电话、站间行车电话、站内直通电话和轨旁电话。

调度电话 dispatcher telephone

为调度人员与车站、车辆基地值班人员及相关业务人员之间提供指挥调度手段所设的专用直达调度电话系统。

站间行车电话 direct telephone inter-station

相邻车站值班员之间有关行车业务的专用电话设备。

站内直通电话 direct connection telephone inside station

车站、车辆基地内值班室或站长与本站有关人员直接通话的设备。

轨旁电话 track side telephone

设置在区间的轨道旁边供司机、区间维修人员与邻近车站值班员及有关部门联系的直通电话设备。

广播系统 public address system

供控制中心调度员和车站等值班员向乘客通告列车运行以及安全、向导、防灾等服务信息,向工作人员发布作业命令和通知的音响设备。

时钟系统 clock system

为运营线路的各系统及相关工作人员、乘客提供统一标准时间的系统设备。

乘客信息系统 passenger information system

依托多媒体技术,以计算机技术为核心,以车站和车载显示终端为媒介,向乘客提供信息服务的系统。

信号系统 signal system

根据列车与线路设备的相对位置和状态,人工或自动实现行车指挥和列车运行控制、安全间隔控制的信息自动化系统。

列车自动控制 automatic train control

实现列车自动监控、自动防护和自动运行控制等技术的总称。

列车自动监控 automatic train supervision

实现列车运行的自动监视、控制、调整和管理等技术的总称。

列车自动防护 automatic train protection

实现列车运行间隔、超速防护、进路和车门等自动安全控制技术的总称。

列车自动运行 automatic train operation

实现列车启动、速度调整、定点停车和车门等自动控制技术的总称。

无人驾驶 automatic vehicle control

实现列车全自动监控、安全防护和运行控制。

安全保护距离 safety protection distance

实施停车安全控制时,预定停车位置至限制点的安全距离。

故障-安全原则 fail-safe principle

在系统或设备发生故障、错误或失效的情况下,能自动导向安全侧并具有减轻以至避免损失的功能,以确保行车安全的要求。

综合监控 integrated supervision

通过计算机网络、信息处理、控制及系统集成等技术实现空侧捷运系统机电系统设备的监视、控制及综合管理。

综合监控系统 integrated supervision system(ISCSI)

对机电系统设备的监视、控制及综合管理的成套设备及软件的总称。

综合显示屏 integrated display screen

用于综合显示行车、电力及环控等信息的大型屏幕装置。

综合后备盘 integrated backup panel

对多专业的重要监控对象在紧急情况下仍可实现手动操作并显示其功能的装置。

通风系统 ventilation system

采用自然热压、风压或机械动力的方法,对受控区域进行换气,以满足卫生、工艺条件、安全等适宜空气环境的系统。

开式通风 opened mode ventilation

利用机械或活塞效应的方法实现轨道交通内部与外界大气的空气交换。

活塞通风 piston ventilation

利用列车在隧道内快速行驶所产生的活塞效应与外界大气的空气交换。

阻塞通风 obstructed ventilation

列车因故滞留在隧道内时,为保证列车空调正常运行及提供乘客新风量的通风方式。

闭式通风系统 closed mode ventilation system

在热季车站和区间隧道内的空气与室外空气基本上不相连通的方式,车站公共区与区间隧道相连通,采用空调系统。

屏蔽门式通风系统 platform screen door system

在车站站台公共区边缘设置透明的、可滑动的屏蔽门,将站台和轨行区分开,使车站公共区成为独立的空调通风场所,区间隧道采用活塞通风。

开式运行 open mode

车站内新风或空调风通过排风系统排至室外,区间隧道内空气与室外空气可自由交换。

闭式运行 close mode

热季车站内采用空调,列车行驶时的活塞效应将车站内空调风引入区间隧道,冷却区间隧道内的温度。

事故通风 emergency ventilation

列车火灾工况,启动火灾区段两端的隧道通风机,视列车火灾车厢部位、构成推挽型纵向通风方式,并确保风速大于临界风速。

消火栓给水系统 penstock water supply system

由消火栓、水龙带、启泵按钮、消防卷盘、管道及供水设施等组成,火灾时供消防队员或工作人员实施灭火的系统,分为室内及室外消火栓给水系统。

自动喷水灭火系统 sprinkler system

由洒水喷头、报警阀组、水流报警装置(水流指示器或压力开关)等组件,以及管道、供水设施组成,并能在发生火灾时喷水的自动灭火系统。

自动灭火系统 auto extinguish fire system

灭火介质为洁净气体等的灭火系统。

火灾自动报警系统 fire alarm system

实现火灾监测、自动报警并直接联动消防救灾设备的自动控制系统。

站台屏蔽门 platform screen door

设置在站台边缘,将乘客候车区与列车运行区相互隔离,并与列车门相对应、可多级控制开启与关闭滑动门的连续屏障,有全高、半高、密闭和非密闭之分。简称屏蔽门。

6 车辆基地

车辆基地 vehicle base

以车辆停放、检修和日常维修为主体,集中车辆段(停车场)、综合维修中心、物资总库、培训中心及相关的生活设施等组成的综合性生产单位。

车辆段 depot

承担车辆停放、运用管理、整备保养、检查和较高或高级别的车辆检修的基本生产单位。

停车场 stabling yard

承担所辖车辆停放和日常维护的基本生产单位。

检修修程 examine and repair program

根据车辆技术状况和寿命周期所确定的车辆检查、修理的等级，分为厂修、架修、定修、月检、周检和列检等。

检修周期 examine and repair period

相邻两次同等级检修的运用里程或时间间隔。